기초 전자회로 + 디지털 논리회로

스마트 홈 IoT 설계

장진현 · 천명기 공저

동일출판사

머리말 (Preface)

2016년 1월 세계경제포럼에서 클라우스 슈밥은 "4차 산업혁명의 핵심은 디지털, 물리적, 생물학적 경계가 없어지면서 기술이 융합되는 것이다"라고 언급했다. 이 내용을 간략하게 요약하면 "모든 것이 연결되고 보다 지능적인 사회로 진화" 라고 요약할 수 있을 것이다.

이것을 우리는 제4차 산업혁명(Industry 4.0)이라고 부른다. 4차 산업혁명에 핵심 키워드를 나열해 보면 인공지능, 사물인터넷, 빅데이터, 5G, 클라우드 컴퓨팅이 해당된다. 핵심 키워드로 나열된 기술들 중에서 IoT 기술을 살펴보면 산업혁명(오프라인 혁명), 정보화 혁명(온라인혁명)을 거쳐 모든 것이 연결되는 초연결 혁명이 진행되어 사람, 사물, 공간, 데이터 등 모든 것들이 인터넷으로 서로 연결되어 정보가 생성, 수집, 공유 활용되는 것이 사물인터넷(Internet of Things, IoT)이다.

본 교재는 4차 산업혁명 핵심 키워드에 해당하는 사물인터넷(IoT) 기술을 구현하기 위해 학습자가 기본적으로 알아야 할 기초 전자회로와 디지털 논리회로를 Proteus를 활용하여 학습하고 IoT System을 구현할 수 있는 프로젝트 회로를 구성할 수 있도록 구성하였다.

제1장에서는 전자 부품 동작 원리를 이해하고 응용회로를 구성하여 시뮬레이션으로 회로 동작을 검증하는 내용으로 구성하였다.

제2장에서는 디지털 소자와 아날로그 소자를 사용한 중요한 회로를 구성하고 시뮬레이션으로 검증하는 내용으로 구성하였다.

제3장은 IoT System 핵심 두뇌가 되는 MCU를 사용한 데이터 입력, 출력, 제어 방법을 학습하고 프로젝트 회로를 구성할 수 있도록 하였다.

장소와 도구가 제약되는 학습 환경을 대체하기 위해 시뮬레이션으로 회로를 구성하고 동작원리를 설명하였기에 쉽고 빠르게 IoT System 회로를 구성하여 동작을 검증하고 응용회로를 구성할 수 있기를 바란다. IoT 프로젝트는 학습자 이해를 돕기 위해 실제 회로를 제작하여 사진으로 표시하였지만 지면을 통한 설명이기 때문에 학습자 입장에서 다소 부족한 내용이 있을 수 있기에 각 실습 마지막 설명에 QR 코드를 추가하여 최대한 내용을 이해할 수 있도록 하였다.

목 차 (Contents)

chapter 3
Arduino - IoT System

· MEMO

CHAPTER

01

전자 부품

1. Tact Switch
2. LED / FND
3. 황화 카드뮴(CdS, cadmium sulfide)
4. Relay (계전기)
5. Motor Driver

CHAPTER 01 전자 부품

SMART HOME IoT DESIGN

1 Tact Switch 한글

일반적으로 key라고 부르는 1접점 스위치이다. 평상시에는 Off 상태를 유지하고 있으며 눌렸을 경우 On이 되는 구조이다. PCB 실장 방법에 따라 DIP Type과 SMD Type으로 분류할 수 있다. 그림 1-1은 DIP Type Tact Switch 부품 외형과 내부 회로도이다.

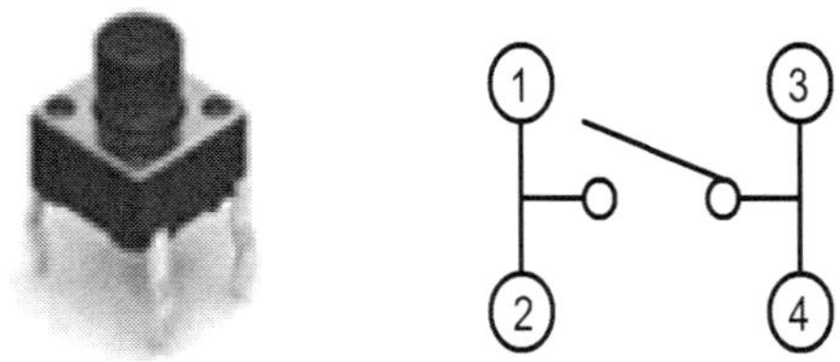

그림 1-1. Tact Switch 외형과 내부 회로도

1) 실습 목적

스위치를 사용한 입력 회로 구성에서 Pull-Up과 Pull-Down 회로의 필요성과 동작 상태를 이해하고 시뮬레이션으로 검증할 수 있다.

2) 실습 이론

아두이노를 사용한 회로에서 디지털 입력의 명확성은 매주 중요한 부분이다. 이는 논리 값 1과 0으로 구분할 수 있는데 전압으로 표시한다면 직류전압 5V와 0V로 표시할 스 있다. 일반적으로 TTL Gate에서 논리값 "0"에 해당하는 입력 신호 전압 범위는 0V~0.8V이고, 논리값 "1"에 해당하는 입력 신호 전압 범위는 2V~5V이다. 그림 1-2에 입력 전압 범위를 표시하였다.

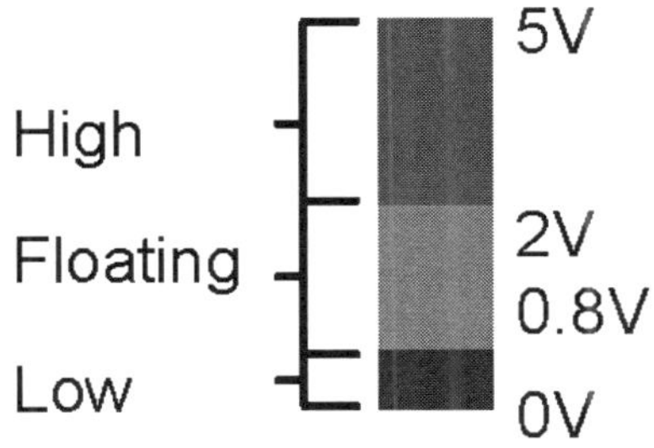

그림 1-2. TTL IC 입력 전압 범위 구분

입력 전압 범위 0.8V에서 2V 사이의 전압 신호는 논리 값이 불확실 하여 TTL Gate는 명확한 응답을 할 수 없다. 이러한 상태를 Floating 이라고 한다. Floating 상태를 그림 1-3에 예시하였다.

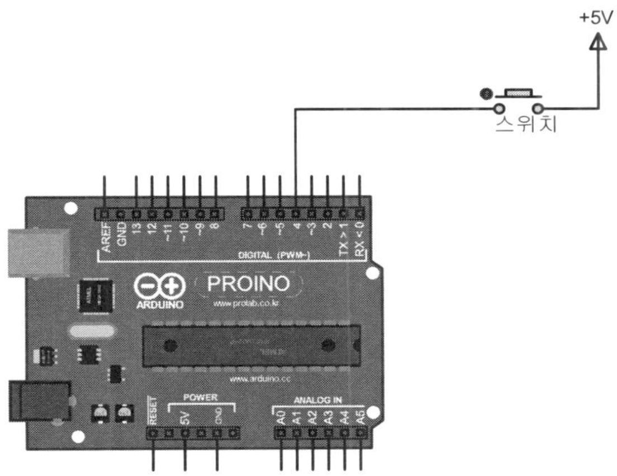

그림 1-3. Floating 상태 예시

Floating 상태는 Pull-Up 과 Pull-Down 회로를 구성하여 해결할 수 있다. 소스코드 작성으로 Pull-Up을 해결하는 방법도 있다. 표1-1에 Pull-Up 과 Pull-Down 회로에서의 논리 값 변화를 표시하였다.

표 1-1. Pull-Up 과 Pull-Down 회로에서의 논리 값 변화

Pull-Up		Pull-Down	
스위치 상태	논리 값	스위치 상태	논리 값
ON ( )	0 (LOW)	ON	1 (HIGH)
OFF ( )	1 (HIGH)	OFF	0 (LOW)

Pull-Up 회로는 그림 1-4와 같이 구성할 수 있다.

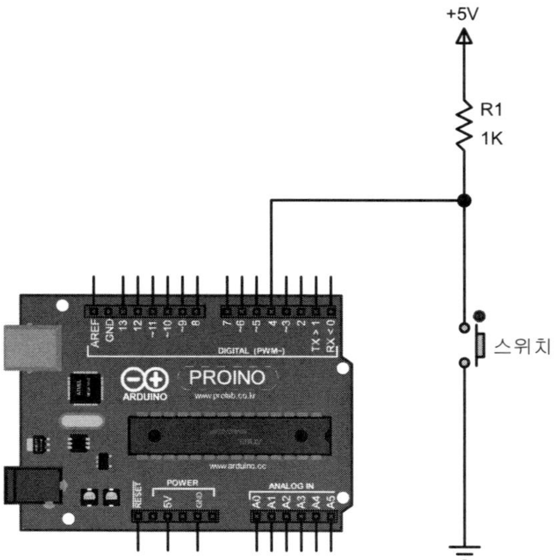

그림 1-4. Pull-Up 회로

Pull-Down 회로는 그림 1-5와 같이 구성할 수 있다.

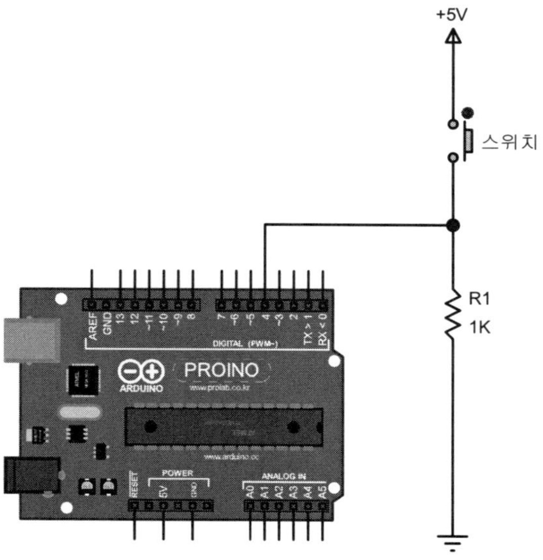

그림 1-5. Pull-Down 회로

3) Simulation

1. Proteus를 실행하여 그림 1-6과 같이 아두이노 프로젝트를 생성한다.

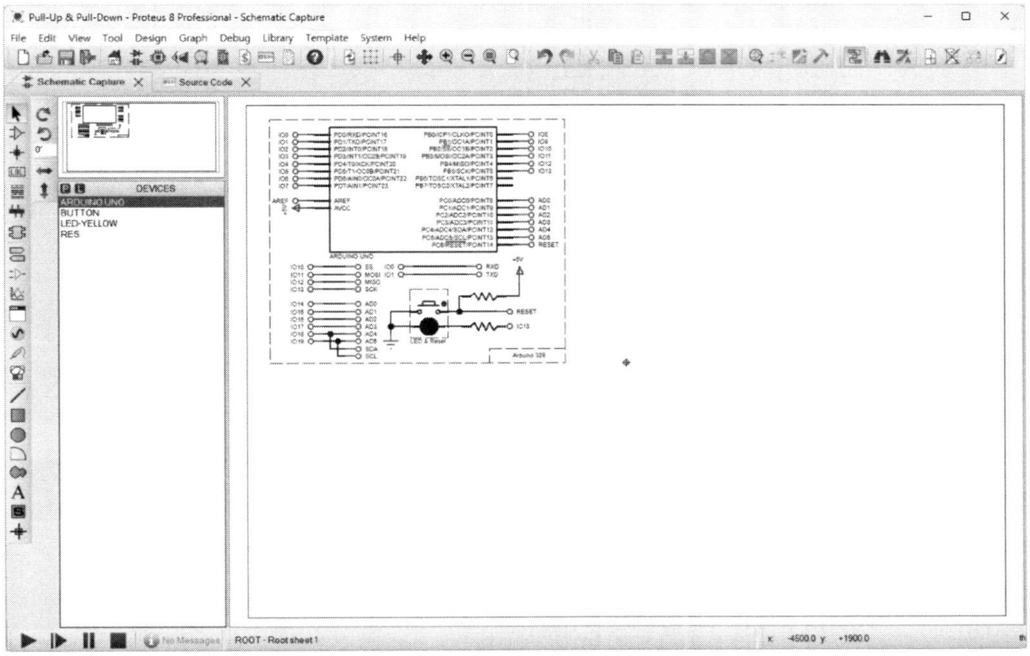

그림 1-6. 프로젝트 생성

※ 그림 1-6에 표시된 회로에 저항은 Library Locale을 변경하여 저장한 회로이다. 사용자가 특별하게 설정하지 않아서 저항이 박스 형태로 표시되어도 시뮬레이션 결과에는 아무런 문제가 없다.

2. 그림 1-7과 같이 회로를 Floating 예시 회로를 작성한다.

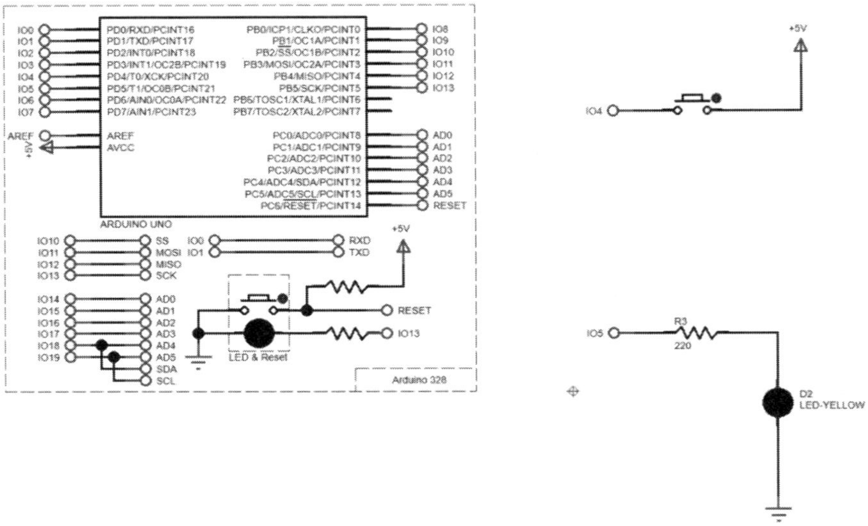

그림 1-7. Floating 예시 회로 작성

3. Source Code 탭을 클릭하여 그림 1-8과 같이 소스코드를 작성한다.

Source Code

*main.ino

```
const int buttonPin = 4;
const int ledPin = 5;
int buttonState = 0;

void setup () {
  pinMode(ledPin, OUTPUT);
  pinMode(buttonPin, INPUT);
}

void loop() {
    buttonState = digitalRead(buttonPin);
    if (buttonState == HIGH) {
      digitalWrite(ledPin, HIGH);
  } else {
     digitalWrite(ledPin, LOW);
  }
}
```

그림 1-8. 소스코드 작성

4. 그림 1-8 소스코드에서 11-16 내용을 보면 BUTTON (스위치) 상태를 읽어서 HIGH(논리 값 1)이면 LED를 ON하고 반대인 경우, 즉 LOW 상태이면 LED를 OFF 한다.

5. 시뮬레이션을 최초 실행하면 BUTTON과 LED가 OFF 상태이다.

6. 시뮬레이션이 실행된 후 그림 1-9 (a)와 같이 BUTTON을 클릭하면 LED이가 ON 되고, BUTTON을 놓으면 LED가 OFF 상태가 되어야 한다. 그러나 그림 1-9에 (b)와 같이 버튼을 놓아도 LED는 ON 상태를 유지한다. 이것이 Floating 상태가 된 것이다.

※ 앞에서 잠시 언급한 것과 같이 소스코드에서 Floating 상태를 해결할 수 있는데 Pull-Down은 실제 회로를 구성해야만 Floating 상태를 해결할 수 있다.

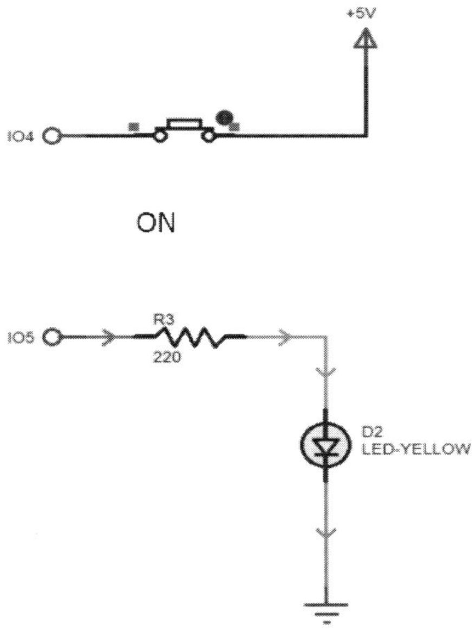

(a) 버튼 ON / LED ON 상태

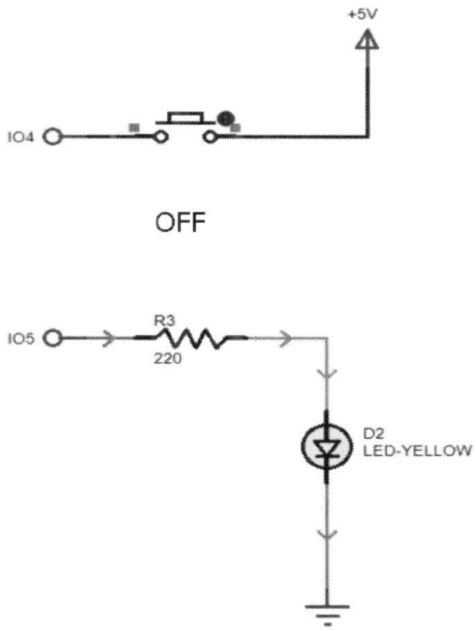

(b) 버튼 OFF / LED ON

그림 1-9. Floating 상태

7. 시뮬레이션을 멈추고 Floating 상태를 해결하기 위해서 그림 1-10과 같이 Pull-Down 회로를 구성한다.

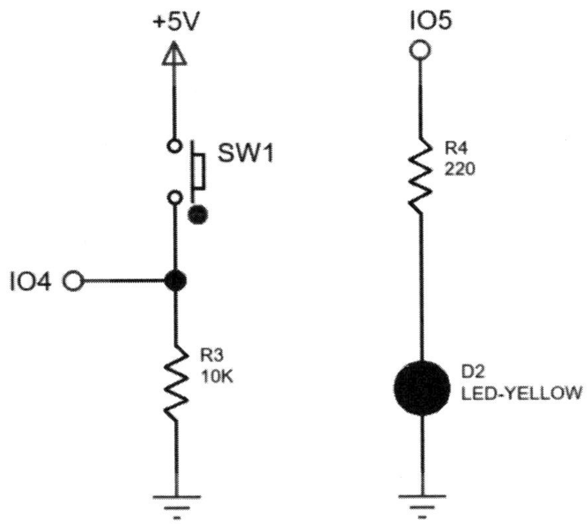

그림 1-10. Pull-Down 회로 구성

8. 시뮬레이션을 실행하면 그림 1-11과 같이 BUTTON 상태에 따라 LED가 ON/OFF 되는 것을 확인할 수 있다.

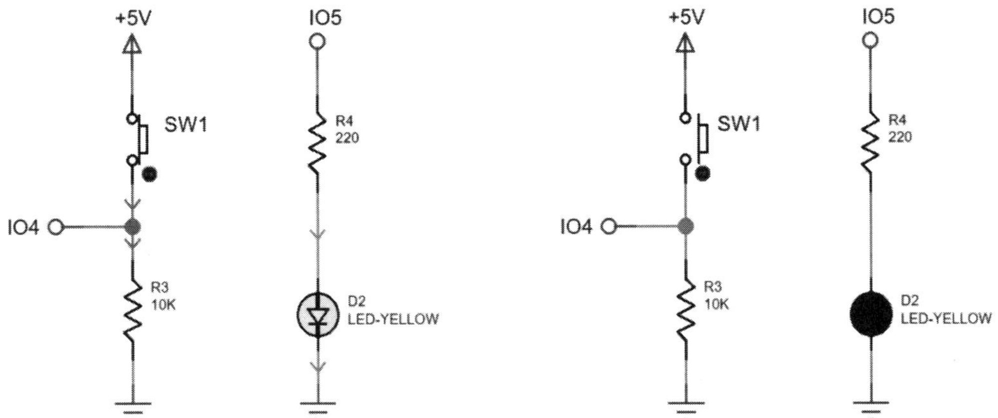

그림 1-11. Pull-Down 시뮬레이션

9. 시뮬레이션을 정지하고 그림 1-12와 같이 소스코드를 수정 한다. 소스코드를 수정하여 Pull-Up 기능을 구현해 보자. 7번 라인에 pinMode(buttonPin, INPUT_ PULLUP)이다.

Source Code
main.ino

```
1  const int buttonPin = 4;
2  const int ledPin = 5;
3  int buttonState = 0;
4
5  void setup () {
6   pinMode(ledPin, OUTPUT);
7   pinMode(buttonPin, INPUT_PULLUP);
8  }
9
10 void loop() {
11    buttonState = digitalRead(buttonPin);
12    if (buttonState ==HIGH) {
13      digitalWrite(ledPin,HIGH);
14   } else {
15      digitalWrite(ledPin, LOW);
16   }
17 }
```

그림 1-12. 소스코드 수정

10. 그림 1-13과 같이 회로를 수정하고 시뮬레이션을 실행해보면 Floating 현상이 발생하지 않는 것을 확인할 수 있다.

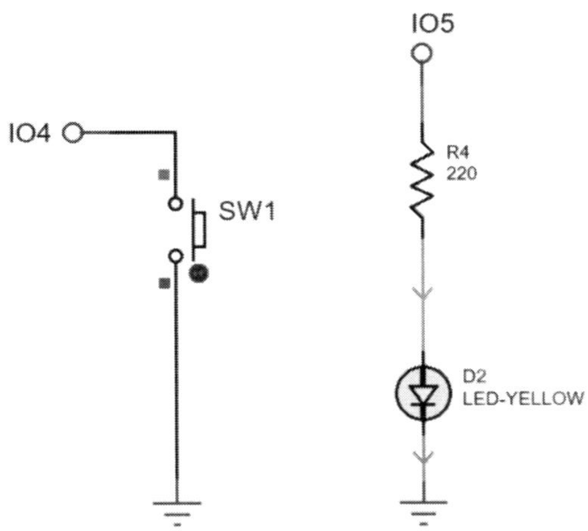

그림 1-13. 7번 라인에 pinMode(buttonPin, INPUT_PULLUP)

11. 소스코드를 수정하지 않은 경우에는 그림 1-14와 같이 Floating 현상이 발생하는 것을 확인할 수 있다. 시뮬레이션을 통해 IO4 - SW1 사이에 핀 상태가 회색으로 표시되는 것을 확인할 수 있을 것이다. 이는 그림 1-2에서 설명한 Floating 전압 범위에 속하기 때문이다. 그림 1-14와 같은예시 회로에서 Floating 상태는 큰 문제를 야기하지 않지만 센서와 같은 정확한 값을 요하는 회로에서는 큰 문제가 될 수 있기 때문에 반드시 해결해야 된다.

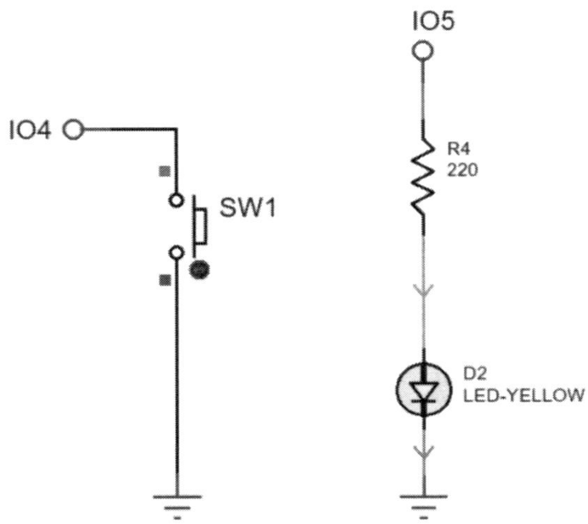

그림 1-14. 7번 라인에 pinMode(buttonPin, INPUT)

2 LED / FND

1 LED

발광다이오드(Light Emitting Diode)는 전류를 가하면 빛을 발하는 성질을 가진 반도체이다.

2종 이상의 원소로 이루어진 반도체로 주로 갈륨비소(GaAs), 갈륨인(GaP), 갈륨비소인(GaAsP), 갈륨질소(GaN) 등으로 만들어지며 어떤 화합물을 사용하느냐에 따라 LED 빛의 색깔이 달라진다.

방출하는 빛의 종류에 따라 가시광선 LED(VLED), 적외선 LED(IR LED), 자외선 LED(UV LED)로 구분되며, 가시광선 LED가 가장 많이 사용되며 적색, 녹색, 청색, 백색 LED등이 있다.

적외선 LED는 리모컨이나 적외선 통신, CCTV 적외선 카메라 등에 사용되고 있으며, 자외선 LED는 살균, 피부치료 등 생물 · 보건 분야와 검사 목적 등으로 사용되고 있다.

LED 장점은 에너지 효율이 높고, 전력소모가 낮다, 친환경 기술, 빠른 응답 속도를 가진다. LED 내부 구조와 외형을 그림 1-15에 표시하였다.

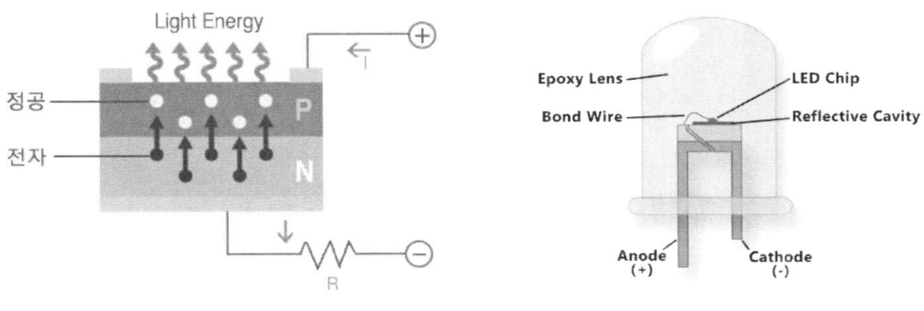

(a) LED 내부 구조　　(b) LED 외형

그림 1-15. LED 내부 구조와 외형

2 FND

FND는 Flexible Number Display(가변 숫자 표시기)의 약자이며 별칭으로 7-Segment 라고도 부른다. 일반적으로는 발광소자 7개 또는 8개를 조합하여 아주 간단한 문자 또는 숫자를 표시하는 용도로 주로 사용된다. 내부회로 구성에 따라 Common-Anode와 Common-Cathode로 구분된다. 그림 1-16에 FND 내부 회로와 외형을 표시하였다.

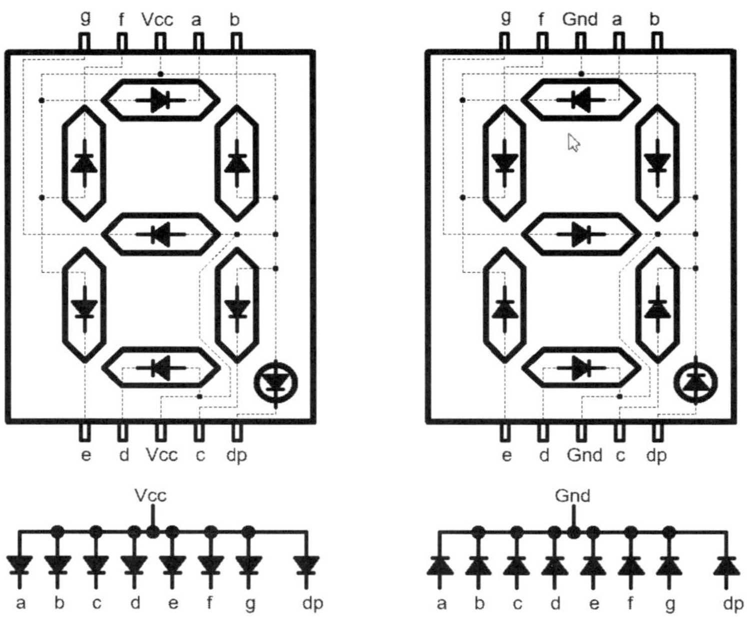

(a) Common-Anode (b) Common-Cathode

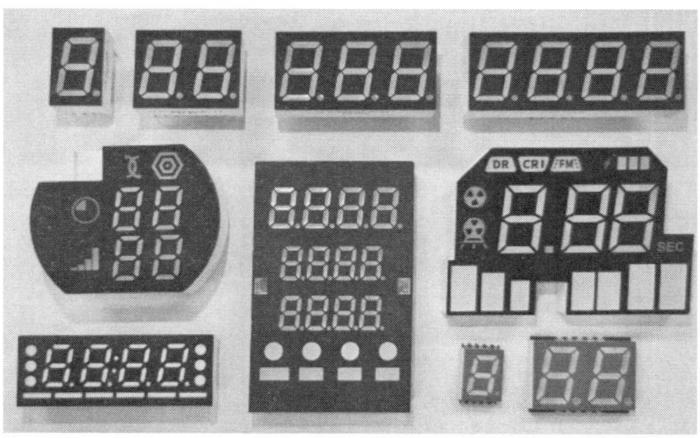

그림 1-16. FND 내부회로와 외형

1) 실습 목적

LED와 FND 부품을 사용하여 회로를 구성하고 부품의 활용의 차이점과 동작 상태를 이해하고 시뮬레이션으로 검증할 수 있다.

2) 실습 이론

LED와 FND를 사용하는 회로에서는 전류 제한 저항을 사용하여야 하며 제조사에 따라 사용하는 저항 값은 달라질 수 있다. 그림 1-17에 실습에 자주 사용하는 LED Data Sheet를 표시하였다.

Absolute Maximum Rating of Each Segment (Ta = 25℃)

Parameter	Symbol	Maximum Rating	Unit
Power Dissipation	P_M	80	mW
Continuous Forward Current	I_F	30	mA
Reverse Voltage	V_R	6	V
Operation Temperature	T_{opr}	−25℃ ~ 85℃	℃
Storage Temperature	T_{stg}	−40℃ ~ 100℃	℃
Soldering Temperature : 2.0mm from Body for 3 seconds at 260℃			

Electron-Optical Characteristics of Each Segment (Ta = 25℃)

Parameter	Symbol	Min.	Typ.	Max.	Unit	Test Condition
Luminous Intensity	I_V	65	75		mcd	I_F=20 mA
Forward Voltage	V_F		2.2	2.5	V	I_F=20 mA
Reverse Current	I_R			50	μA	V_R=5V
Peak Wavelength	λ_p		575		nm	I_F=20 mA
Viewing Angle	2θ1/2		35		deg	I_F=20 mA

그림 1-17. LED Data sheet

LED 전류제한 저항을 계산하기 위해서는 Data Sheet에서 IF와 VF를 확인할 필요가 있다. 옴의 법칙을 적용하면 전류제한용 저항 값을 계산할 수 있다.

그림 2-3에서 표시된 IF=20[mA], VF=2.2[V]를 적용할 경우 전류제한 저항 값은 아래 수식과 같이 계산할 수 있다.

$$V = IR\ ,\quad I_F = \frac{(V_{CC} - V_F)}{R},\quad R = \frac{(V_{CC} - V_F)}{I_F}$$

$$R = \frac{(5-2.2)}{0.02} = 140\,[\Omega]$$

3) Simulation

1. 표 1-2와 같이 부품을 등록한다.

표 1-2. 실습 부품 목록

DEVICE	LIBRARY
BATTERY	ACTIVE
FUSE	DEVICE / DEVIEEE
LED-RED	ACTIVE
RES	DEVICE / DEVIEEE

2. 그림 1-18과 같이 회로를 구성한다.

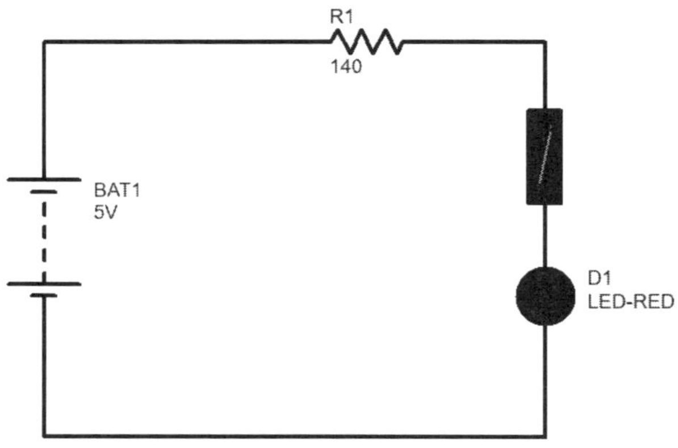

그림 1-18. LED 실습

3. DC AMMETER를 추가하여 그림 1-19와 같이 회로를 완성한다.

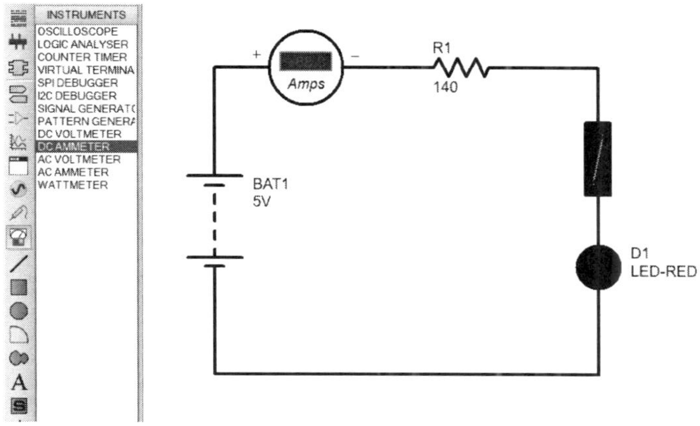

그림 1-19. DCAMMETER 추가 회로 완성

4. FUSE 속성 창을 열어서 그림 1-20과 같이 전류를 20mA로 변경한다.

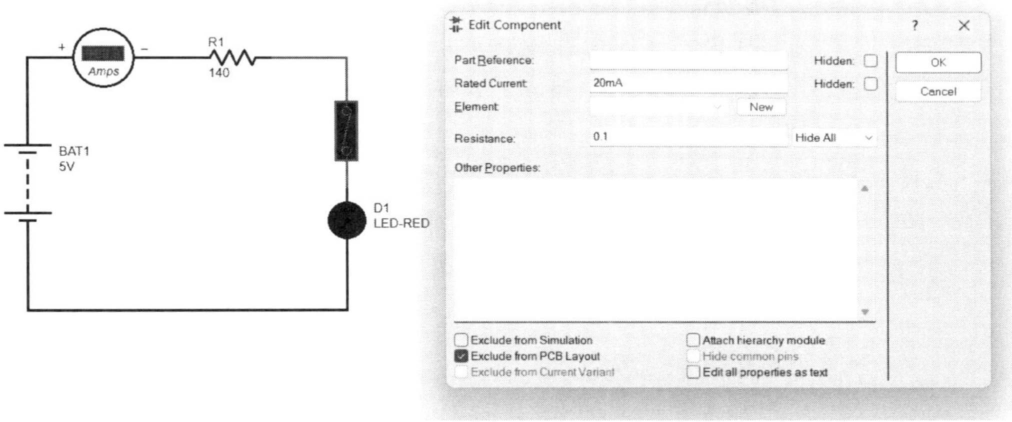

그림 1-20. FUSE 전류 값 변경

※ FUSE 전류를 20mA로 변경한 이유는 시뮬레이션에서 LED가 물리적으로 손상되지 않기 때문에 FUSE 동작으로 LED의 물리적 손상 여부를 확인하고자 한다.

5. 시뮬레이션을 실행하여 측정된 전류와 FUSE동작을 확인한다. 그림 1-21과 같이 LED에 물리적 손상(FUSE 파손)은 없을 것이다. 이는 전류제한 저항 값이 정확하게 적용된 것이다.

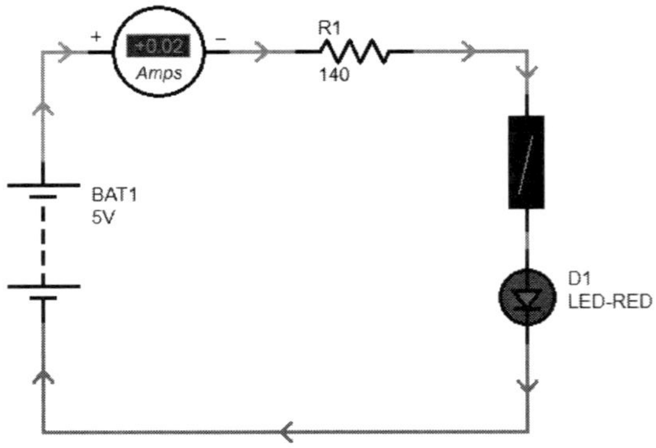

그림 1-21. LED 손상이 없는 전류제한 저항 사용

6. 저항값을 100으로 변경하고 시뮬레이션을 실행하면 FUSE가 손상되는 것을 확인할 수 있을 것이다. 앞에서 계산한 저항 값은 140 이었기 때문에, 즉 IF=20mA 이었기 때문에 저항 값이 100으로 변경되면 전류는 0.028 [A] (28mA)가 되기 때문에 FUSE가 손상되는 것이다.
   주의 할 점은 실제 회로를 구성할 때는 FUSE는 없다는 것이고 FUSE대신 LED가 손상된다는 것이다. 그림 1-22에 시뮬레이션 결과와 실제 회로를 구성한 QR 코드를 표시하였다.
   QR코드로 영상을 확인해 보면 전원이 투입되는 순간 우측에 LED는 매우 짧은 시간에 손상되는 것을 확인할 수 있다. 좌측에는 전류제한 저항 150[Ω]을 연결하였기 때문에 물리적 손상 없이 계속 ON 되어 있는 것을 확인할 수 있을 것이다.

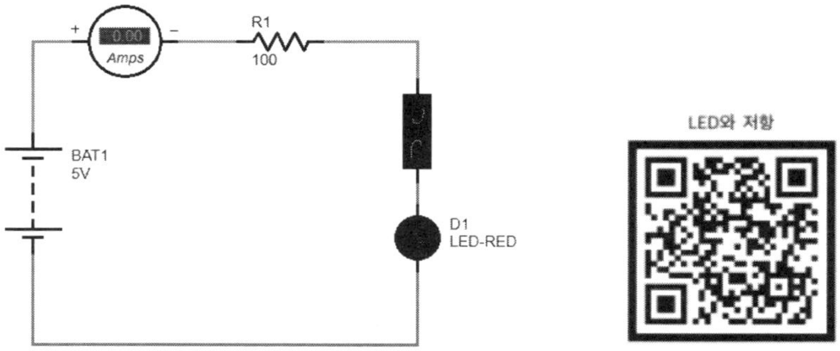

(a) 시뮬레이션으로 확인한 물리적 손상　　(b) 실제회로에서 물리적 손상

그림 1-22. 시뮬레이션 결과와 실제회로에서 물리적 손상

7. 그림 1-23과 같이 아두이노 프로젝트를 생성한다.

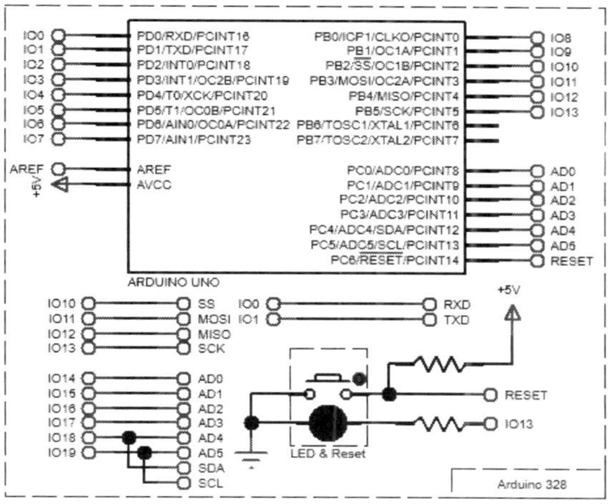

그림 1-23. 아두이노 프로젝트 생성

8. 표 1-3과 같이 부품을 등록한다.

표 1-3. 7SEG-COM-ANODE 부품 등록

DEVICE	LIBRARY
7SEG-COM-ANODE	DISPLAY

9. 그림 1-24와 같이 LED와 FND를 사용하여 회로를 구성한다.

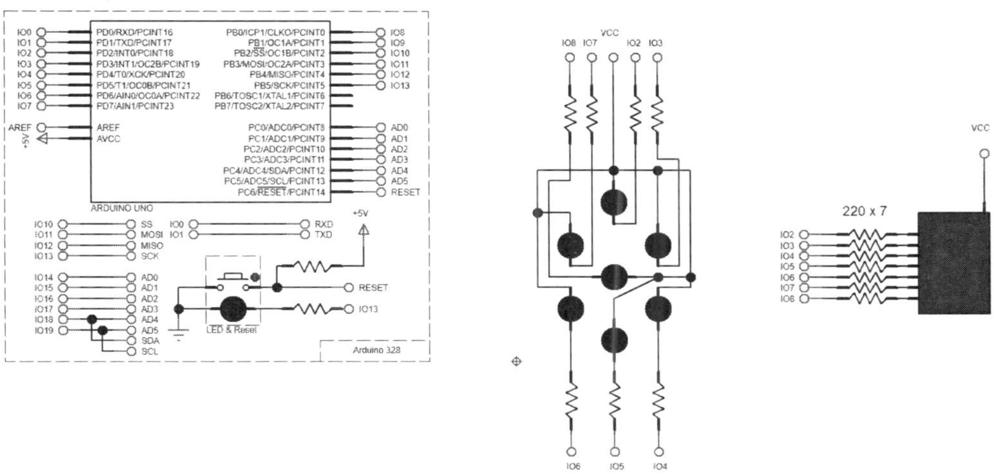

그림 1-24. LED와 FND 회로

10. FND를 사용하면 어떠한 이점이 있는지 비교하기 위해 LED 회로를 같이 구성하였다.

11. 그림 1-25와 같이 소스코드를 입력한다.

```
int ON = LOW;
int OFF = HIGH;
int digits[10][8] = {
   {ON, ON, ON, ON, ON, ON, OFF, OFF},
   {OFF, ON, ON, OFF, OFF, OFF, OFF, OFF},
   {ON, ON, OFF, ON, ON, OFF, ON, OFF},
   {ON, ON, ON, ON, OFF, OFF, ON, OFF},
   {OFF, ON, ON, OFF, OFF, ON, ON, OFF},
   {ON, OFF, ON, ON, OFF, ON, ON, OFF},
   {ON, OFF, ON, ON, ON, ON, ON, OFF},
   {ON, ON, ON, OFF, OFF, ON, OFF, OFF},
   {ON, ON, ON, ON, ON, ON, ON, OFF},
   {ON, ON, ON, OFF, OFF, ON, ON, OFF}
   };

int pins[ ] = {2, 3, 4, 5, 6, 7, 8, 9};

void setup( )
{
   for(int i = 0; i  < 8; i++)
   {
           pinMode(pins[i], OUTPUT);
   }
}

void loop( )
{
      for(int i = 0; i <= 9; i++)
   {

      for(int j = 0; j < 8; j++)
      {
         digitalWrite(pins[j], digits[i][j]);
      }

      delay(1000);
   }
}
```

그림 1-25. 소스코드 입력

12. 시뮬레이션을 실행하여 LED와 FND에 표시된 숫자를 비교해보자. 그림 1-26에 표시된 숫자를 표시하였다.

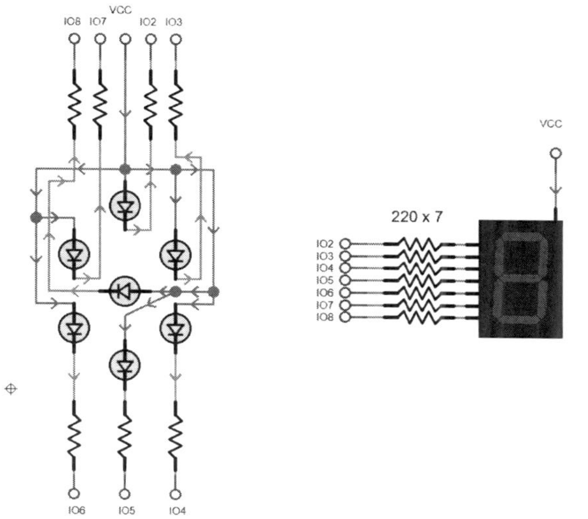

그림 1-26. LED와 FND에 표시된 숫자

13. 그림 1-26을 보면 FND를 사용하면 숫자를 표시하는 것이 LED를 개별적으로 조합하여 사용하는 것 보다 효율적인이라는 것을 확인할 수 있다.

3 황화 카드뮴(CdS, cadmium sulfide)

CdS는 카드뮴(Cd)과 황(S) 화합물로 Photoresistor 또는 LDR(light dependent resistor)이라고 한다. 빛의 양이 증가하면 저항이 작아지고 적게 들어오면 저항이 커지는 성질을 지닌 광도전 소자이다. 소형이면서 가격이 저렴하고 낮은 전력에서 구동되며 내구성이 좋아서 사진기 조도계, 연기 감기지, 카드 판독기, 자동차 전조등 제어, 가로등 조명 제어 등 많은 분야에서 사용된다.

반응시간이 느리고, 빛 강도의 급격한 변화를 따라잡을 수 없으며, 좁은 스텍트럼 응답을 갖는다는 단점이 있다.

그림 1-27에 CdS 내부 구조와 외형을 표시하였다.

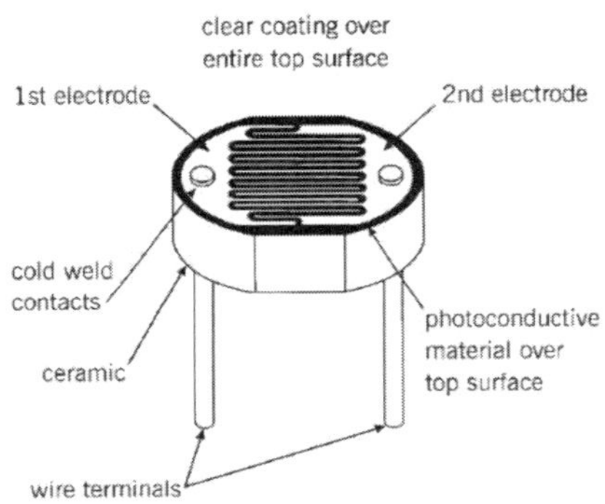

(a) CdS 내부 구조

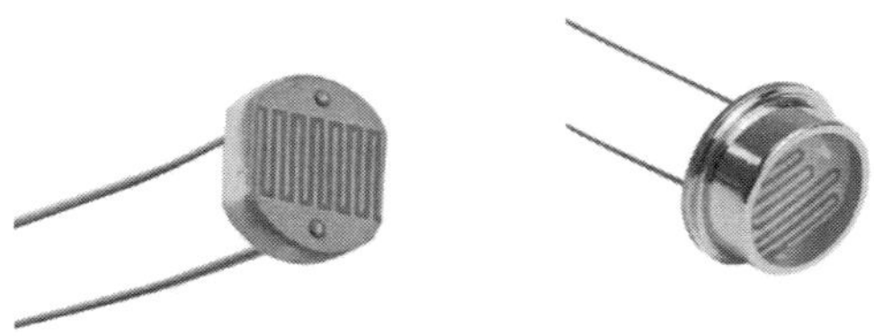

(b) CdS 외형

그림 1-27. CdS 내부 구조와 외형

1) 실습 목적

CdS 부품을 사용한 회로를 구성하고 부품 활용 방법과 동작을 시뮬레이션으로 검증할 수 있다.

2) 실습 이론

CdS는 극성이 없는 무극성 소자이기 때문에 회로를 구성할 때 극성에 유의할 필요는 없지만 독립적인 회로 구성이 불가하기때문에 한쪽 핀은 전원으로 한쪽은 저항과 직렬 연결하여한다.

CdS는 빛에 반응하는 소자이기 때문에 그림 1-28에 빛과 CdS 관계를 그래프로 표시하였다.

X축 빛의 밝기(Lux)가 증가하면 Y축 저항(Ω) 값이 감소하는 것을 확인할 수 있다.

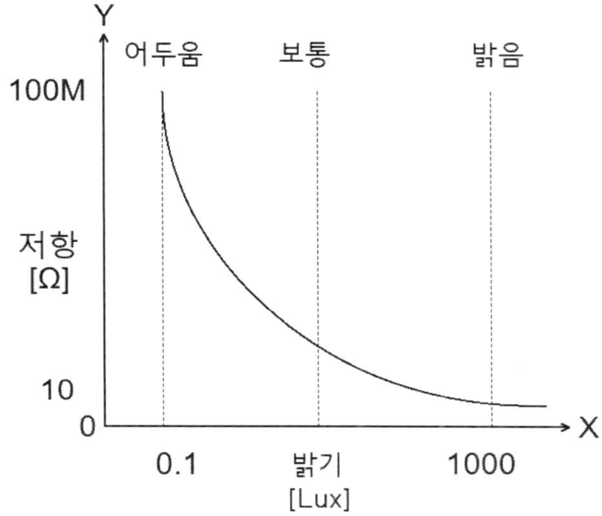

그림 1-28. 빛 양에 따른 CdS 저항 값 변화

3) Simulation

1. 아두이노 프로젝트를 생성하고 표 1-4와 같이 부품을 등록한다.

표 1-4. 실습 부품 등록

DEVICE	LIBRARY
OHMMETER	TRXD
TORCH_LDR	ACTIVE

2. 그림 1-29와 같이 회로를 구성한다.

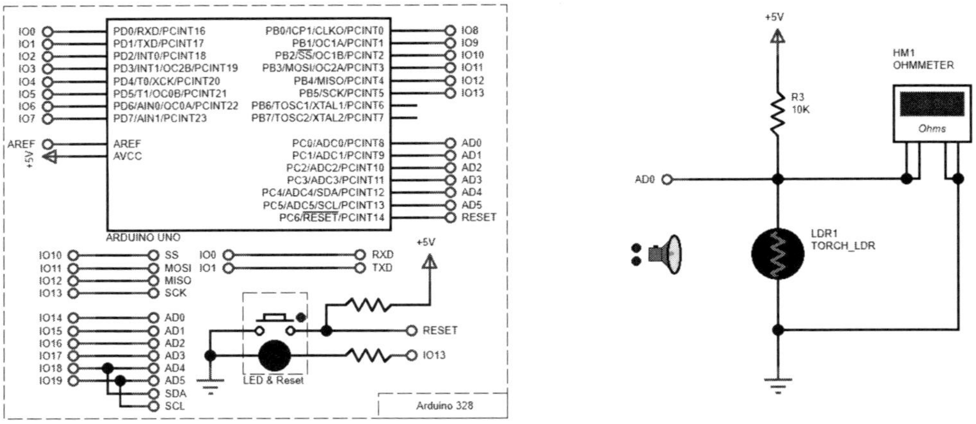

그림 1-29. CdS 실습회로

3. 그림 1-30과 같이 OHMMETER 속성 창을 열어서 측정범위(Range)를 Ohm에서 Kohm으로 변경하고 [OK]를 선택하여 회로도에 표시된 OHMMETER에 측정 Range가 Kohm으로 표시되도록 한다.

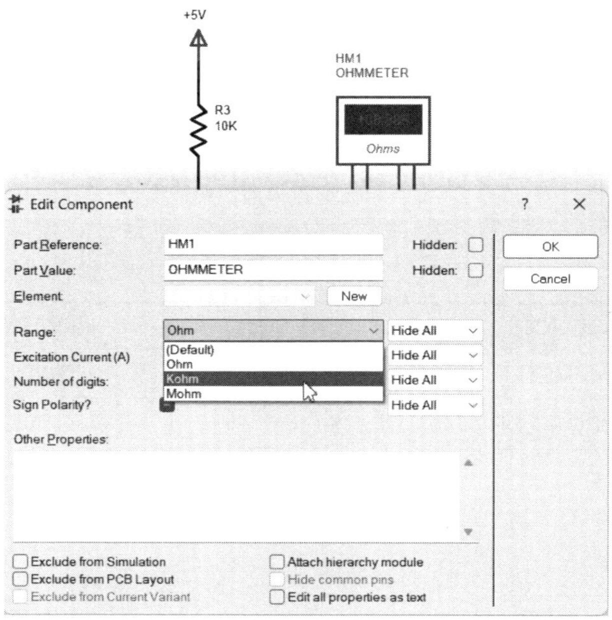

(a) OHMMETER 속성 창에서 Range 변경

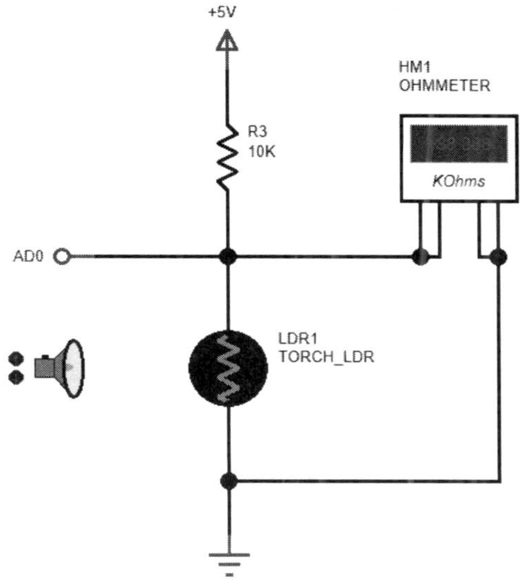

(b) Range가 KOhms로 변경된 회로

그림 1-30. OHMMETER Range가 변경된 회로

4. 그림 1-31과 같이 소스를 입력한다.

main.ino

```
void setup() {
  pinMode(LED_BUILTIN, OUTPUT);
}

void loop() {
  int sensorValue = analogRead(A0);
  if (sensorValue > 300) {
    digitalWrite(LED_BUILTIN, HIGH);
  }
  else {
    digitalWrite(LED_BUILTIN, LOW);
  }
  delay(10);
}
```

그림 1-31. 소스코드 작성

5. CdS 실습 회로는 가로등 전등 제어를 예시한 것으로 빛이 없을 경우 가로등 역할을 하는 BUILTIN LED가 ON상태에서 TORCH_LDR에 + 컨트롤 버튼을 클릭하여 LDR에 빛이 가해지면 BUILTIN LED가 OFF되는 동작을 한다.

6. 시뮬레이션을 실행하여 동작을 확인한다. 그림 1-32에 동작 결과를 표시하였다.

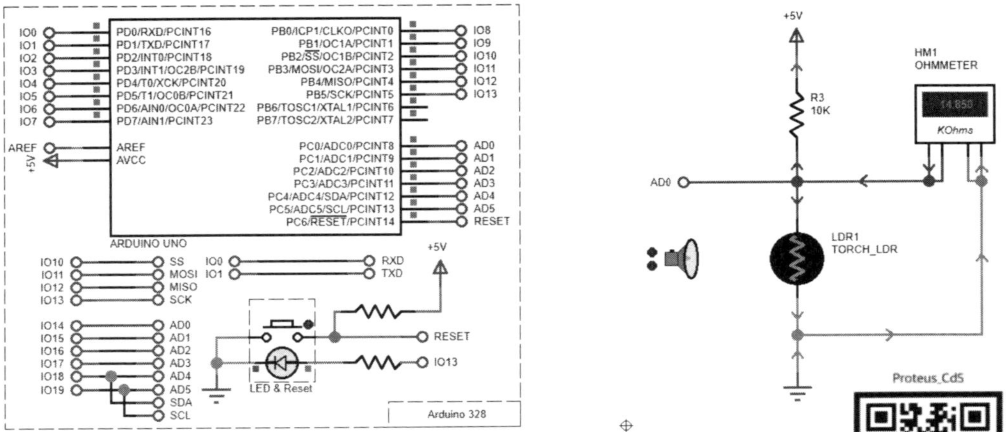

(a) 빛이 없는 상태 - LED ON, 저항 값 14.850 [KΩ]

Proteus_CdS

시뮬레이션

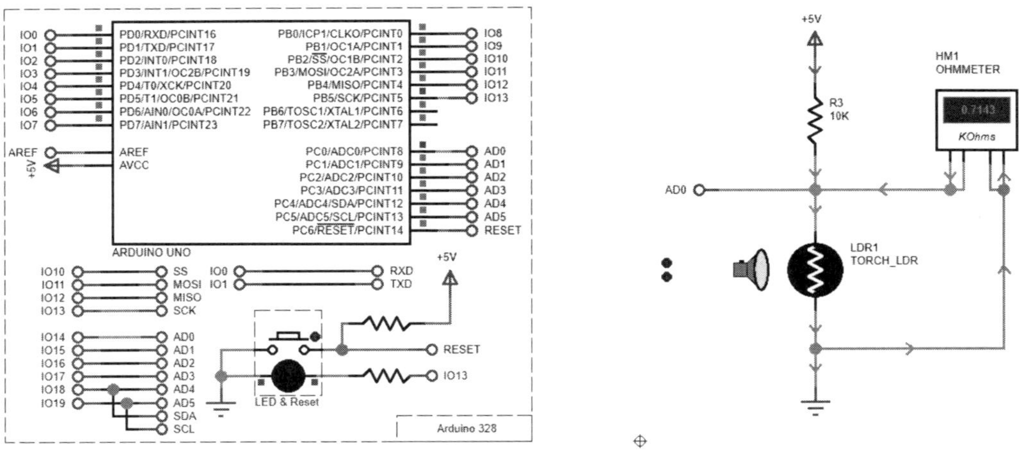

(b) 빛이 가해진 상태 - LED OFF, 저항 값 0.7143 [KΩ]

그림 1-32. CdS 회로 동작

4 Relay (계전기)

전기적으로 작동하는 스위치다. 일반적인 Relay는 전류가 흐르면 전기의 자기 작용에 의해 계전기에 있는 코일이 여자(자기화)되어 가동철편이 접점을 이동시키는 원리이다. 두 가지 범주로 구분한다면 가동접점이 있는 기계식과 가동 접점이 없는 반도체식으로 구분할 수 있다. 그림 1-33에 기계식과 반도체 Relay 구조를 표시하였다.

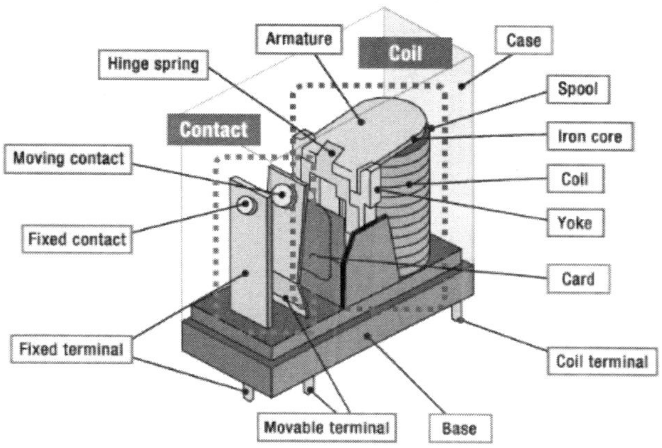

(a) 가동접점이 있는 기계식

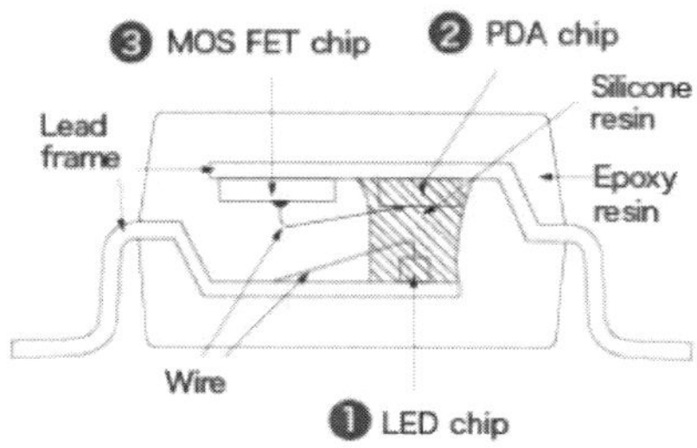

(b) 가동접점이 없는 반도체

그림 1-33. Relay 구조

1) 실습 목적

Relay를 사용한 회로를 구성하고 부품 활용 방법과 동작을 시뮬레이션으로 검증할 수 있다.

2) 실습 이론

기계식 Relay는 신호를 받아 기계적 동작으로 변환하는 코일과 전기 회로를 계폐하는 접점으로 구성된다. 그림 1-34에 동작원리를 간략화하여 표시하였다.

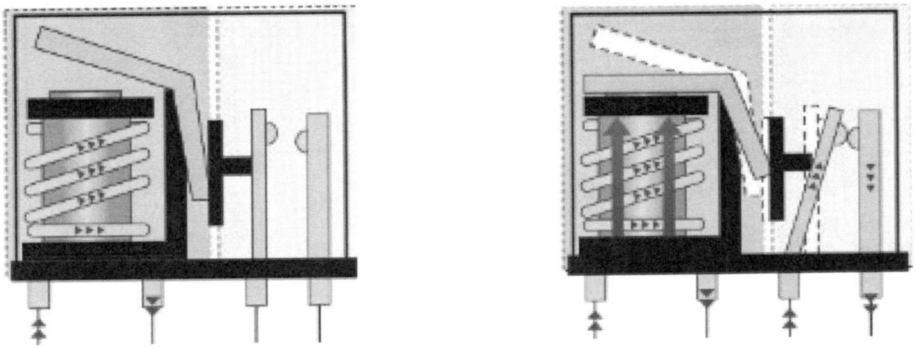

(a) 코일이 여자(자기화)되기 전 가동철편과 접점 (b) 코일이 여자(자기화)된 후 가동철편과 접점

그림 1-34. 기계식 Relay 동작 원리

그림 1-34에서 코일에 전류가 흘러 여자(자기화)되면 가동철편을 당기게 되고 그러면 접점이 밀려서 접점과 접점이 붙게 되어 이후 동작을 하게 된다.

그림 1-35에는 아두이노 실습에서 사용하는 기계식 Relay에 회로도 핀 정보와 실제 Relay 모듈을 표시하였다.

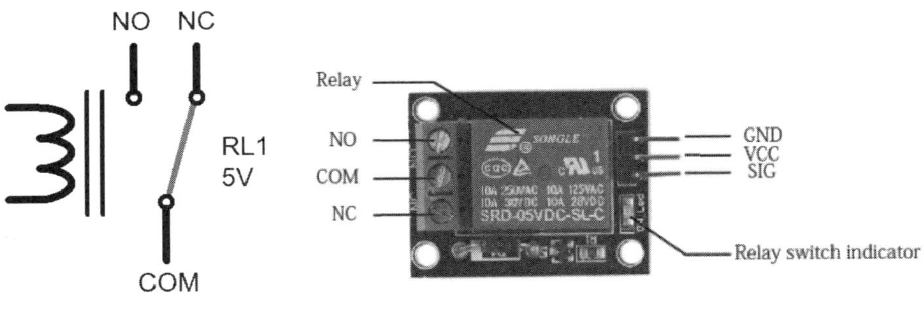

(a) 회로도 심벌 (b) 계전기 모듈

그림 1-35. 계전기 회로도 심벌과 Relay 모듈

가동 접점이 없는 무접점 Relay는 본 교재에서 사용하지는 않지만 기본적인 내용을 설명한다.

가동 접점이 있는 기계식 Relay는 접점의 접촉 시 전기전인 스파크가 발생하고 그에 따라 물리적인 수명이 단축되지만 반도체로 구성된 무접점 Relay는 물리적인 접촉이 없어서 반영구적인 수명과 빠른 스위칭이 가능하다는 장점이 있다.

그림 1-36에 무접점(반도체) Relay에 해당하는 SSR(Solid State Relay) 내부 구조와 외형을 표시하였다.

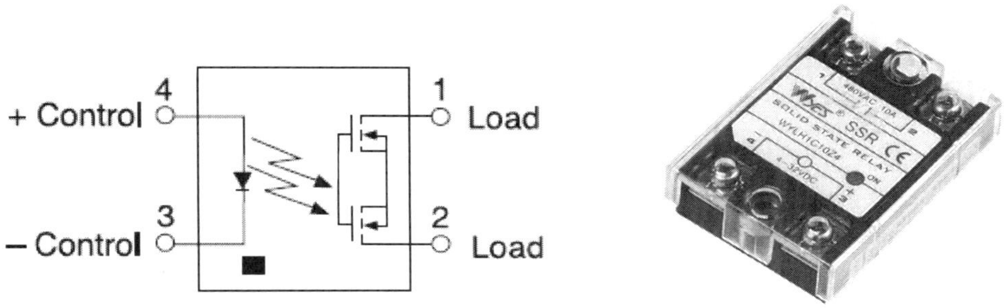

(a) SSR 내부 구조 (b) SSR 외형

그림 1-36. 직류용 SSR 내부 구조와 외형

SSR 종류는 입력과 출력 방식에 따라 구분할 수 있다. 입력이 DC 전압이고 출력이 AC 전압인 경우 AC SSR, 입력과 출력 모두 DC 전압인 경우 DC SSR로 구분할 수 있다.

장점으로는 스파크가 발행하지 말아야 하는 환경에서 사용할 수 있고, 수명이 길고, 무소음 동작이다. 닫혔을 때 임피던스가 높고, 순간적인 높은 전압이 발생할 때 오동작 우려가 있고, 기계식에 비해 가격이 비싸다는 단점이 있다.

3) Simulation

1. Schematic Capture를 실행하고 표 1-5와 같이 부품을 등록한다.

표 1-5. 실습 부품 등록

DEVICE	LIBRARY
BUTTON	ACTIVE
LAMP	ACTIVE
RELAY	ACTIVE
RES	DEVICE / DEVIEEE
ALTERNATOR	ACTIVE

2. 그림 1-37과 같이 Relay 회로를 작성한다.

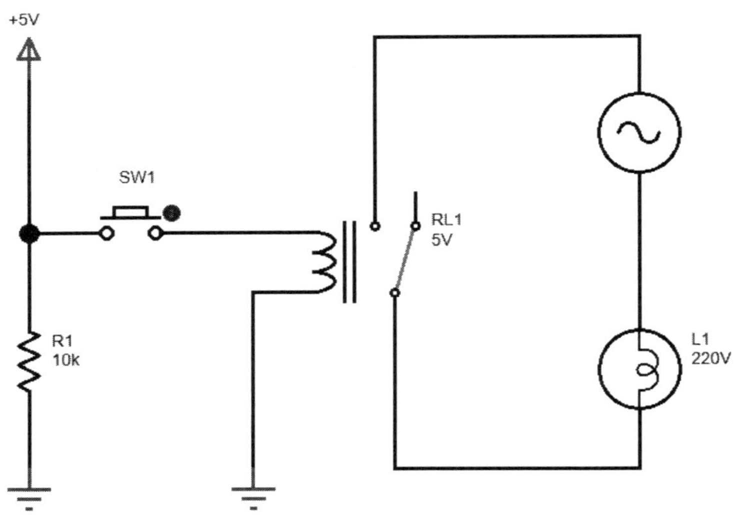

그림 1-37. Relay 회로 작성

※ RL1에 표시된 5V는 DC 전압 값이다. L1에 표시된 220V는 AC 전압 값이다.

3. ALTERNATOR 속성 창을 열어 그림 1-38과 같이 속성을 설정하고 [OK]를 클릭한다. FREQ를 1Hz로 설정한 이유는 시뮬레이션을 실행하였을 때 전류의 흐름을 확인하고자 하는 것이다. 만약에 FREQ를 60Hz로 설정하면 회로에서 전류의 흐름을 확인할 수 없다.

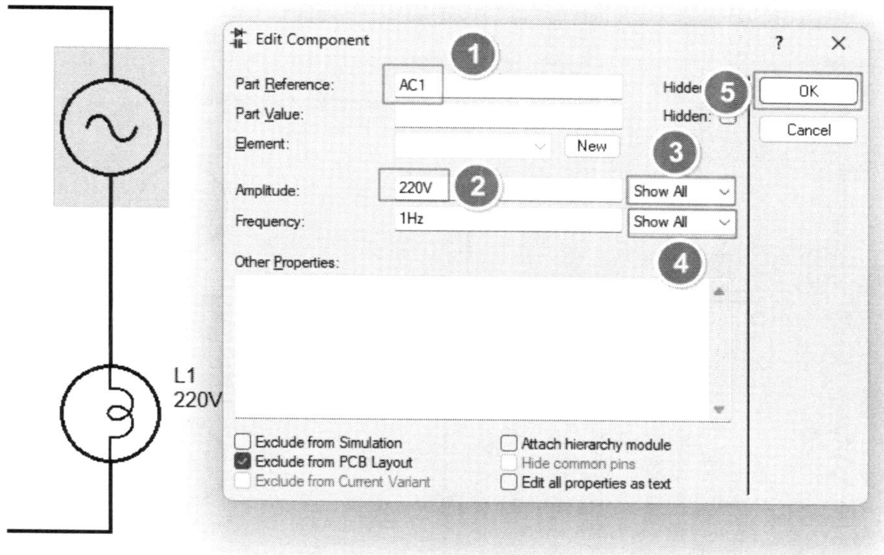

그림 1-38. ALTERNATOR 속성 설정

4. 그림 1-39와 같이 회로 작성 및 설정을 완료한다.

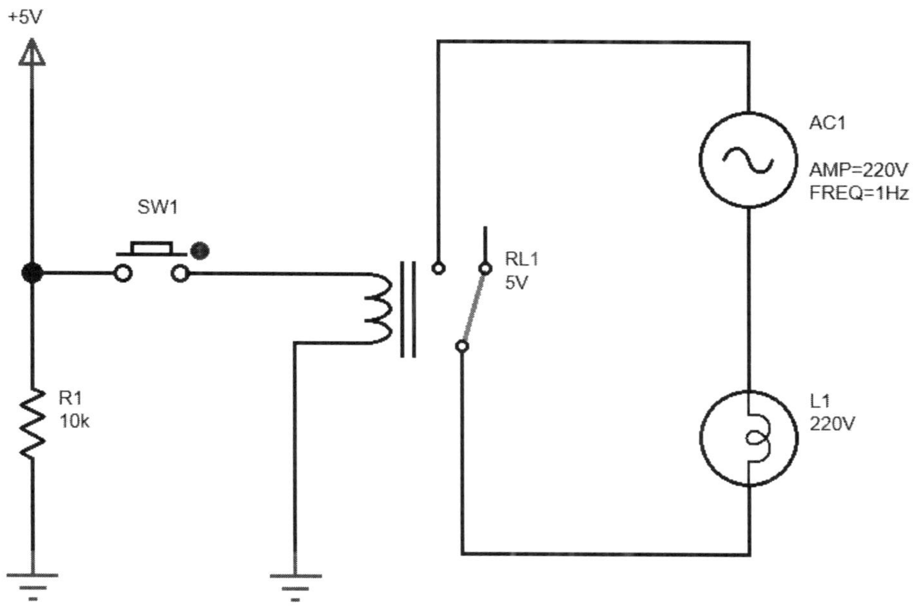

그림 1-39. Relay 회로 작성 및 속성 설정 완료

5. 시뮬레이션을 실행해보면 그림 1-40과 같이 SW1이 Off 상태이기 때문에 LAMP는 Off 상태이다. Relay 코일이 여자(자기화)되기 전이라 접점이 COM-NC에 연결되어 있다.

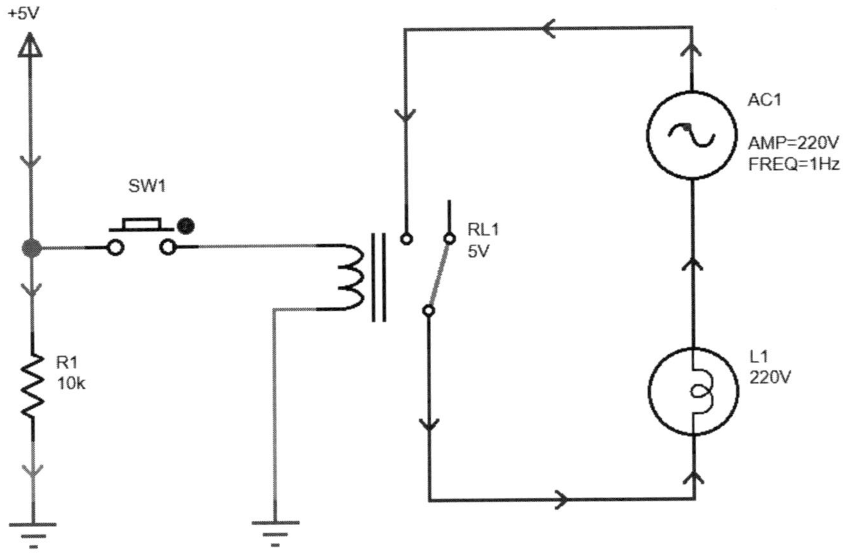

그림 1-40. LAMP OFF 상태

6. 그림 1-41와 같이 SW1을 클릭하면 코일에 전류가 흘러 여자(자기화)되고 접점 COM-NO가 연결되어 LAMP가 ON 되는 것을 확인할 수 있다.

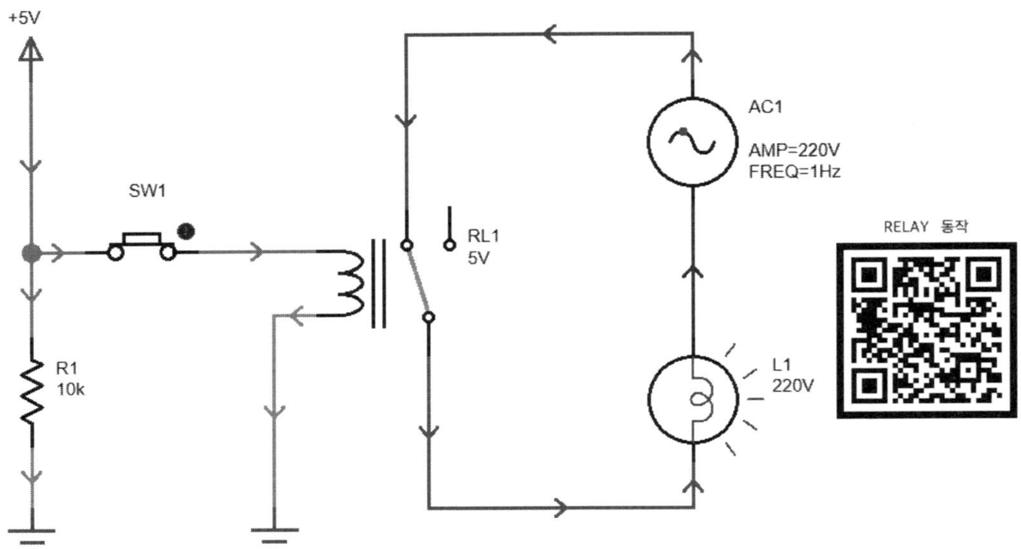

그림 1-41. LAMP ON 상태

7. 아두이노 프로젝트를 생성하고 표 1-6과 같이 부품을 등록한다.

표 1-6. 실습 부품 등록

DEVICE	LIBRARY
LAMP	ACTIVE
RELAY	ACTIVE
ALTERNATOR	ACTIVE

8. 그림 1-42와 같이 회로를 구성한다.

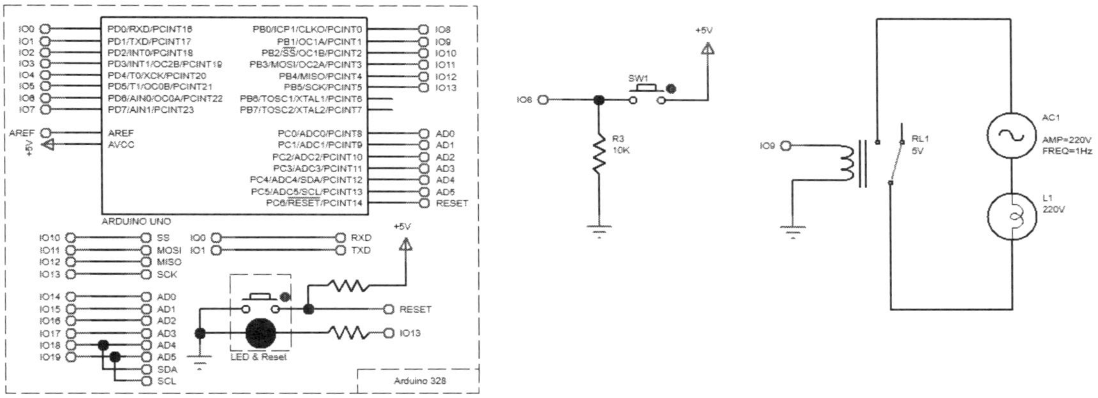

그림 1-42. Relay 실습 회로

9. 그림 1-43과 같이 소스코드를 입력한다.

main.ino

```
#define relayPin 9
#define buttonPin 8

int val = 0;

void setup ()
{
   pinMode (relayPin, OUTPUT);
   pinMode (buttonPin, INPUT);
}

void loop ()
{
   val = digitalRead (buttonPin);
   if (val ==HIGH)
   {
      digitalWrite (relayPin, HIGH);
   }  else {
       digitalWrite (relayPin, LOW);
   }
}
```

그림 1-43. 소스 코드 작성

10. 시뮬레이션을 실행하여 SW1을 클릭하면 Relay가 동작하는 것을 확인할 수 있다. 그림 1-44에 동작 결과를 표시하였다.

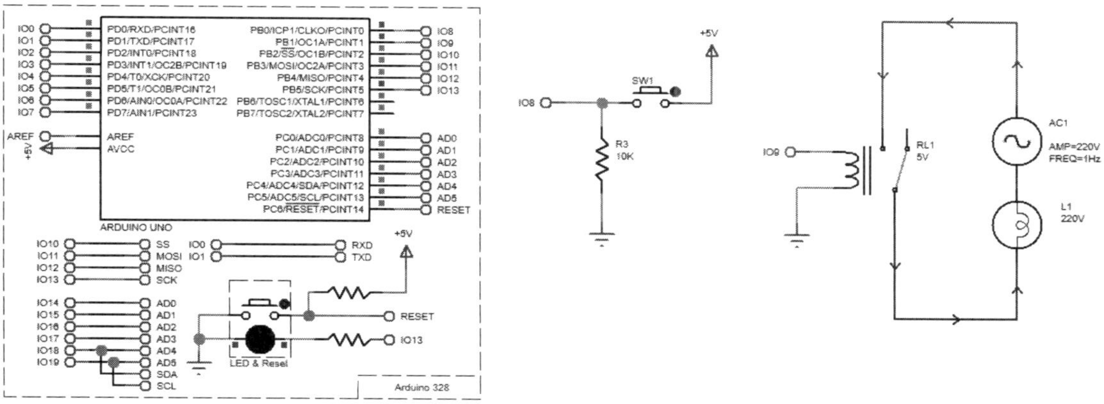

(a) SW1이 OFF상태

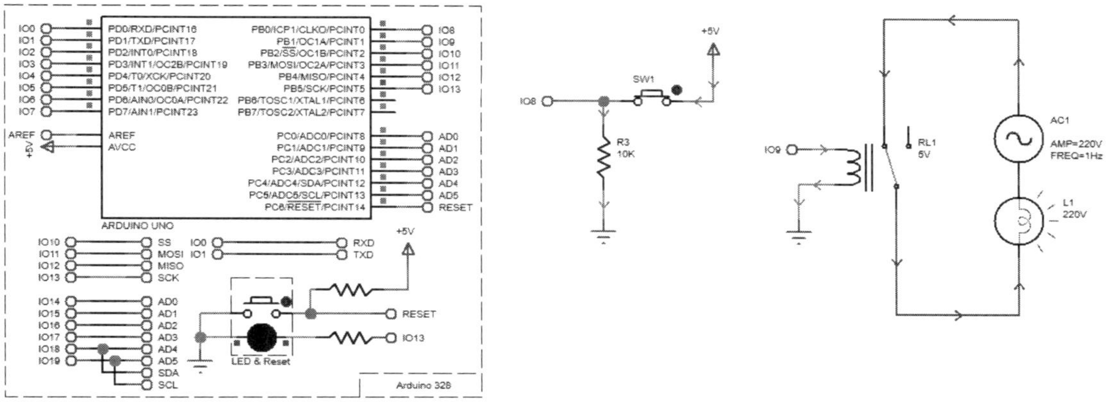

(b) SW1이 ON 상태

그림 1-44. Relay 회로 동작

11. Relay 실물을 사용할 때 회로 결선 예시가 그림 1-45이고, 동작은 QR 코드로 동영상을 확인할 수 있다.

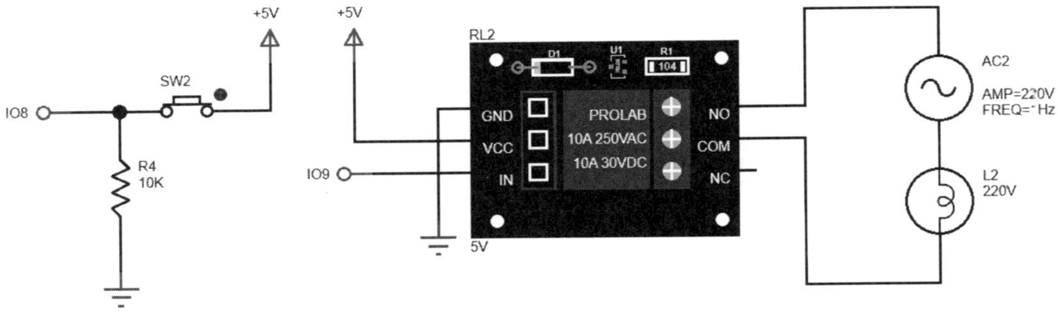

(a) 실제 릴레이를 사용할 때 회로 결선

Real_Relay

(b) 릴레이 동작

그림 1-45. Relay 실물 결선과 동작 QR 코드

5 Motor Driver

아두이노의 디지털 핀에서 출력할 수 있는 최대 전류는 40mA이기 때문에 큰 전류로 구동되는 모터를 디지털 핀 출력만으로는 구동할 수 없기 때문에 Motor Driver를 사용하여 모터의 속도를 제어하거나 모터의 방향을 바꿀 수 있는 회로가 구성되어 있는 모듈을 Motor Driver라고 한다.

L298N은 두 개의 DC 모터의 속도와 방향을 동시에 제어할 수 있는 듀얼 H-브리지 Motor Driver이다. 최대 2A의 피크 전류로 5-35V 사이의 전압을 갖는 DC 모터를 구동 할 수 있다.

그림 1-46에 아두이노에서 대표적으로 사용되는 Motor Driver 모듈인 L298N 외형을 표시하였다.

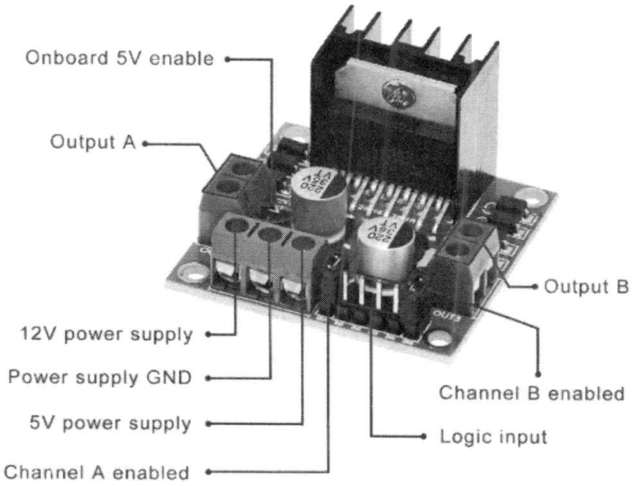

그림 1-46. Motor Driver L298N

1) 실습 목적

Motor Driver 회로를 구성하고 활용 방법과 동작을 시뮬레이션으로 검증할 수 있다.

2) 실습 이론

모터 회전 방향을 제어하려면 모터에 흐르는 전류 방향을 반대로 바꾸면 되는데, 이때 가장 일반적인 방법은 H-Bridge를 사용하는 것이다. H-Bridge 회로에는 4개의 스위칭 부품(트랜지스터 또는 MOSFET)이 포함되어 있으며 회로 중앙에 모터가 H형태로 연결된다. 두 개의 특정 스위치를 동시에 활성화하면 전류 흐름의 방향을 변경할 수 있으므로 모터의 회전 방향도 변경 할 수 있다. 그림 1-47에 H-Bridge 회로 구동 원리를 표시하였다.

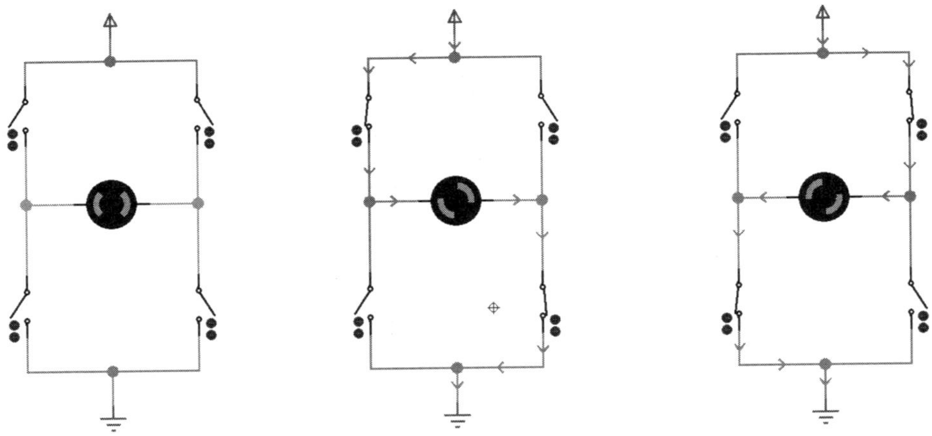

(a) 모터 정지 (b) 모터 우회전 (c) 모터 좌회전

그림 1-47. H-Bridge 회로 구동 원리

3) Simulation

1. 아두이노 프로젝트를 생성하고 표 1-7과 같이 부품을 등록한다.

표 1-7. 실습 부품 등록

DEVICE	LIBRARY
2N3904	FAIRCHLD
2N3906	FAIRCHLD

2. 그림 1-48과 같이 트랜지스터를 사용한 H-Bridge 회로를 구성한다.

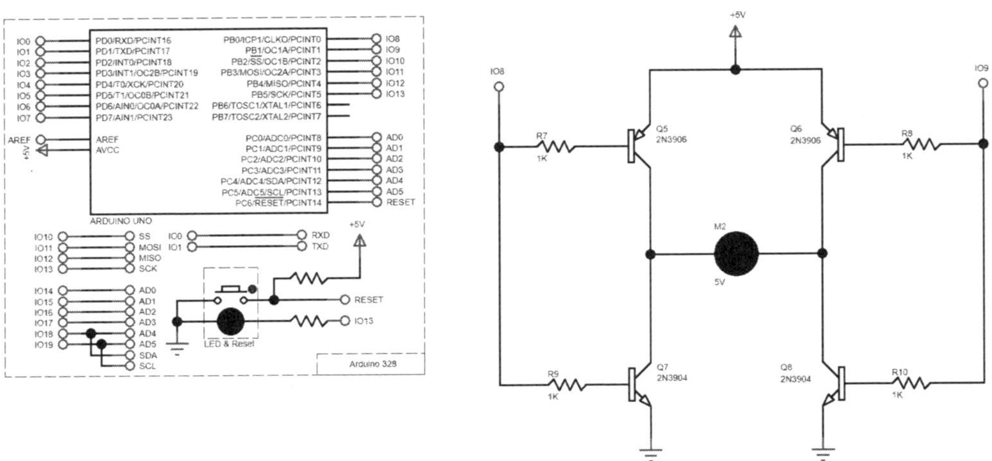

그림 1-48. 트랜지스터 H-Bridge 회로

3. 그림 1-49와 같이 소스코드를 작성한다.

main.ino

```
void setup() {
pinMode(8, OUTPUT);    // IO8
pinMode(9, OUTPUT);    // IO9
}

void loop() {
digitalWrite(8, HIGH);
digitalWrite(9, LOW);
delay(3000);
digitalWrite(8, LOW);
digitalWrite(9, HIGH);
delay(3000);
}
```

그림 1-49. 소스코드 작성

4. 시뮬레이션을 실행하면 그림 1-50과 같이 Motor 동작을 확인할 수 있다.

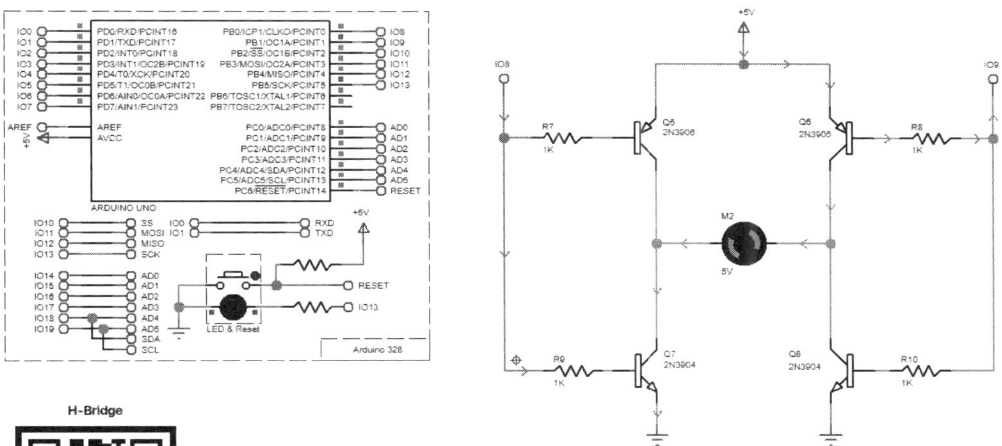

H-Bridge

그림 1-50. 트랜지스터 H-Bridge 회로에서 모터 동작과 QR 코드

· MEMO

CHAPTER

02

디지털 소자와 아날로그 소자 활용

02 CHAPTER

디지털 소자와 아날로그 소자 활용

SMART HOME IoT DESIGN

1 BCD to 7-segment Decoder

BCD는 binary coded decimal의 약자로 이진화십진수라고 부른다. 7-segment에 내장된 LED를 구동하기 때문에 Driver IC 라고도 한다. 대표적인 BCD Driver IC는 74LS47있다.

그림 2-1 IC 74LS47 핀 구성을 표시하였다.

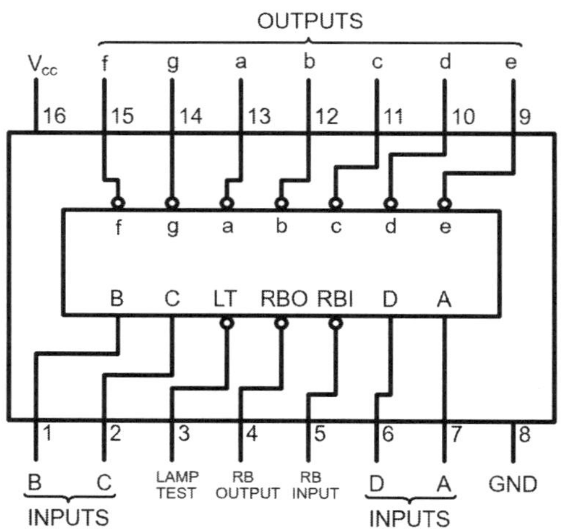

그림 2-1. IC 74LS47. 핀 구성

표 2-1에 74LS47 동작을 설명하는 FUNCTION TABLE을 표시하였다.

다소 복잡해 보이지만 7-segment에 십진수 0-15를 표시하기 위한 입력 조건과 출력 상태를 표시한 FUNCTION TABLE 이다. INPUT에 표시된 H는 High Voltage Level을 의미하고, 전압으로는 표시한다면 5[V]이다. L은 Low Voltage Level을 표시하는 약자이며 전압은 0[V]이다.

X는 irrelevant(관계없음)는 INPUT 신호가 H 또는 L 어떤 것이 입력되어도 동작에는 관련이 없다는 의미이다. FUNCTION TABLE에 X를 Don't Care로 설명하는 경우도 있다.

입력에 따라 최대로 출력할 수 있는 십진수는 15까지지만 7-segment에 표시할 수 있는 숫자는 0-9까지이다.

표 2-1. IC 74LS47 FUNCTION TABLE

십진수	INPUT						BI / RBO	OUTPUT						
	LT	RBI	D	C	B	A		a	b	c	d	e	f	g
0	H	H	L	L	L	L	H	ON	ON	ON	ON	ON	ON	OFF
1	H	X	L	L	L	H	H	OFF	ON	ON	OFF	OFF	OFF	OFF
2	H	X	L	L	H	L	H	ON	ON	OFF	ON	ON	OFF	ON
3	H	X	L	L	H	H	H	ON	ON	ON	ON	OFF	OFF	ON
4	H	X	L	H	L	L	H	OFF	ON	ON	OFF	OFF	ON	ON
5	H	X	L	H	L	H	H	ON	OFF	ON	ON	OFF	ON	ON
6	H	X	L	H	H	L	H	OFF	OFF	ON	ON	ON	ON	ON
7	H	X	L	H	H	H	H	ON	ON	ON	OFF	OFF	OFF	OFF
8	H	X	H	L	L	L	H	ON	ON	ON	ON	ON	ON	ON
9	H	X	H	L	L	H	H	ON	ON	ON	OFF	OFF	ON	ON
10	H	X	H	L	H	L	H	OFF	OFF	OFF	ON	ON	OFF	ON
11	H	X	H	L	H	H	H	OFF	OFF	ON	ON	OFF	OFF	ON
12	H	X	H	H	L	L	H	OFF	ON	OFF	OFF	OFF	ON	ON
13	H	X	H	H	L	H	H	ON	OFF	OFF	ON	OFF	ON	ON
14	H	X	H	H	H	L	H	OFF	OFF	OFF	ON	ON	ON	ON
15	H	X	H	H	H	H	H	OFF	OFF	OFF	OFF	OFF	OFF	OFF
BI	X	X	X	X	X	X	L	OFF	OFF	OFF	OFF	OFF	OFF	OFF
RBI	H	L	L	L	L	L	L	OFF	OFF	OFF	OFF	OFF	OFF	OFF
LT	L	X	X	X	X	X	H	ON	ON	ON	ON	ON	ON	ON

1) 실습 목적

BCD to 7-segment Decoder를 사용한 회로를 구성하고 활용 방법과 동작을 시뮬레이션으로 검증할 수 있다.

2) 실습 이론

아두이노를 사용하다보면 입력 또는 출력 포트가 부족한 경우가 발생할 수 있다. 7-segment를 사용하는 경우를 가정해 보면 0~9까지 십진수를 표시하기 위해서 필요한 아두이노 출력 핀은 총 7개가 필요하다. 하지만 IC 74LS47을 사용할 경우에는 4개의 핀 만 사용하면 된다.

74LS47을 사용할 때는 FUNCTION TABLE을 참조할 필요가 있다. 표 2-2에 입력 핀 상태에 따른 숫자 출력 상태를 표시하였다. (숫자 0 ~ 9까지 표시 여부이다.)

표 2-2. 핀 상태에 따른 숫자 출력

핀	입 력	숫 자
BI/RBO	LOW	OFF
RBI	LOW	
LT	LOW	

핀	입 력	숫 자
BI/RBO	LOW	OFF
RBI	LOW	
LT	HIGH	

핀	입 력	숫 자
BI/RBO	LOW	OFF
RBI	HIGH	
LT	LOW	

핀	입 력	숫 자
BI/RBO	LOW	OFF
RBI	HIGH	
LT	HIGH	

핀	입 력	숫 자
BI/RBO	HIGH	8
RBI	LOW	
LT	LOW	

핀	입 력	숫 자
BI/RBO	HIGH	8
RBI	HIGH	
LT	LOW	

핀	입 력	숫 자
BI/RBO	HIGH	0~9
RBI	LOW	
LT	HIGH	

핀	입 력	숫 자
BI/RBO	HIGH	0~9
RBI	HIGH	
LT	HIGH	

표 2-2를 정리해 보면 숫자 0~9가 출력되기 위해서는 핀 BI와 LT는 항상 HIGH 상태 이어야한다.

3) Simulation

1. Schematic Capture를 실행하여 표 2-3과 같이 부품을 등록한다.

표 2-3. 실습 부품 등록

DEVICE	LIBRARY
74LS47	74LS
7SEG-COM-ANODE	DISPLAY
LOGICSTATE	ACTIVE

2. 그림 2-2와 같이 BCD to 7-segment 회로를 구성한다.

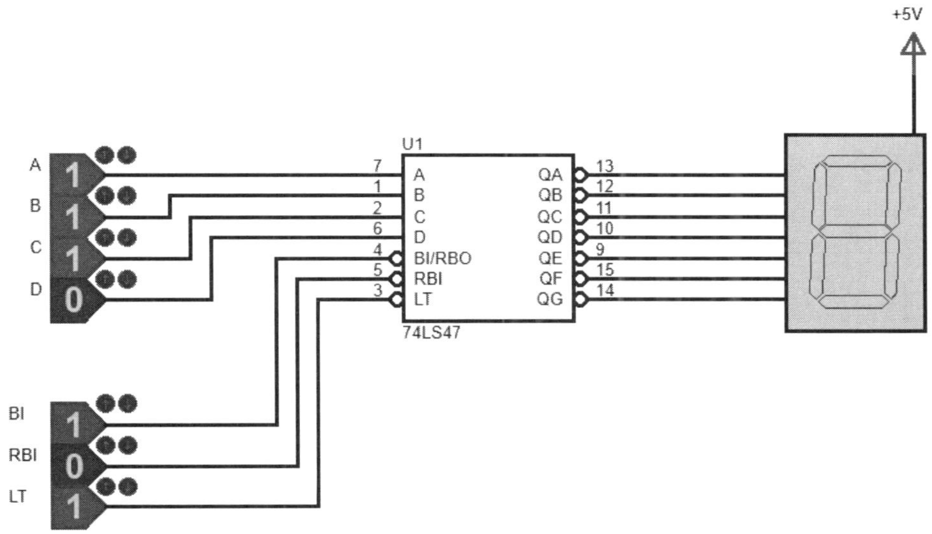

그림 2-2. BCD to 7-segment 회로 구성

3. 시뮬레이션을 실행하여 표 2-1에 표시한 조건을 참조로 0~9 숫자가 표시되도록 입력 조건을 설정해 보자.

4. 그림 2-3은 숫자 7이 표시되기 위한 조건 설정과 시뮬레이션 결과 표시하였다.

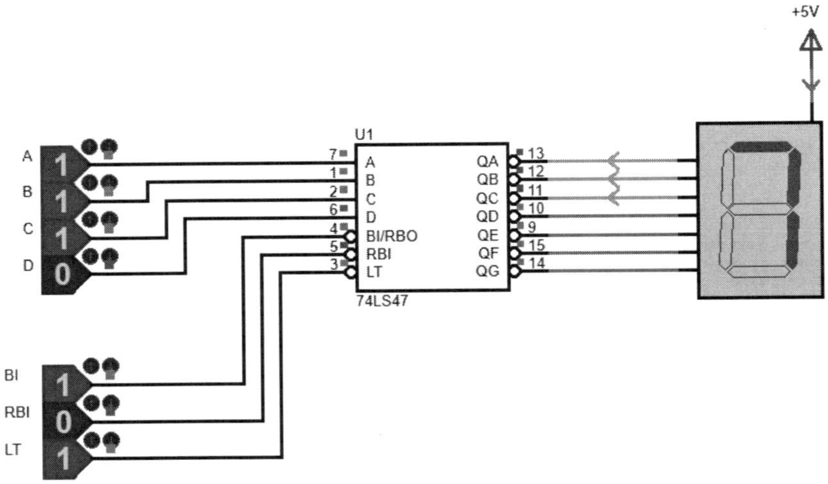

74LS47

그림 2-3. 숫자 7을 표시하기 위한 조건 설정과 결과

5. 아두이노 프로젝트를 생성하고 그림 2-4와 같이 회로를 구성한다.

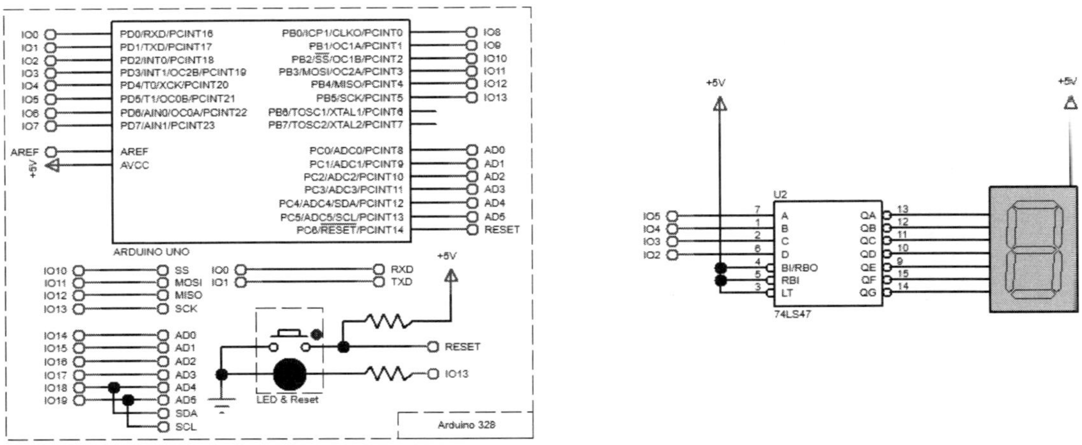

그림 2-4. 아두이노 7-segment 회로 작성

6. 그림 2-5와 같이 소스코드를 작성한다.

main.ino

```
const int pins[7] = { 5, 4, 3, 2 };
const byte numbersDisplayAnode[10] = {
            0x00, 0x01, 0x02, 0x03, 0x04, 0x05, 0x06, 0x07, 0x08,0x09};
void setup() {
   for(int i = 0; i < 4; i++) {
      pinMode(pins[i], OUTPUT);
   }
   lightSegments(0);
}

void loop() {
   for(int i = 0; i < 10; i++) {
   lightSegments(i);
   delay(1000);
}

}

void lightSegments(int number) {
byte numberBit = numbersDisplayAnode[number];
   for (int i = 0; i < 4; i++)  {
   int bit = bitRead(numberBit, i);
   digitalWrite(pins[i], bit);
   }
}
```

그림 2-5. 소스코드 작성

7. 시뮬레이션을 실행하면 그림 2-6과 같이 숫자가 표시되는 것을 확인할 수 있다.

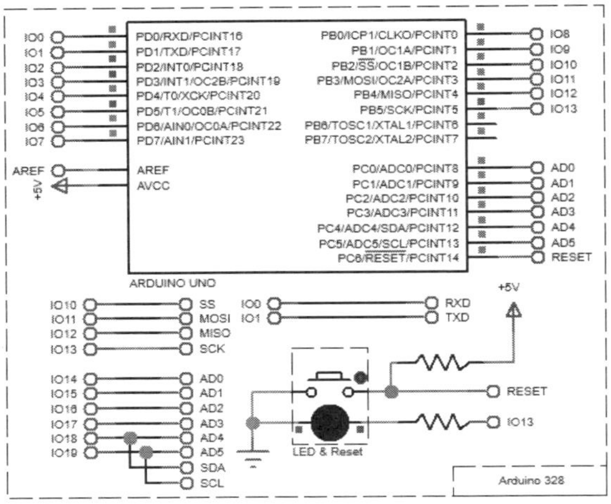

arduino 동작

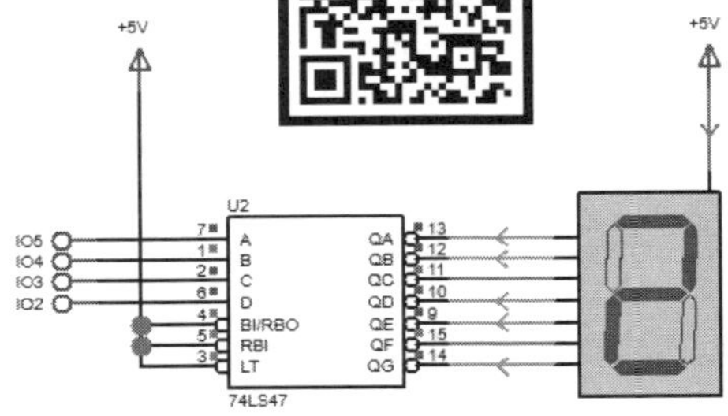

그림 2-6. 아두이노 7-segment 구동 결과

2 Serial to Parallel Shift Register

일시적으로 데이터를 보관하는 장소를 레지스터(register)라고 하며, 플립플롭을 이용하여 이러한 기능을 수행한다. 1비트의 2진 데이터를 보관하기 위해서는 1개의 플립플롭이 필요하므로, 필요한 비트 수만큼의 플립플롭을 접속하여 레지스터를 구성할 수 있다. 내부에 저장된 2진 데이터를 좌측 또는 우측으로 이동하여 정보를 가공하는 것을 시프트 레지스터(shift register)라 한다. 시프트 레지스터는 기본 기억소자인 D 및 JK 플립플롭으로 구성되며, 디지털 시스템 내의 데이터를 임시로 저장하는데 사용되거나, 디지털 시스템의 응용회로에 매우 중요하게 사용된다.

표 2-4에 시프트 레지스터의 종류를 표시하였다.

표 2-4. 시프트 레지스터의 종류

종 류	입 력	출 력	설 명
SISO	Serial	Serial	직렬입력 – 직렬출력
SIPO	Serial	Parallel	직렬입력 – 병렬출력
PISO	Parallel	Serial	병렬입력 – 직렬출력
PIPO	Parallel	Parallel	병렬입력 – 병렬출력

직렬입력–병렬출력 시프트 레지스터는 데이터를 입력할 때 한 비트씩 시프트 레지스터 내로 입력하고, 데이터를 출력할 때는 각각의 D 플립플롭에서 동시에 모든 비트를 출력한다.

직렬입력–병렬출력 시프트 레지스터는 데이터를 직렬로 입력하는 대신 모든 데이터 비트를 동시에 끌어냄으로써 병렬 출력이 된다. 그림 2-7에 직렬입력–병렬 출력 논리회로와 타이밍 차트를 표시하였다.

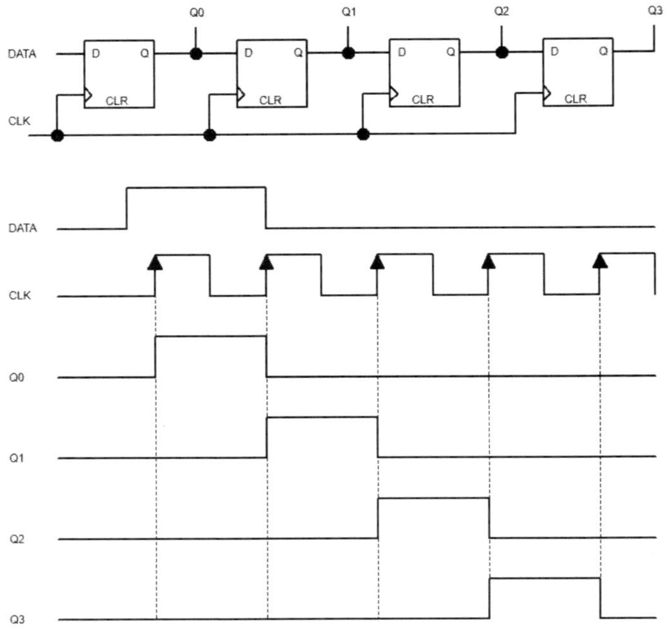

그림 2-7. 직렬입력-병렬 출력 논리회로와 타이밍 차트

1) 실습 목적

74HC595를 사용한 회로를 구성하고 활용 방법과 동작을 시뮬레이션으로 검증할 수 있다.

2) 실습 이론

아두이노를 사용하면서 한정된 IO로 많은 디지털 출력을 제어하기에는 어려움이 있다.

이러한 경우 Serial to Parallel Shift Register를 사용하면 아두이노에 디지털 출력 핀 사용을 줄일 수 있다는 장점이 있으며 대표적인 Serial to Parallel Shift Register IC로 74HC595 이다.

8개의 LED를 제어하기 위해서 디지털 IO 포트 8개를 사용해야 하지만 74HC595를 사용하면 IO포트 3개만 있으면 8개의 LED를 제어할 수 있다. 그림 2-8에 74HC595 LOGIC DIAGRAM을 표시하였다.

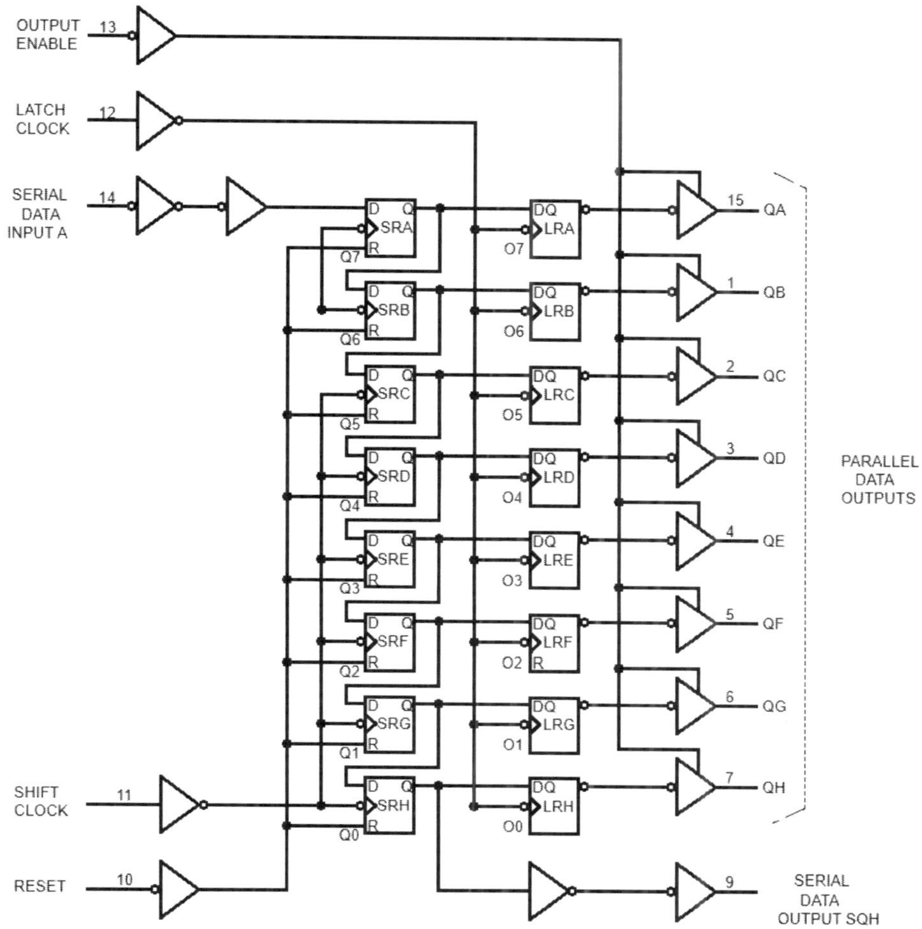

그림 2-8. 74HC595. LOGIC DIAGRAM

74HC595는 대표적인 8-Bit Serial to Parallel Shift Register 로직 IC이다.

SHIFT CLOCK 핀에 연결된 D 플립플롭을 컨트롤하여 D 플립플롭에 입력된 데이터를 오른쪽으로 이동 시킨다. LATCH CLOCK 핀에 연결된 D 플립플롭을 제어하여 LATCH CLOCK이 상승에지일 때 Q0~Q7의 데이터를 O0~O7으로 이동시킨다. O0~O7으로 이동된 데이터는 LATCHCLOCK이 상승 에지가 되기 전까지는 이전의 값을 유지하고 있다.

8개의 클럭과 함께 데이터를 보내면 Q0~Q7 핀에 순차적인 데이터가 저장되고 8번째 클럭 이후에는 LATCH CLOCK 핀이 LOW->HIGH로 변경하면 Q0~Q7의 데이터가 O0~O7이 가지고 있던 데이터가 일괄적으로 이동한다. 결론적으로 8개의 클럭 펄스 발생 이후 LATCH CLOCK 핀이 HIGH가 되면 직렬8비트 데이터가 병렬 8비트 데이터로 변환된다. 그림 2-9에 74HC595 로직 심벌을 표시하였다.

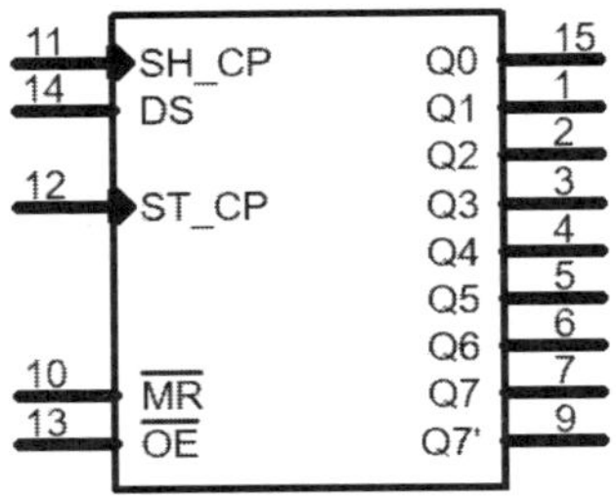

그림 2-9. 74HC595. 로직 심벌

다음은 각 핀에 대한 간단한 설명이다.

- Pin 1번~7번, 15번이 출력 핀이고 출력 순서는 15(Q0), 1번(Q1)~7번(Q7) 이다.
- Pin 11은(SH_CP, Shift Register Clock Pin) 데이터 전송을 위한 Clock신호 전송 핀 이다. (Clock의 상승 에지(Rising Edge) 신호에 동기되어 데이터 핀의 데이터가 시프트 레지스터로 입력된다.)
- Pin 14는(DS, Data Pin) 시프트 레지스터로 데이터를 입력하는 핀이다.
- Pin 12는(ST_CP, Storage(Latch) Register Clock 핀이다. (신호가 들어가면 시프트 레지스터의 내용이 저장/래치 레지스터로 복사된다.)
- Pin 10은 (/MR, Master Reset) 리셋 핀, Active low로 동작이라 5V에 연결되어야 한다.
- Pin 13은(/OE, Output Enable) 출력 핀 전체를 한번에 On/Off 할 수 있다. GND에 연결한다.
  Pin 9번은 또 다른 74HC595 DS핀에 연결하여 Daisy-chain을 구성하면 16bit 출력을 사용할 수 있다.
- Pin 8번은 GND 핀이다.
- Pin 16번은 VCC 핀이다.

3) Simulation

1. Schematic Capture를 실행하여 표 2-5와 같이 부품을 등록한다.

표 2-5. 실습 부품 등록

DEVICE	LIBRARY
74HC595	74HC
LOGICPROBE (BIG)	ACTIVE
LOGICSTATE	ACTIVE
LOGICTOGGLE	ACTIVE

2. 그림 2-10과 같이 회로를 구성한다.

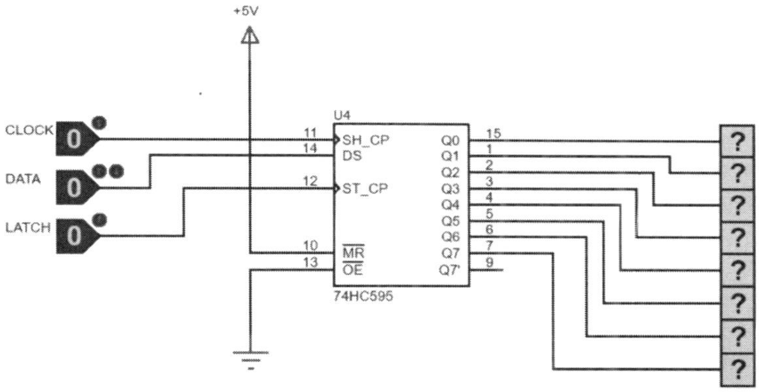

그림 2-10. Serial to Parallel Shift Register 회로 구성

3. 시뮬레이션을 실행하고 DATA버튼을 1회 클릭하여 그림 2-11과 같이 DATA 입력을 설정한다.

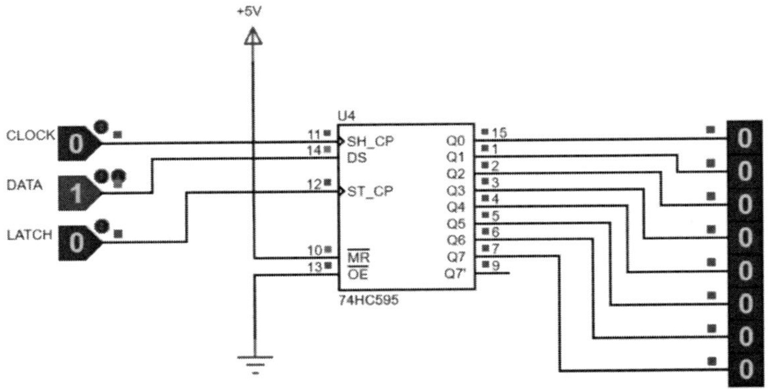

그림 2-11. DATA 입력

4. CLOCK 버튼을 3회 클릭한다.

5. LATCH 버튼을 1회 클릭한다.

6. 그림 2-12와 같이 데이터가 출력되는 것을 확인할 수 있다.

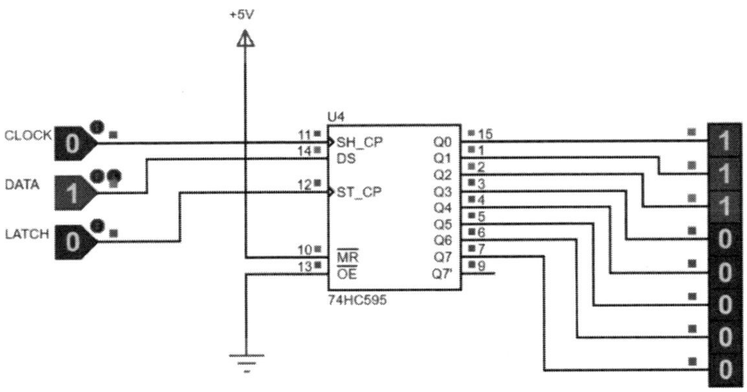

시프트 레지스터

그림 2-12. 데이터 출력

7. DATA를 1회 클릭하여 데이터를 입력한 상태에서 CLOCK을 3회 클릭한 후 LATCH 버튼을 클릭하면 데이터가 이동된 것을 확인할 수 있는 것이다.

8. 아두이노 프로젝트를 생성하고 그림 2-13과 같이 회로를 구성한다.

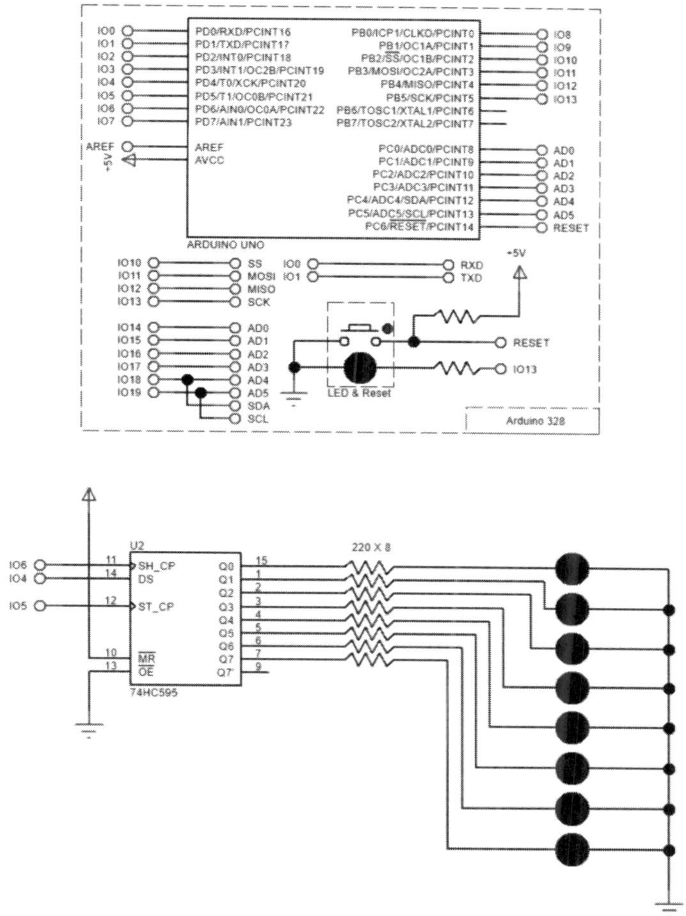

그림 2-13. 아두이노와 Serial to Parallel Shift Register 회로 구성

9. 소스코드를 그림 2-14와 같이 입력한다.

main.ino

```
int latchPin = 5;
int clockPin = 6;
int dataPin = 4;
byte leds = 0;

void setup()   {
   pinMode(latchPin, OUTPUT);
   pinMode(dataPin, OUTPUT);
   pinMode(clockPin, OUTPUT);
}

void loop()    {
   leds = 0;
   updateShiftRegister();
   delay(500);
      for (int i = 0; i < 8; i++)
   {
      bitSet(leds, i);
      updateShiftRegister();
      delay(500);
   }
}

void updateShiftRegister()    {
   digitalWrite(latchPin, LOW);
   shiftOut(dataPin, clockPin, LSBFIRST, leds);
   digitalWrite(latchPin, HIGH);
}

```

그림 2-14. 소스 코드 작성

10. 시뮬레이션을 실행하면 그림 2-15와 같이 동작하는 것을 확인할 수 있다.

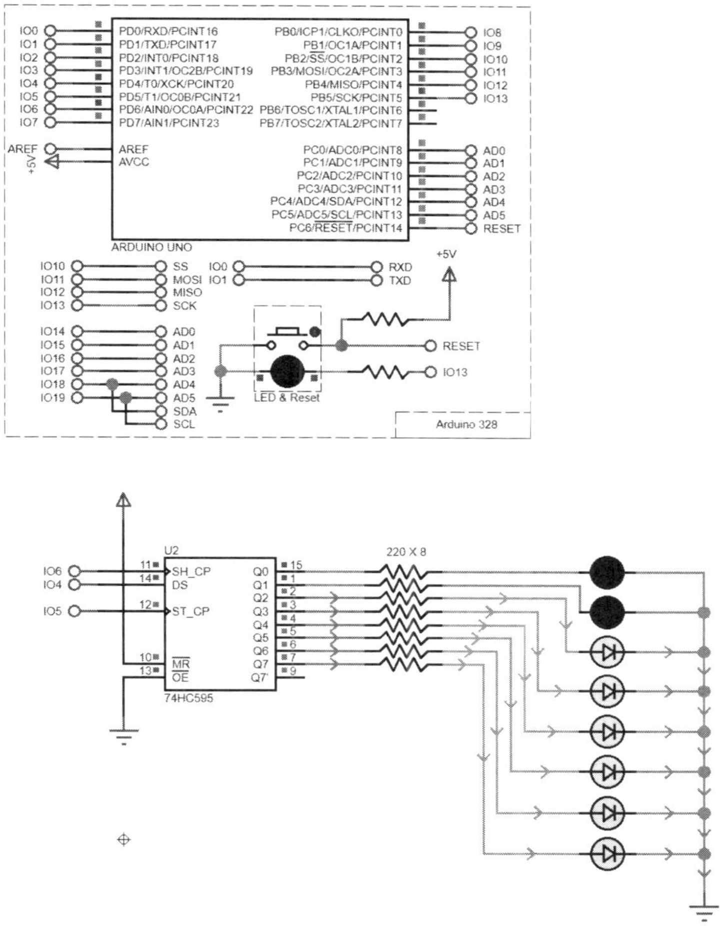

74HC595_LED

그림 2-15. 74HC595 동작 확인

3 연산 증폭기_반전 증폭기

매우 작은 신호를 증폭하기 위해 접합트랜지스터(BJT), 접합형 전계효과 트랜지스터(JFET) 등을 사용하였다. 그러나 이러한 소자들은 개별(단일)소자로서 증폭률에 한계를 가지고 있을 뿐만 아니라, 다루기도 쉽지 않았다. 따라서 이러한 제약을 극복하기 위해 1960년 직접회로(integrated circuit: IC)발명으로 다량의 개별 소자를 하나의 IC로 만들 수 있어 전자공학 분야에 획기적인 획을 그었다. 처음 생산된 IC들 중의 하나가 연산증폭기(operational amplifier: op-amp)였다.

이들 연산 증폭기는 외부핀에 직류전압, 입력신호, 부하저항을 접속함으로 훌륭한 증폭기를 빠르고 쉽게 제작할 수 있게 되었다.

이러한 연산증폭기는 신호의 증폭뿐만 아니라, 수학적연산 즉 가산, 감산, 미분, 적분 등에도 널리 활용되는 소자로서 현재 아날로그 소자로서 가장 많이 쓰이는 소자 중의 하나이다.

그림 2-16은 연산 증폭기의 기호와 회로 심벌이다.

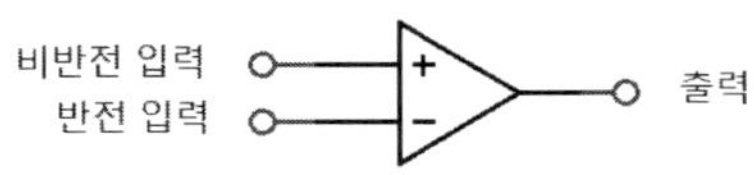

(a) 연산 증폭기 기호

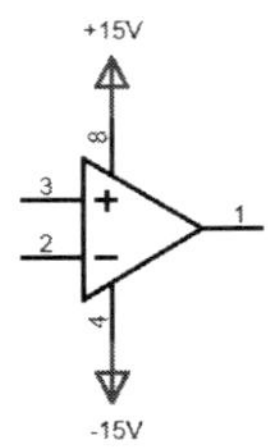

(b) 회로 심벌

그림 2-16. 연산 증폭기 기호와 회로심벌

연산 증폭기는 2개의 입력 단과 1개의 출력 단으로 구성되어 있으며 입력 단은 각각 비반전단자 입력과 반전단자 입력으로 구성되어 있다. 따라서 연산 증폭기는 두 입력의 차이를 증폭하여 출력으로 전달하는 회로 소자이다. 그림 2-17은 연산 증폭기 내부 구성을 표시한 블록도이다.

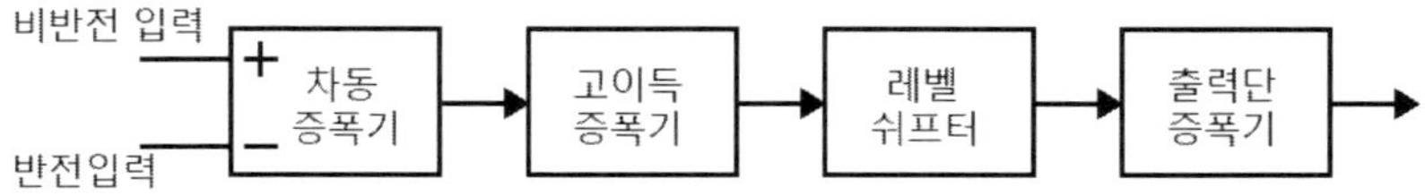

그림 2-17. 연산 증폭기 내부 블록도

입력은 차동 증폭기(Differential Amplifier)로 구성되며 비반전 입력과 반전 입력이라는 2개의 입력단자를 가지고 있다, 차동 증폭기의 출력은 높은 이득 증폭기로 증폭되어 레벨 시프트 회로에 의해 0 입력에 대해서 출력이 0으로 되도록 레벨 조정을 하며 출력단 증폭기를 통해서 출력된다.

1) 실습 목적

OP-AMP를 사용한 반전증폭기 사용한 회로를 구성하고 활용 방법과 동작을 시뮬레이션으로 검증할 수 있다.

2) 실습 이론

아두이노를 활용 또는 응용한 회로를 구성할 때 음성 또는 신호를 증폭할 필요가 종종 있다.

이러한 필요에 따라 LM358을 사용한 반전 증폭기 회로를 구성하려 한다. 그림 2-18은 LM358의 회로 심벌과 패키지 및 핀 구성이다.

(a) LM358 회로 심벌 (b) LM358 패키지와 핀 구성

그림 2-18. LM358 회로 심벌 및 패키지와 핀 구성

LM358은 바이어스 전압이 양전원일 때는 ±1.5V ~ ±16V, 단전원 사용 시는 3V~32V까지 허용되며 Vcc는 공동모드 입력 전압보다 최소 1.5V 높아야 한다. 디지털 시스템에 사용되는 5V 표준 전압으로도 직접 동작할 수 있다. 반전 증폭기는 입력 전압과 출력 전압의 극성이 반대이기 때문에, 반전 증폭기라 부르며 연산 증폭기 회로 중 가장 사용 빈도가 높은 회로 중 하나이다.

그림 2-19는 반전 증폭기 회로이다.

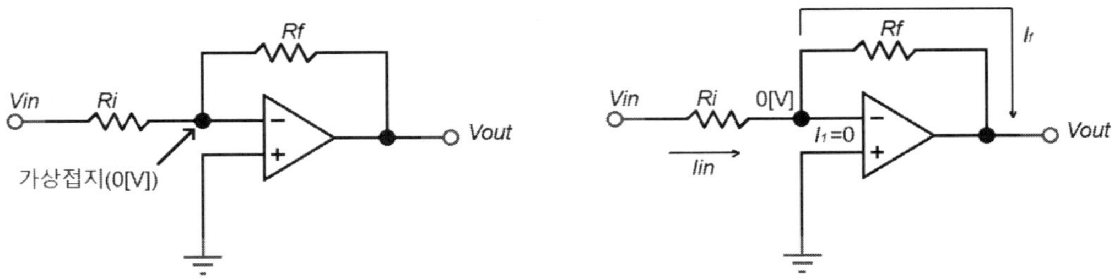

(a) 가상접지 (b) $I_{in} = I_f$ 이므로, $I_1 = 0$

그림 2-19. 반전 증폭기 회로

그림 2-19는 연산 증폭기를 사용하여 전압이득이 조절 가능한 반전 증폭기이다. 입력 신호는 직렬 저항 R_i를 통해 반전 단자에 인가되며 또한 출력은 R_f를 통하여 반전 입력으로 궤환된다. 비반전 입력은 접지되었다.

그림 2-19에서 R_i가 가상접지 되었으므로, $I_{in} = \frac{V_{in}}{R_f}$

또한, 가상 접지로 R_i의 양단 전압은 $-V_{out}$과 같으므로

$$I_f = \frac{-V_{out}}{R_f}$$

$I_{in} = I_f$ 이므로 $\frac{V_{in}}{R_i} = \frac{-V_{out}}{R_f}$ 에서,

$$\frac{V_{out}}{V_{in}} = -\frac{R_f}{R_i} = A_V$$

당연히 V_{out} / V_{in}은 반전 증폭기의 전제 이득이므로

$$A_V = -\frac{R_f}{R_i}$$

위식으로 알 수 있듯이 반전 증폭기의 폐루프 전압이득 Acl(I)는 저항 R_i에 대한 궤환 저항 R_f의 비에 결정된다. 폐루프 이득은 연산 증폭기 내부의 개방루프 이득과는 무관하다.

※ 폐루프 이득(AV) : 폐루프 전압이득은 부궤환을 갖는 연산 증폭기의 전압이득이다. 증폭기구성은 연산 증폭기와 출력을 반전 입력으로 연결하는 외부 궤환망으로 구성된다. 폐루프 전압이득은 궤환망내의 소자값에 의해 결정되고, 이러한 값들에 의해 이득을 정확히 조정할 수 있다.

3) Simulation

1. Schematic Capture를 실행하여 표 2-6과 같이 부품을 등록한다.

표 2-6. 실습 부품 등록

DEVICE	LIBRARY
RES	DEVICE / DEVIEEE
LM358	NATOA

2. 그림 2-20과 같이 반전 증폭기 회로를 구성한다.

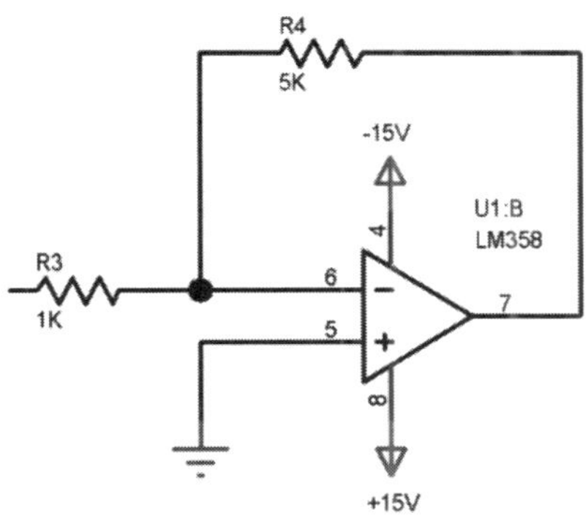

그림 2-20. 반전 증폭기 회로

3. 표 2-7에 기록된 가상계측기를 용도에 맞게 회로에 추가하고 그림 2-21과 같이 반전 증폭기회로 구성을 완료한다.

표 2-7. 계측기 이름과 용도

계 측 기 이름	용 도
SIGNAL GENERATOR	입력 신호 발생
OSCILLOSCOPE	출력 파형 측정

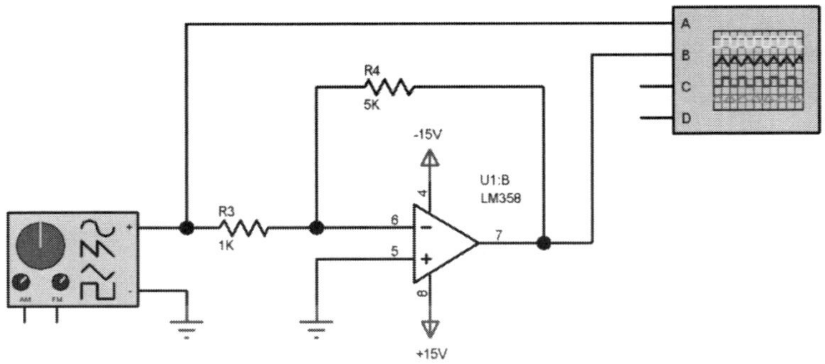

그림 2-21. 계측기 추가

4. SIGNAL GENERATOR 속성 창을 열어 그림 2-22와 같이 설정하고 [OK]를 클릭한다.

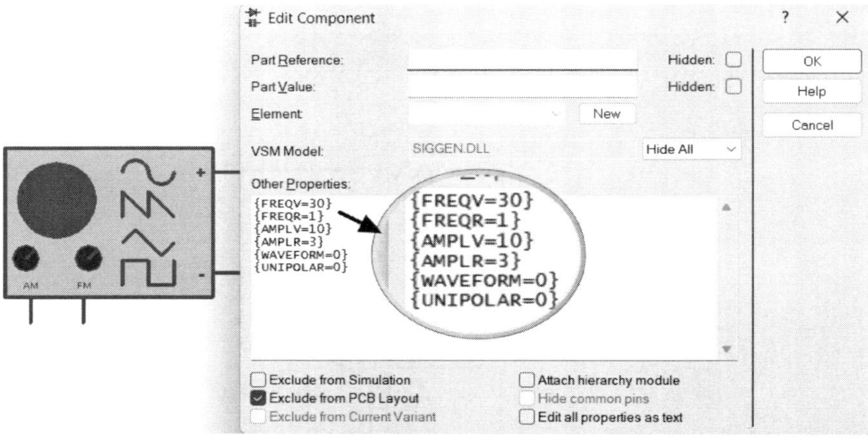

그림 2-22. SIGNAL GENERATOR 속성 설정

5. 시뮬레이션을 실행하면 그림 2-23과 같이 SIGNAL GENERATOR 창과 OSCILLOSCOPE 창이 화면에 표시된다. 계측기 위치를 정렬한 후 OSCILLOSCOPE에 TIME/ VOLT, Channel C,D를 설정하여 그림 2-23과 같이 입력 파형과 출력 파형이 보이도록 한다. (QR 코드 참조)

오실로스코프 설정

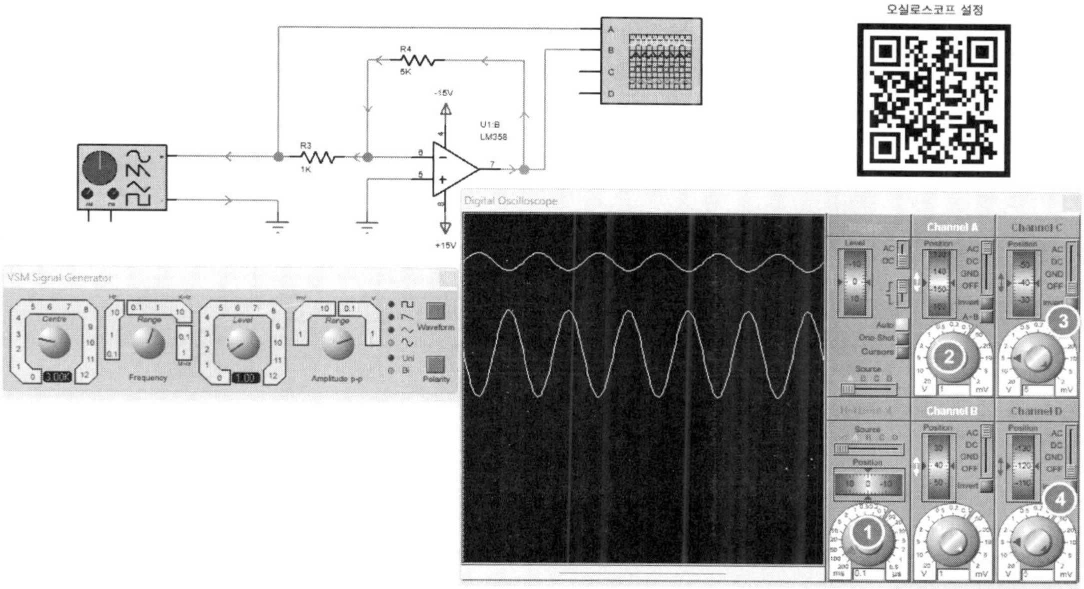

① 시간 축 설정 값 : 0.1 / ② 전압 눈금 : 1 / ③ Channel C : OFF / ④ Channel D : OFF

그림 2-23. OSCILLOSCOPE 설정

6. 그림 2-24와 같이 전압을 측정한다. (QR 코드 참조) 교재 인쇄 관계로 OSCILLOSCOPE 창을 흑백으로 편집하여 전압 측정값을 나타내었다.

전압 측정

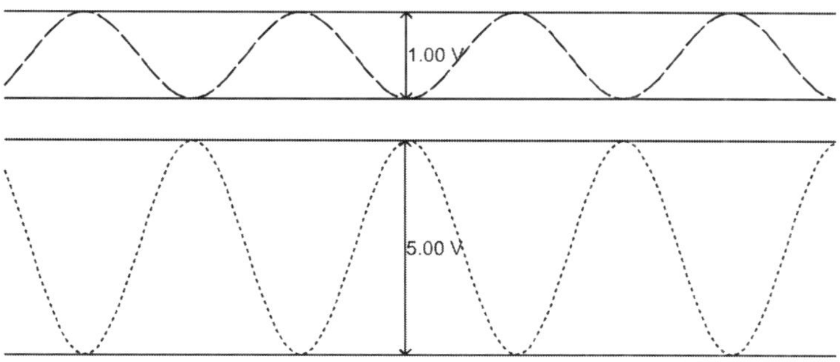

그림 2-24. 전압 측정 결과

7. $A_V = -\dfrac{R_f}{R_{in}} = -\dfrac{5}{1} = 5[\mathrm{V}]$

식에서 음(−)의 부호는 출력 신호가 입력 신호와 180° 위상차를 갖는다는 것을 뜻한다.

8. 결과를 정리하면 반전 증폭기에 1[V]에 신호를 입력하여 5[V]로 증폭된 출력 신호를 확인하였고 출력은 입력과 180° 다른 위상을 갖는 것을 확인할 수 있었다.

9. 아두이노 프로젝트를 생성하고 표 2-8에 표시한 부품을 등록한다.

표 2-8. 실습 부품 등록

DEVICE	LIBRARY
CAP	DEVICE / DEVIEEE
LM358	NATOA
POT-HG	ACTIVE

10. 그림 2-25와 같이 회로를 구성한다. 회로에 표시된 AUDIO_INPUT은 GENERATOR 모드에서 AUDIO를 사용한것이며 사용자는 WAV 파일을 준비하여야 한다. WAV 파일이 없을 경우에는 SIGNAL GENERATOR를 사용하면 된다.

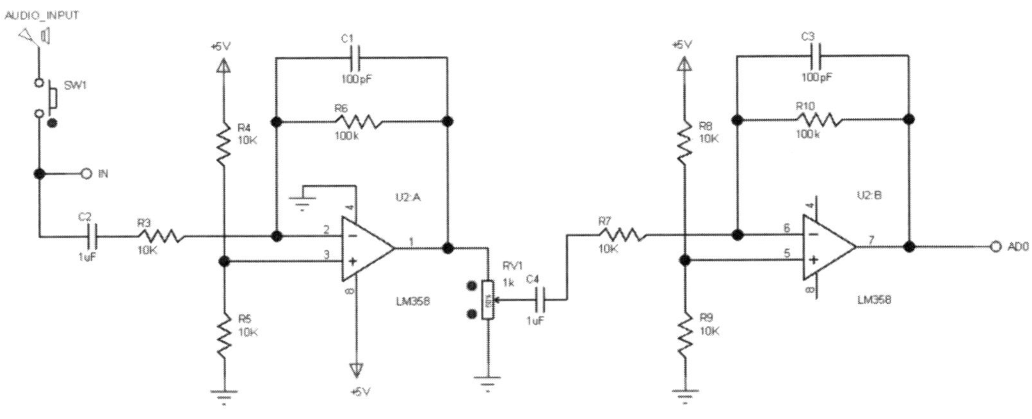

그림 2-25. LM358. 반전 증폭기 회로 구성

11. 그림 2-26과 같이 VIRTUAL TERMINAL과 OSCILLOSCOPE 가상 계측기를 추가한 회로를 구성한다.

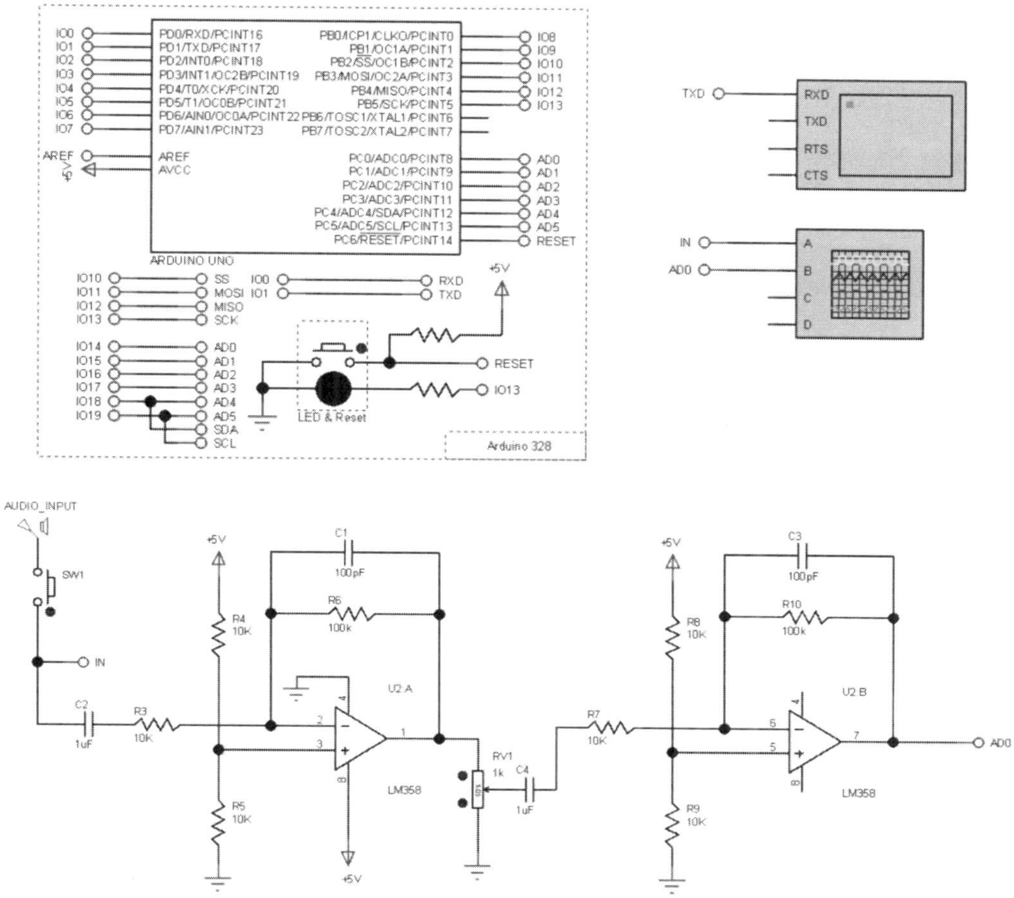

그림 2-26. LM358 반전 증폭기 회로와 계측기 추가 구성

12. 그림 2-27과 같이 소스 코드를 작성한다.

main.ino

```

void setup () {
    Serial.begin(9600);
}

void loop() {
    Serial.println(analogRead(0));
    delay(100);
}

```

그림 2-27. 소스 코드 작성

13. 시뮬레이션을 실행하고 SW1을 ON하면 그림 2-28처럼 시뮬레이션 결과를 확인할 수 있다.

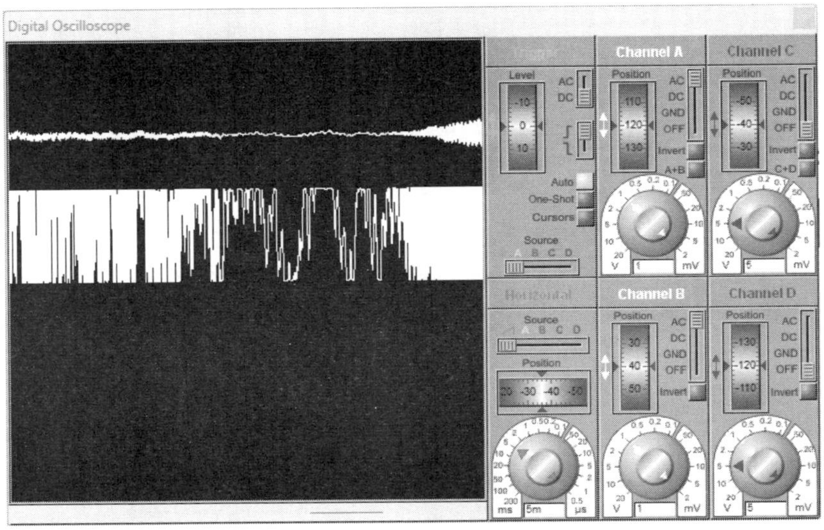

LM358_AUDIO

그림 2-28. LM358 반전 증폭기 시뮬레이션 결과

14. 그림 2-29에 정확한 입력-출력 결과를 확인하기 위해 특정 구간 파형을 표시하였다.
입력 파형에 비해 증폭된 출력 파형을 확인할 수 있을 것이다.

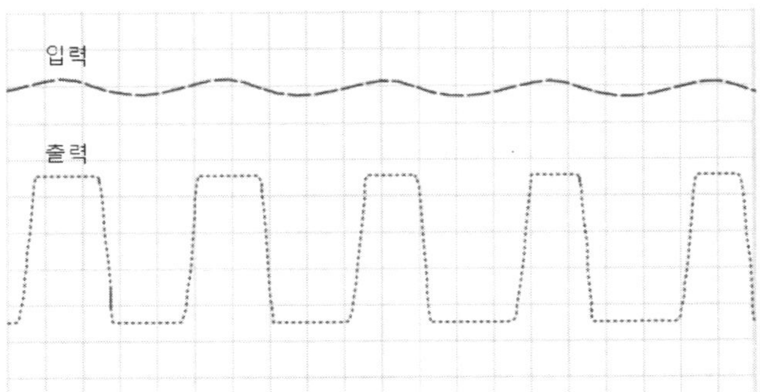

그림 2-29. 입력과 출력 결과 비교

15. 그림 2-30은 아두이노 아날로그 입력 핀인 AD0에 입력된 신호를 아두이노 내부에서 처리되는 결과 값을 보여주는 내용이다.

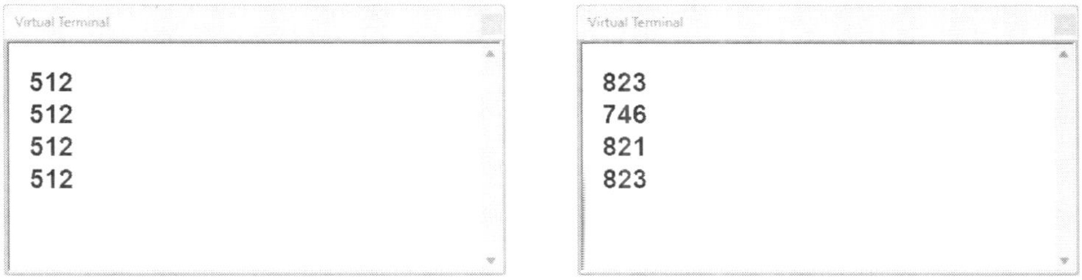

(a) 오디오 신호가 없는 경우(SW1-OFF) (b) 오디오 신호가 있을 때(SW1-ON)

그림 2-30. 아두이노 내부에서 처리되는 결과

16. 그림 2-26에서 구성한 회로에 원본은 마이크 모듈을 사용하는 회로이다. 시뮬레이션에서 마이크 입력이 어렵기 때문에 오디오 파일로 대치하여 신호 입력 유무를 SW1으로 대치하여 결과를 확인한 내용이다. 마이크 모듈은 LM358을 포함하고 있다. 그림 2-31에 마이크 모듈을 표시하였다.

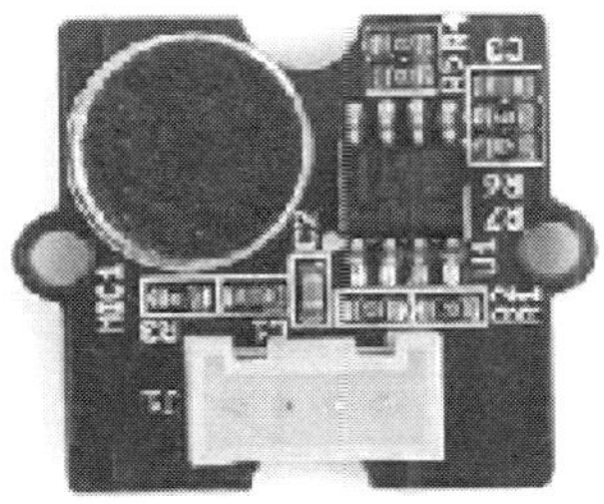

그림 2-31. LM358 회로가 내장된 마이크 모듈

4 연산 증폭기_비반전 증폭기

비반전 증폭기는 출력이 입력에 대한 동일한 위상을 갖는 증폭기이다. 앞장에서 학습한 반전 증폭기는 신호를 증폭하고 반전 시켜야 하는 오디오 및 계측 회로에 일반적으로 사용된다면 비반전 증폭기는 신호가 반전되지 않고 증폭되어야 하는 오디오 회로 및 계측 회로뿐만 아니라 전압 팔로워 회로에 일반적으로 사용된다.

입력된 신호와 똑같은 신호가 출력으로 나오는 것을 전압 팔로워(Voltage Follower)라 한다.

1) 실습 목적

OP-AMP를 사용한 비반전증폭기 사용한 회로를 구성하고 활용 방법과 동작을 시뮬레이션으로 검증할 수 있다.

2) 실습 이론

OP-AMP를 사용한 비반전 증폭기 회로를 그림 2-32에 표시하였다.

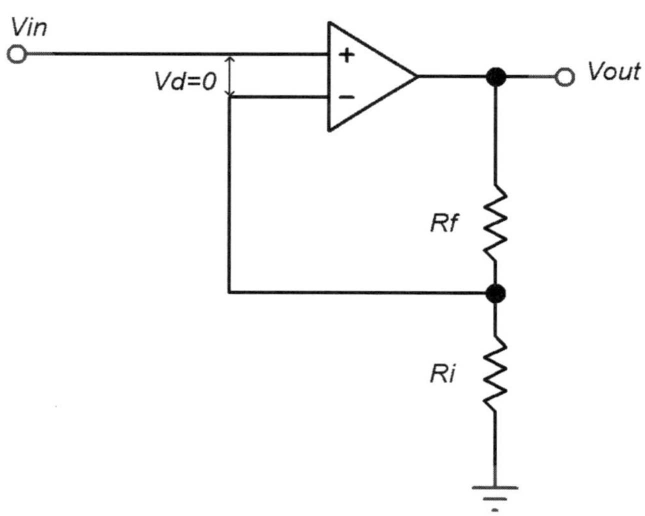

그림 2-32. 비반전 증폭기 회로

비반전 증폭기는 입력과 출력의 극성이 동일하며 증폭도는 항상 1보다 크며, 입력 신호가 연산 증폭기로 직접 입력되기 때문에 입력 임피던스가 대단히 높은 증폭기이다. Vd ≃ 0이라 하면, 비반전 입력 단자의 전압을 Vi 라고 하면 가상 접지에 의해 반전 입력 단자의 Vi 전압과 동일하다.

전압이득 $A_v = \frac{V_{out}}{V_{in}} = \frac{R_i + R_f}{R_i} = 1 + \frac{R_f}{R_i}$ 가 된다.

3) Simulation

1. Schematic Capture를 실행하여 표 2-9와 같이 부품을 등록한다.

표 2-9. 실습 부품 등록

DEVICE	LIBRARY
JUMPER	ACTIVE
LED-RED	ACTIVE
LM358	NATOA
POT-HG	ACTIVE
RES	DEVICE / DEVIEEE

2. 그림 2-33과 같이 AC Voltage Sensor 회로를 구성한다.

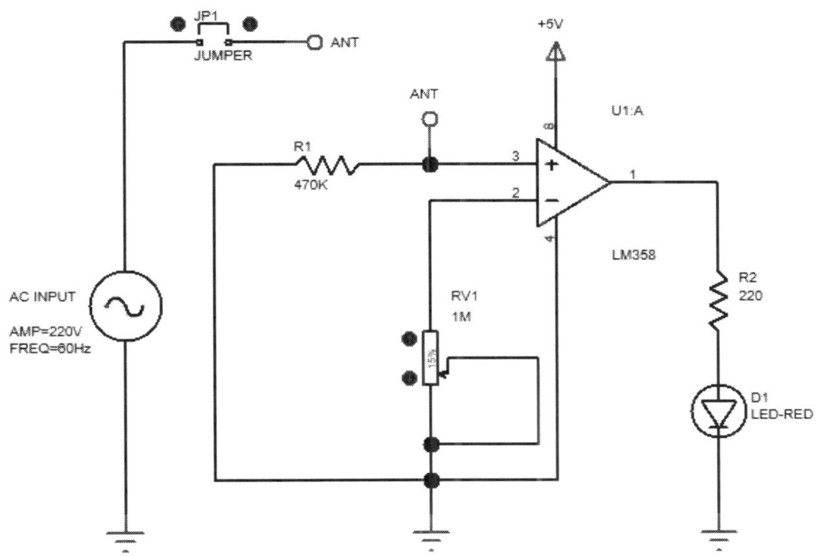

그림 2-33. AC Voltage Sensor

3. 그림 2-33은 비반전 증폭기 이론과 다른 비반전 증폭기 응용회로를 구성하였다. ANT를 구성하여 비접촉으로 AC 전원 인가 유무를 확인할 수 있는 교류 전압센서 회로이다.

4. 시뮬레이션을 실행하여 점퍼를 클릭하여 AC 전원을 인가하면 센싱을 통해 LED가 점등된다.
   그림 2-34에 AC 전원 인가 전과 AC 전원 인가 후에 동작을 표시하였다.

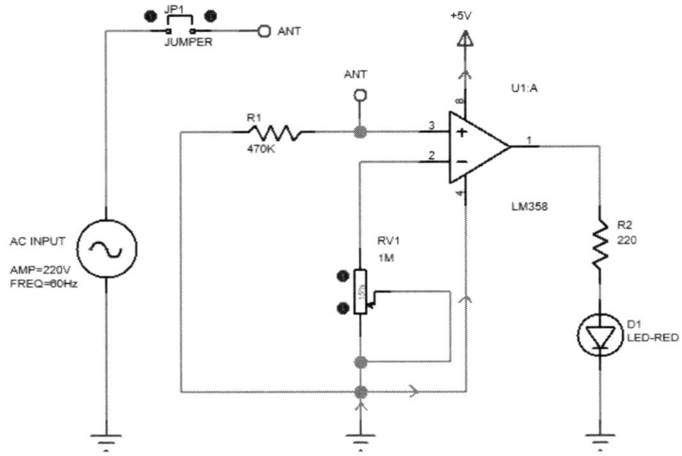

(a) AC 전원 인가 전(JUMPER OFF)

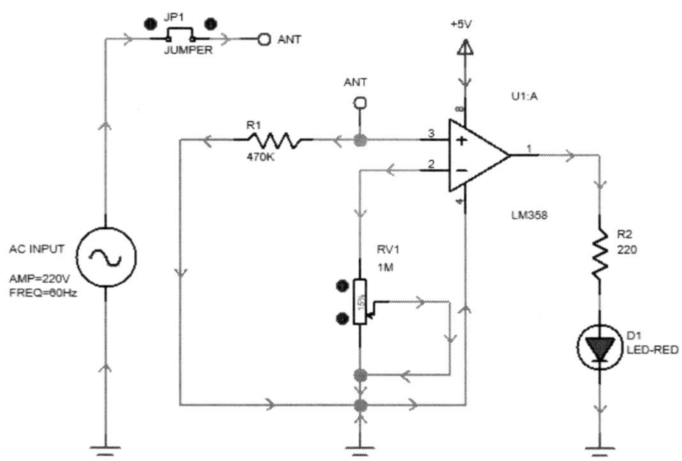

(b) AC 전원 인가 후(JUMPER ON)

그림 2-34. AC Voltage Sensor 동작

5. 그림 2-35에 실제 회로를 구성하여 동작을 구현한 QR 코드를 확인 바란다. 동영상에 보이는 실제 구성 회로에서 저항이 많아 보이는 이유는 470K 저항이 없어서 합성 저항을 만들기 위해 220K-220K-33K를 직렬 연결하여 구성하였기 때문이다.

AC SENSOR

그림 2-35. AC Voltage Sensor 회로 동작

6. 아두이노 프로젝트를 생성하고 표 2-10과 같이 부품을 등록한다.

표 2-10. 실습 부품 등록

DEVICE	LIBRARY
ACS712ELCTR-05B-T	ANALOG
CAP	DEVICE / DEVIEEE
VSINE	ASIMMDLS

7. 그림 2-36과 같이 AC Current Sensor 회로를 구성한다.

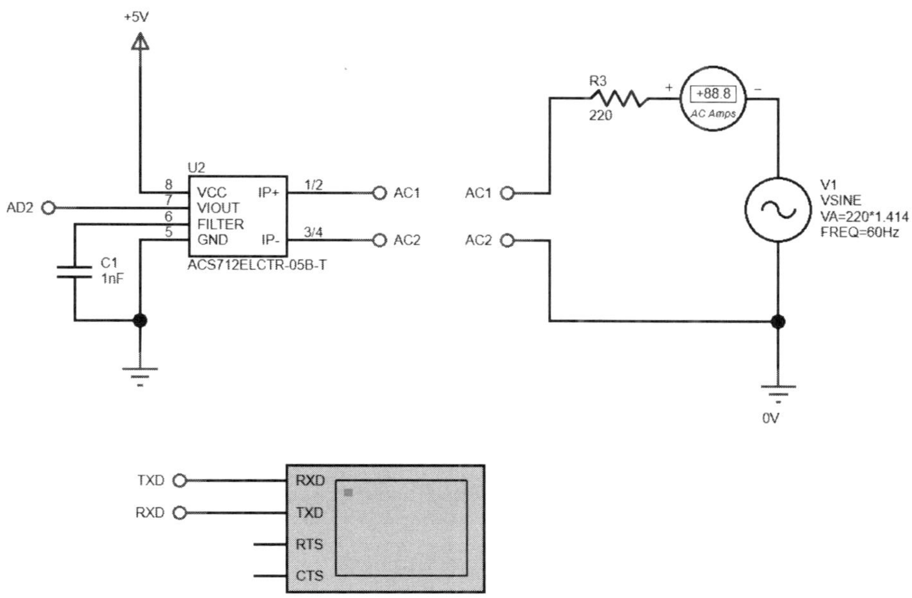

그림 2-36. AC Current Sensor 회로 구성

8. 그림 2-36에서 VSINE 속성 창에 Amplitude 란에 220*1.414를 입력하여 한다.

9. ACS712ELCTR-05B-T는 전류센서 모듈이다. 그림 2-37은 ACS712 모듈이다.

그림 2-37. ACS712 전류센서 모듈

10. ACS712 모듈에 표시된 IC는 OP-AMP를 내장하고 있으며 그림 2-38와 같은 구조로 구성되어 있다.

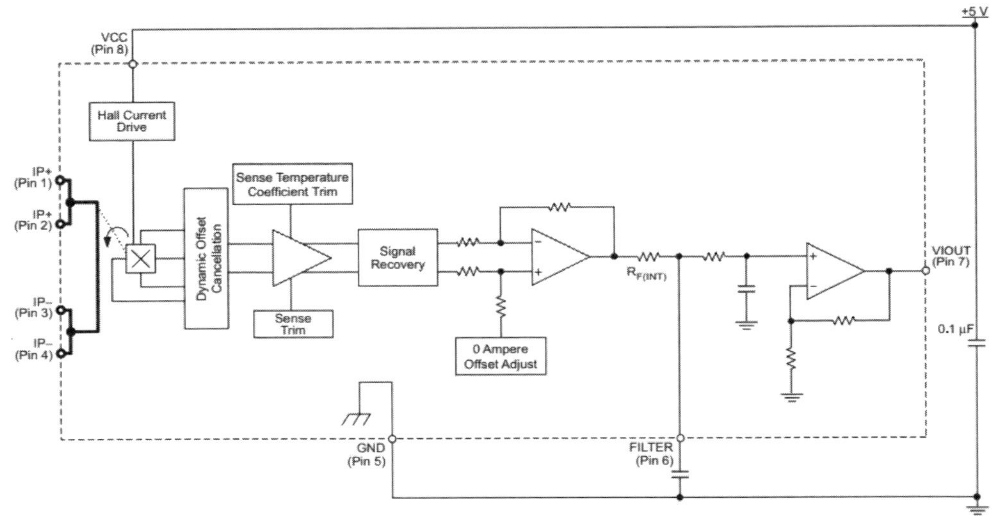

그림 2-38. ACS712 IC 내부 기능 블록도

11. 그림 2-38에서 VIOUT(Pin 7)이 비반전 증폭기 회로로 구성되어 있는 것을 확인 할 수 있다.

12. Virtual Terminal 속성 창에서 Baud Rate를 4800으로 설정한다.

13. ACS712 속성 창을 열어서 그림 2-39와 같이 Other Propertise에 GAIN=0.185를 입력하여야 한다.
(GAIN=0.185 의미는 Data Sheet에 표기된 Sensitivity에 표시된 185mV/A 값이다.)

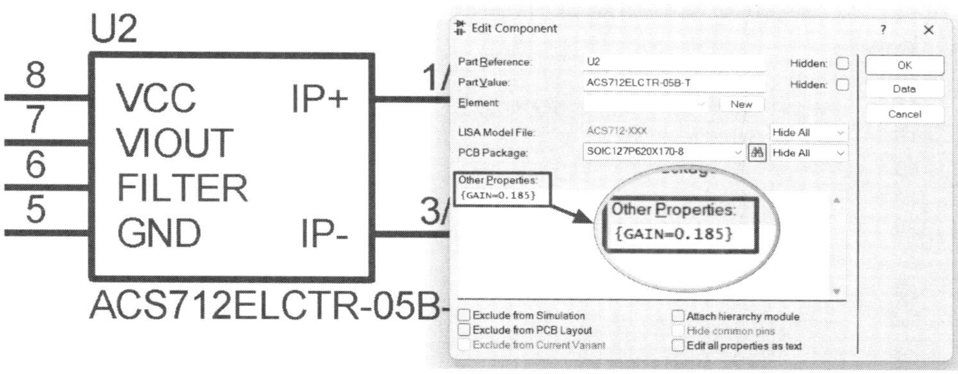

그림 2-39. ACS712ELCTR-05B-T 속성 설정

14. 그림 2-40과 같이 소스 코드를 작성한다.

main.ino

```
float average = 0;
int navg = 1000;

void setup()
{
Serial.begin(4800);
}

void loop()
{
float measure = getACcurrent(A2, 1000);
Serial.print("AC Current: ");
Serial.print(measure);
Serial.println(" Arms  ");
}

float getACcurrent(int pin, int navg)
{ long acc=0;
   for (int i=0; i<navg; i++)
      { long adc = analogRead(pin)-512;
        acc += (adc*adc);
        delay(1);
   }
  return sqrt(acc/navg)*0.0264;
}

float getDCcurrent(int pin, int navg)
   { float average = 0;
      for(int i = 0; i<navg; i++)
      { average = average + (0.0264 * analogRead(pin) - 13.513) / navg;
        delay(1);
      }
return average;
}
```

그림 2-40. 소스 코드 작성

15. 모든 설정이 완료되면 시뮬레이션을 실행하면 그림 2-41과 같이 AC AMMETER 와 Virtual Terminal에 측정 결과가 표시된다.

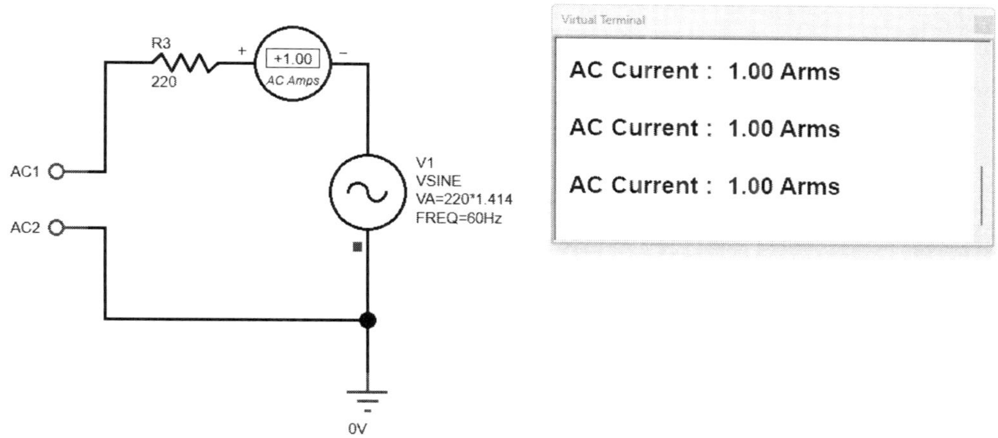

그림 2-41. AC Current 측정 결과

5 연산 증폭기_비교기

하드웨어를 제어할 때 특정한 전압을 기준으로 하드웨어 혹은 주변의 상태를 판정해야 할 때 자주 사용되는 회로가 전압 비교기이다. 그림 2-42는 연산 증폭기를 사용한 전압 비교기 회로이다.

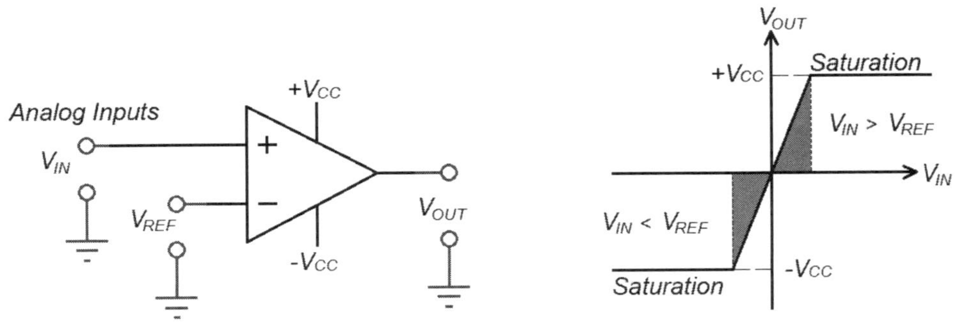

(a) 연산 증폭기 전압 비교기 (b) 연산 증폭기 전압 비교기 동작 범위

그림 2-42. 연산 증폭기 전압 비교기 회로와 동작 범위 그래프

전압 비교기 입력과 출력 상관 관계를 표 2-11에 표시하였다.

표 2-11. 입력 조건에 따른 출력 결과

입력 조건	출력 결과
$V_{IN} > V_{REF}$	$V_{OUT} = +V_{CC}$
$V_{IN} < V_{REF}$	$V_{OUT} = -V_{CC}$

연산 증폭기 비반전 입력으로 구성한 비교기 회로를 그림 2-43에 표시하였다.

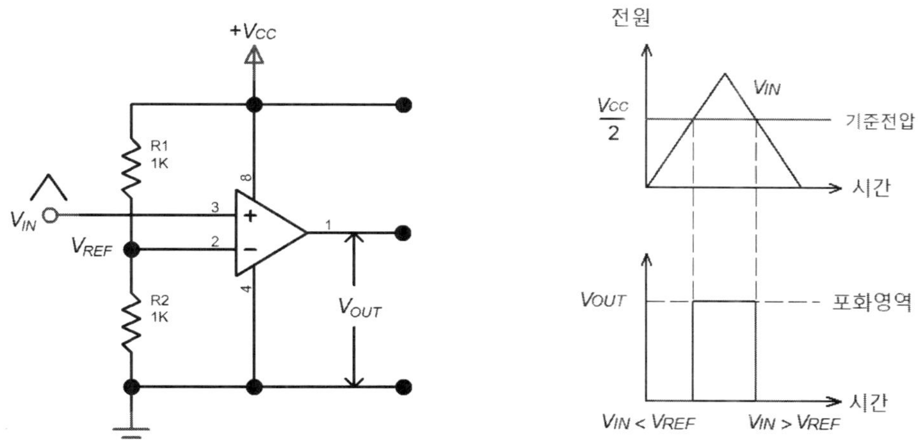

(a) 비반전 입력 비교기 회로　　(b) 비반전 비교기 출력 그래프

그림 2-43. 비반전 입력으로 구성한 비교기 회로와 출력

연산 증폭기 비반전 입력에 입력 신호를 연결하고 반전 입력에는 2개의 저항으로 전압을 분배한 기준 전압이 인가되도록 하였다. 기준 전압은 VCC/2 [V]로 고정이며 입력은 0 ~ 공급전압까지 가변적이다. 입력 신호가 기준 전압보다 크면 연산 증폭기 출력은 포지티브 공급 전압 +VCC쪽으로 포화되고, 기준 전압이 입력 신호보다 크면 0V(GND)에서 포화된다.

연산 증폭기 반전 입력으로 구성한 비교기 회로를 그림 2-44에 표시하였다.

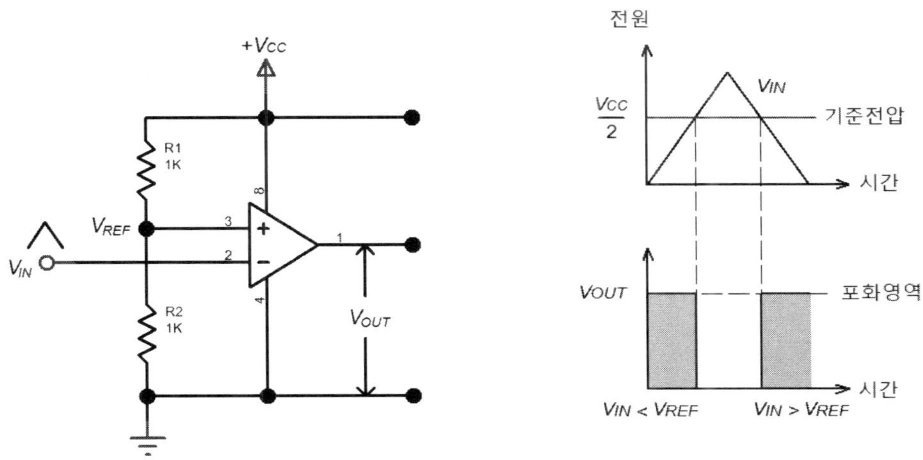

(a) 반전 입력 비교기 회로　　(b) 반전 비교기 출력 그래프

그림 2-44. 반전 입력으로 구성한 비교기 회로와 출력

연산 증폭기 비반전 입력과 반대되는 구성으로 기준 전압이 입력 신호보다 연산 증폭기 비교기 출력은 포지티브 공급 전압 +VCC으로 포화되고 입력 신호가 기준전압보다 크면 연산 증폭기 비교기 출력은 상태를 변경하고 0V(GND)쪽으로 포화된다.

1) 실습 목적

OP-AMP를 사용한 비교기 회로를 구성하고 활용 방법과 동작을 시뮬레이션으로 검증할 수 있다.

2) 실습 이론

OP-AMP를 사용한 전압 레벨 측정기 회로를 구성하기 위해 그림 2-45에 LM339 IC 심벌과 패키지 및 핀 구성을 표시하였다.

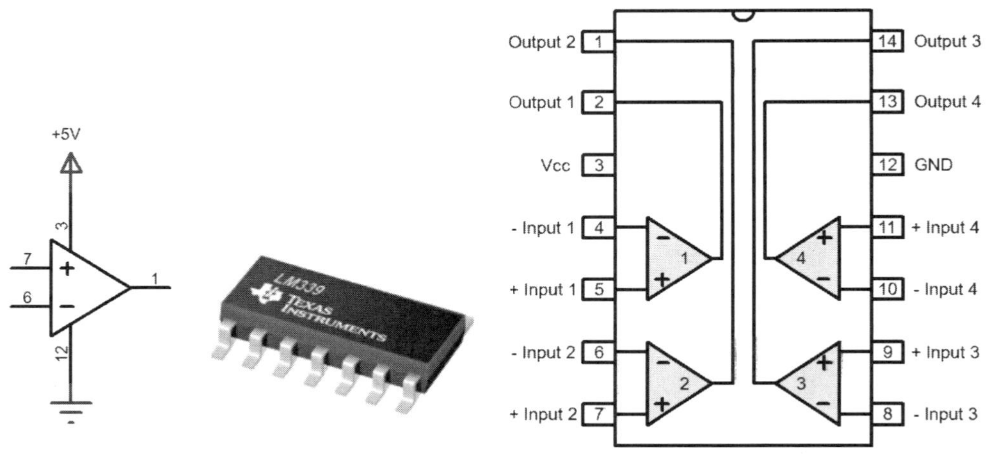

(a) 회로 심벌 (b) 패키지 (c) 핀 구성도

그림 2-45. LM339 회로 실벌과 패키지 및 핀 구성도

LM339는 4개의 독립적인 전압 비교기로 구성되어 있어서 한 번에 4쌍의 전압 신호를 비교할 수 있으며 이는 일부 응용 분야에서 유용합니다. 발진기, 피크 감지기, 논리 전압변화, 전력 감시, 자동차 인포테이먼트 및 클러스터, 차체 제어 모듈 등 산업용 분야에서 많이 사용되고 있다.

단전원 사용시 2V~36V까지 허용되며 양전원은 ±1V~±18V 까지 허용된다.

3) Simulation

1. Schematic Capture를 실행하여 표 2-12와 같이 부품을 등록한다.

표 2-12. 실습 부품 등록

DEVICE	LIBRARY
LED-BLUE	ACTIVE
LED-GREEN	ACTIVE
LED-RED	ACTIVE
LED-YELLOW	ACTIVE
LM339	TEXOAC
POT-HG	ACTIVE
RES	DEVICE / DEVIEEE

2. 그림 2-46과 같이 전압 레벨 측정기 회로를 구성한다.

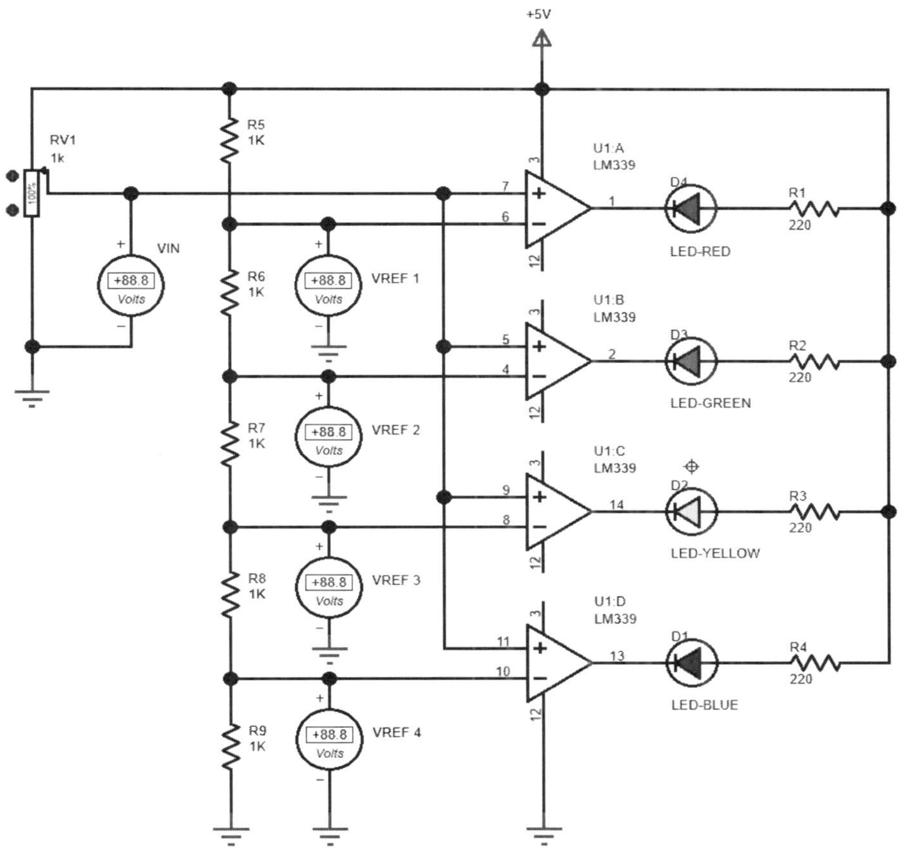

그림 2-46. 전압 레벨 측정기 회로

3. VIN에 따른 출력의 변화를 표 2-13에 표시하였다.

표 2-13. VIN에 따른 출력 변화

VIN 전압	VIN – VREF 전압 비교	출력상태(LED)			
		D4	D3	D2	D1
+5.0 [V]		OFF	OFF	OFF	OFF
+3.95 [V]	VIN 〈 VREF 1	ON	OFF	OFF	OFF
+2.95 [V]	VIN 〈 VREF 2	ON	ON	OFF	OFF
+1.95 [V]	VIN 〈 VREF 3	ON	ON	ON	OFF
+0.95 [V]	VIN 〈 VREF 4	ON	ON	ON	ON

4. RV1에 저항 값을 100%로 설정한 후 시뮬레이션을 실행한다.

5. 시뮬레이션이 실행되면 표2-13에 표시한 내용을 참조하여 RV1을 조정하여 LED 점등 여부를 확인한다.

6. 그림 2-47에 시뮬레이션 결과를 표시하였다.

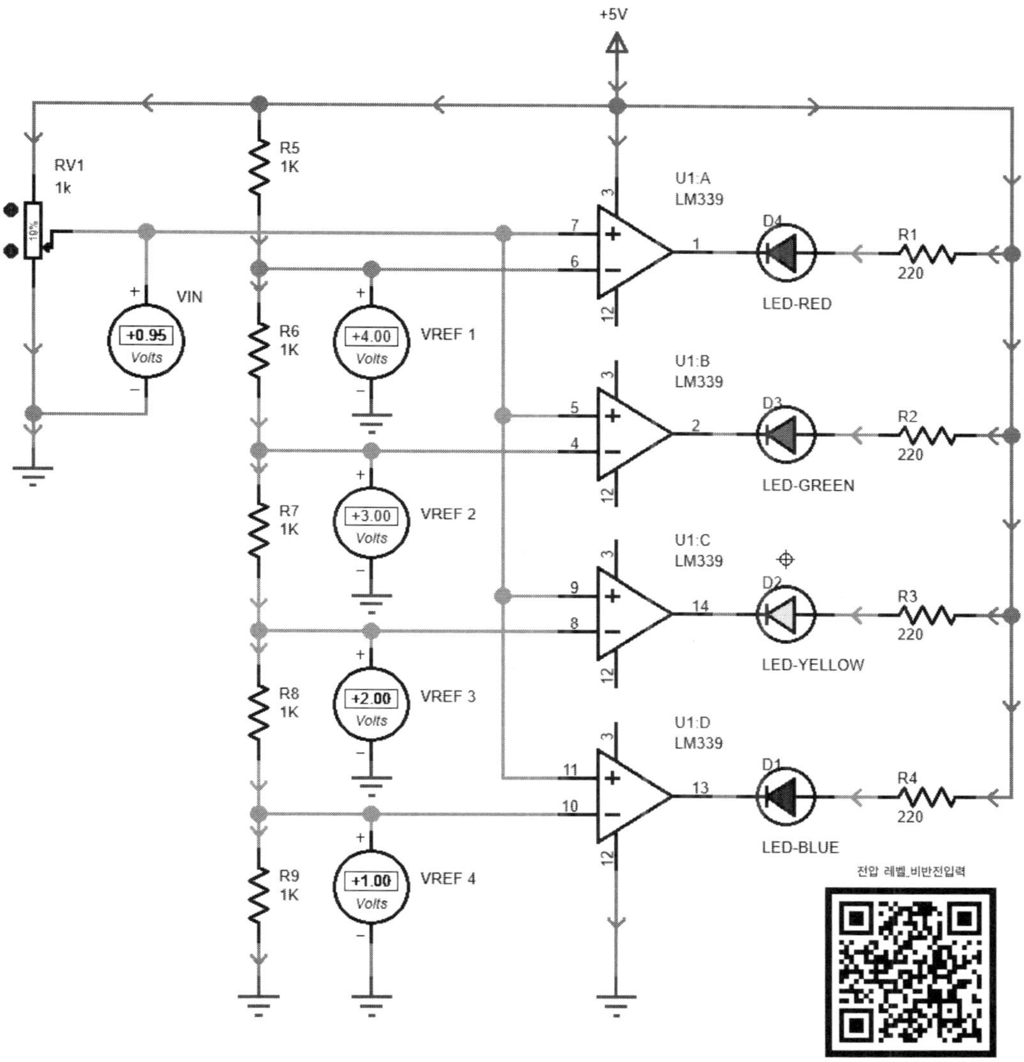

그림 2-47. 전압 레벨 측정기 회로 시뮬레이션 결과

7. 전압 레벨 측정기 회로는 배터리 소모를 확인하는 용도로 사용한다면 그림 2-48 은 배터리 충전 상태를 표시하는 회로로 수정하여 구성하였다. 반전 입력에 VIN, 비반전 입력을 VREF로 수정하고 시뮬레이션 한 결과이다.

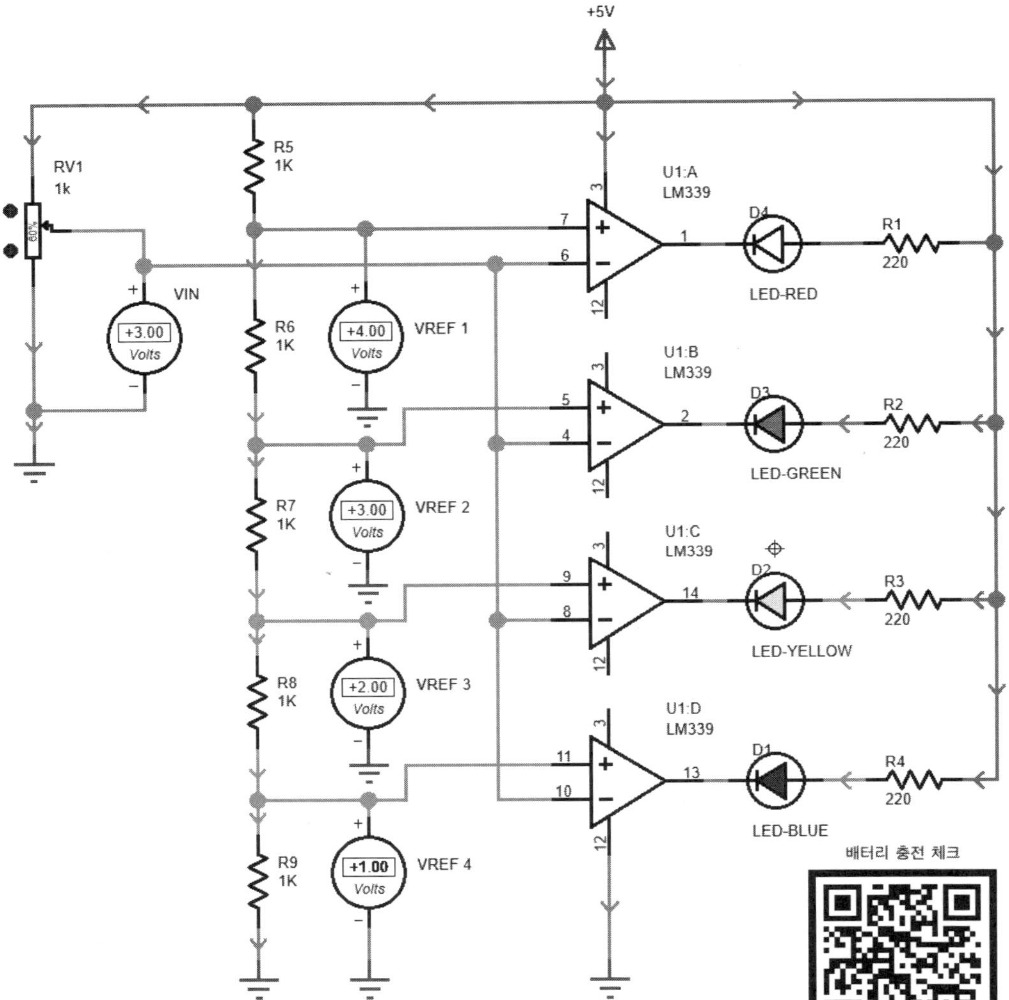

배터리 충전 체크

그림 2-48. 배터리 충전 상태 표시기

8. 아두이노 프로젝트를 생성하고 표 2-14에 표시된 부품을 등록한다.

표 2-14. 실습 부품 등록

DEVICE	LIBRARY
LED-GREEN	ACTIVE
LED-RED	ACTIVE
POT-HG	ACTIVE
TORCH_LDR	ACTIVE

9. 그림 2-49와 같이 LM358을 사용한 광원 감지 회로를 구성한다.

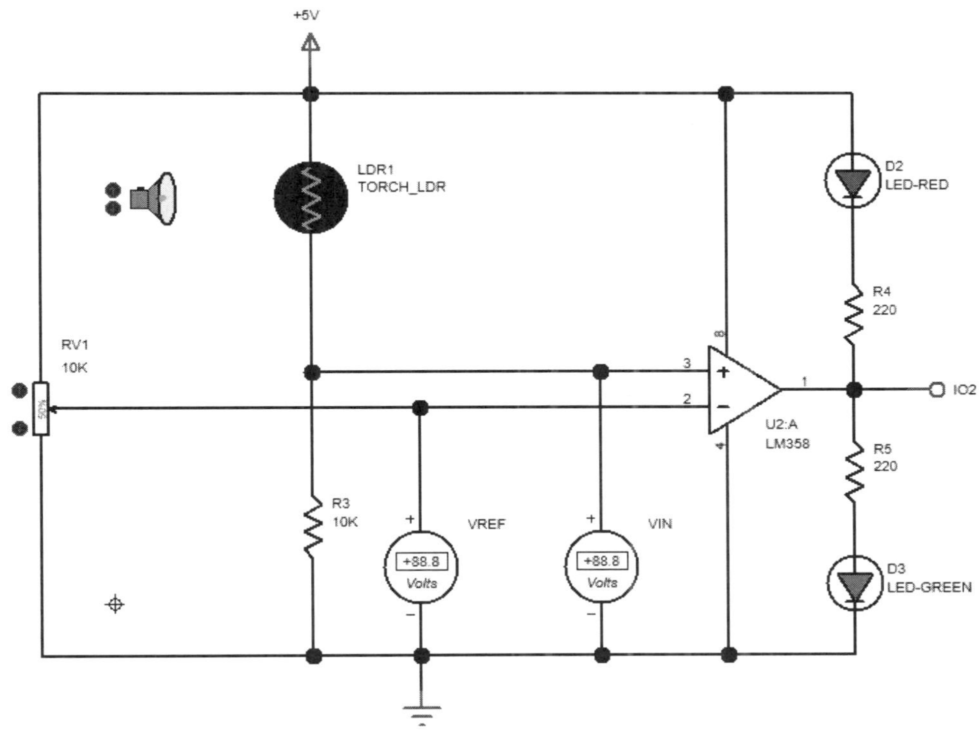

그림 2-49. LM358을 사용한 광원 감지 회로

10. 그림 2-50과 같이 소스 코드를 작성한다.

main.ino

```
const int ldrPin = 2;

void setup ()
  {
     pinMode(ldrPin, INPUT);
  }

void loop()
  {

  }
```

그림 2-50. 소스 코드 작성

11. 동작 개요는 TORCH_LDR 컨트롤 버튼을 클릭하여 광원을 이동시켜 VREF와 VIN 간 전압 차가 VREF ≦ VIN 상태가 되면 LED-RED는 OFF, LED-GREEN은 ON 된다.

12. 시뮬레이션을 실행하면 그림 2-51과 같이 결과를 확인할 수 있다.

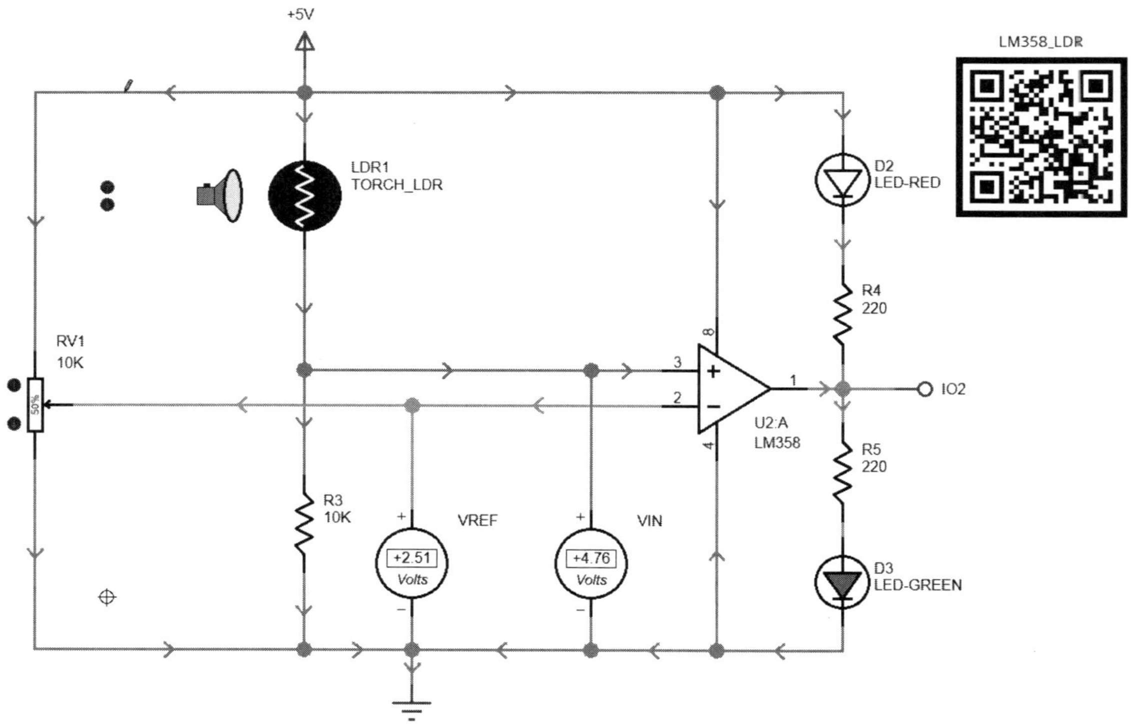

그림 2-51. LM358 광원 감지 회로 시뮬레이션 결과

CHAPTER

03

Arduino - IoT System

1. WeMOS D1 mini
2. WeMOS D1 mini 펌웨어 업데이트 (Firmware Update)
3. Arduino MEGA2560과 WeMOS D1 mini 배선
4. Proteus IoT Builder 따라하기
5. 로그인 패스워드 설정하기
6. 스마트 홈 모니터링 시스템

CHAPTER 03

Arduino – IoT System

S M A R T H O M E I o T D E S I G N

아두이노(Arduino)는 이탈리어로 “믿음직한 친구”라고 한다. 아마도 누구나 쉽고 빠르게 하드웨어 제어 방법을 학습할 수 있다는 의미로 “아두이노라” 명칭 한 것이 아닌가? 유추해 본다.

아두이노는 2005년 이탈리아 IDII(Interaction Design Institutelvera)에서 석사생이었던 페르난도바라간이 고안한 와이어링(wiring)이라는 싱글보드(Atmega128)를 바라간의 지도 교수였던 마시모 반지가 후에 적은 IO핀을 가진 저렴한 프로세서(ATmega8)를 기반으로 만들었고 “아두이노”라고 칭하였다고 한다.

아두이노는 오프소스 기반으로 유연하고 사용하기 쉬운 H/W 와 S/W를 기반으로 한 마이크로컨트롤러 보드이다. 그림 3-1에 대표적으로 사용되는 아두이노 보드를 표시하였다.

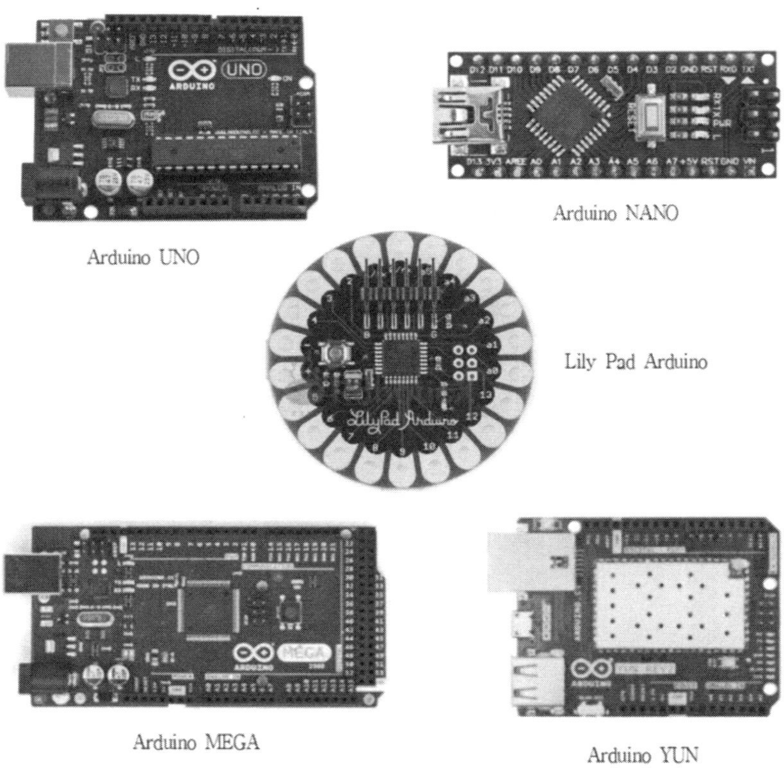

그림 3-1. Arduino Boards

아두이노 보드마다 각각의 특징이 있어서 표 3-1에 간략하게 보드별 주요 기능을 표시하였다.

표 3-1. 아두이노 각 보드 별 주요 기능

보드명 / 주요 사양		Arduino UNO(R3)	Arduino MEGA2560	Arduino Nano
Microcontroller		ATemega328P	ATmega2560	Atmega328
SRAM		2Kb	8Kb	2Kb
Flash Memory		32Kb	256Kb	32kb
Power Source		5V Barrel Jack or USB	5V Barrel Jack or USB	5V Mini-B USB
I/O Pins	Digital	14	54	14
	PWM	6	15	6
	Analog	6	16	8
USB Connector		USB-B	Mini-B USB	Mini-B USB
Communication		UART, I2C, SPI	UART, I2C, SPI	UART, I2C, SPI
Size		53.4 x 68.6 mm	53.5 x 101.5 mm	18 x 45 mm

1 WeMOS D1 mini

본 교재에서는 IoT 시스템을 구축하기 위해서 사용할 아두이노는 MEGA2560이다. MEGA2560에는 WiFi 모듈이 탑재되어 있지 않기 때문에 별도에 WiFi 모듈을 사용해야 하며 설정 또한 필요하다. 우리가 사용할 WiFi 모듈은 ESP8266 WiFi 모듈을 사용한 미니보드로 구성된 WeMOS D1 mini를 사용할 것이다. 그림 3-2에 WeMOS D1 mini 보드를 표시하였다.

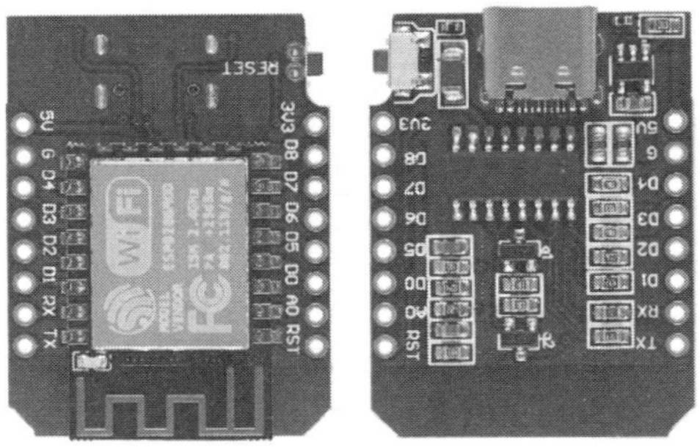

그림 3-2. WeMOS D1 mini

Proteus IoT Builder에서 공식적으로 펌웨어를 제공하는 보드가 WeMOS D1 mini이다.

이것은 Proteus IoT Builder와 연동하여 VFP(Virtual Front Panel) 서버를 구축하고 IoT 시스템으로 동작할 수 있도록 해준다.

WeMOS D1 mni 보드는 ESP-12 모듈을 적용한 Node MCU이다. 표 3-2에 기본 사양을 표시하였다.(Node MCU는 저렴한 오픈 소스 사물인터넷(IoT) 플랫폼으로 와이파이(WiFi) 기능이 추가되어 있는 MCU 개발보드이다.)

표 3-2. WeMOS D1 mini 기본 사양

Operating Voltage	3.3V
Digital Inputs / Outputs	11 Pins
Analog Inputs	1 Pins
Flash Memory/Clock	4M bytes / (80MHz /160MHz)
USB	Micro 5pin

그림 3-3은 WeMOS D1 mini 보드에 구성된 Pin 정보를 표시하였다.

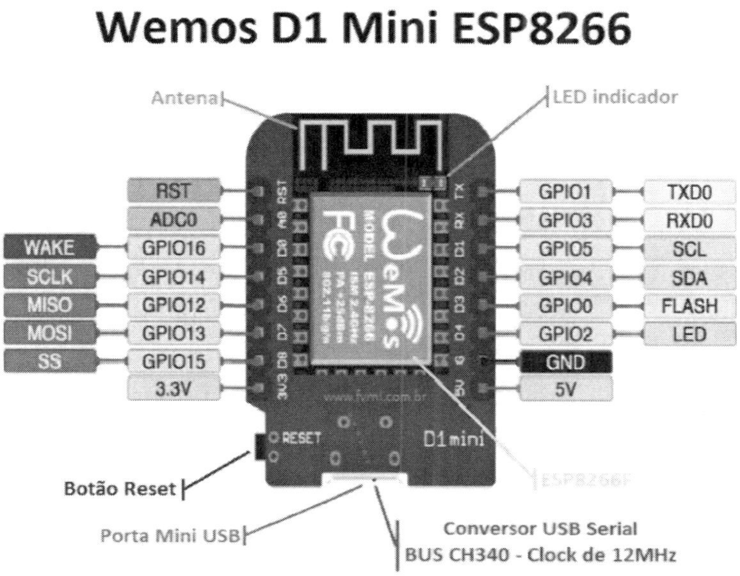

그림 3-3. WeMOS D1 mini Pin Map

2 WeMOS D1 mini 펌웨어 업데이트 (Firmware Update)

1. VFP 8266 펌웨어 업데이트를 위해서 그림 3-4와 같이 브레드 보드에 회로를 구성한다.

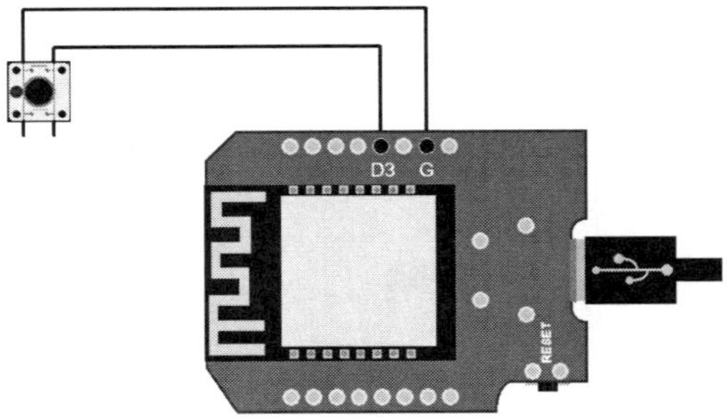

(a) 회로도에서 연결 정보

(b) 브레드 보드에서 연결 정보

그림 3-4. VFP 펌웨어 업데이트 회로 구성

2. 그림 3-4와 같이 브레드 보드에 배선을 완료하고 USB 케이블을 PC에 연결한다. USB 케이블은 그림 3-5와 같이 Micro 5Pin 케이블이여야 하고 데이터 통신이 가능하여야 한다.

그림 3-5. USB Micro 5pin 케이블

3. USB 케이블을 PC에 연결한 후에 PC 장치 관리자를 열어서 그림 3-6과 같이 포트가 USB -SERIAL 포트가 인식 되었는지 확인한다. 만약에 포트가 인식되지 않은 경우 드라이버를 다운로드하여 설치하여야 한다. 아두이노 보드 또는 호환 보드 대부분이 USB - SERIAL 칩을 CH340을 사용하고 있으니 CH340드라이버를 검색

하여 설치하면 된다. 다운로드 가능한 웹 주소를 표시한다. https://www.wch.cn/download/CH341SER_ZIP.html 에 접속하여 CH341SER.EXE 파일을 다운로드하고 설치한 후 USB 케이브를 PC에 연결한 후 장치 관리자를 열어 포트 인식 여부를 확인 후 다음 과정을 진행한다. 포트가 인식되지 않으면 다음 과정 진행이 불가하다.

그림 3-6. 시리얼 포트 확인

4. 포트 확인이 완료되었으면 https://github.com/nodemcu/nodemcu-flasher 에 접속하여 그림 3-7과 같이 Code 버튼을 클릭하여 Download ZIP을 클릭하여 다운로드 한다.

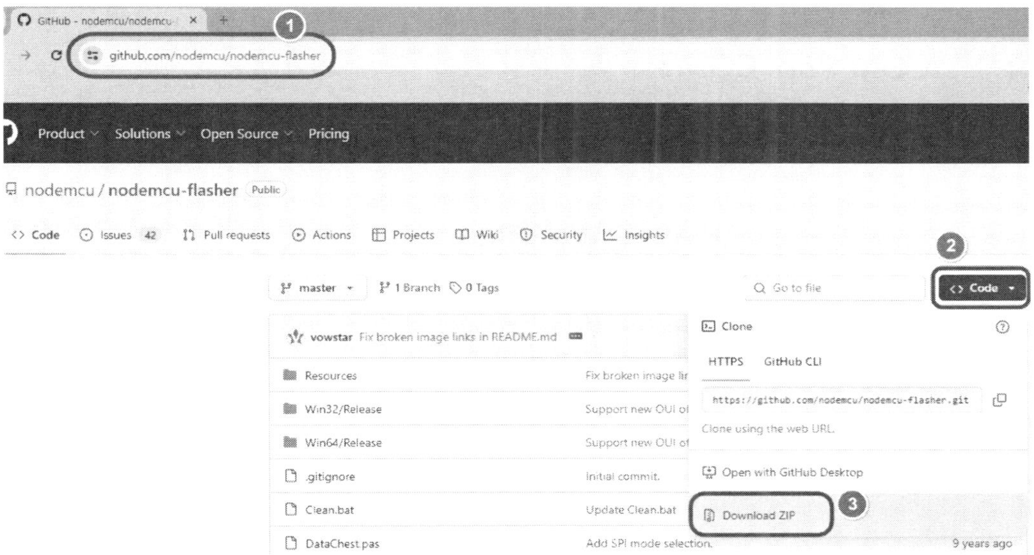

그림 3-7. nodemcu-flasher 다운로드

5. Download ZIP 파일에 압축을 해지하여 그림 3-8과 같이 ESP8266Flasher.exe 를 실행한다.

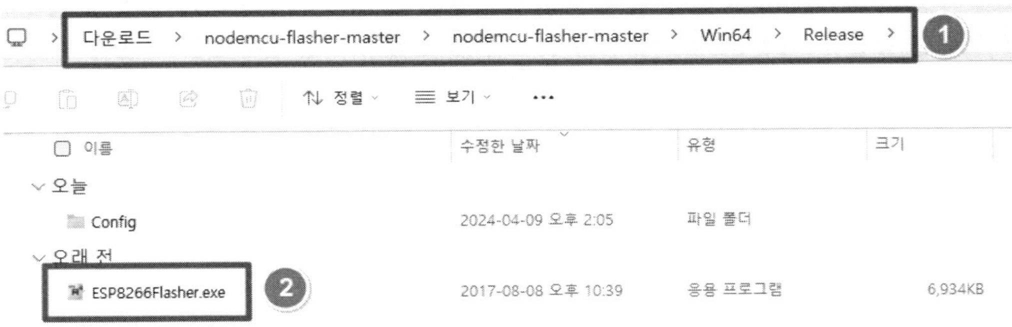

그림 3-8. ESP8266Flasher.exe 실행

6. 그림 3-9과 같이 NODEMCU FIRMWARE PROGRMMER 이 실행된다. (그림 3-9는 인쇄 관계로 색을 반전시킨 이미지 이다. 이 후 표시되는 NODEMCU FIRMWARE PROGRMMER 는 모두 색을 반전시킨 이미지로 표시된다.)

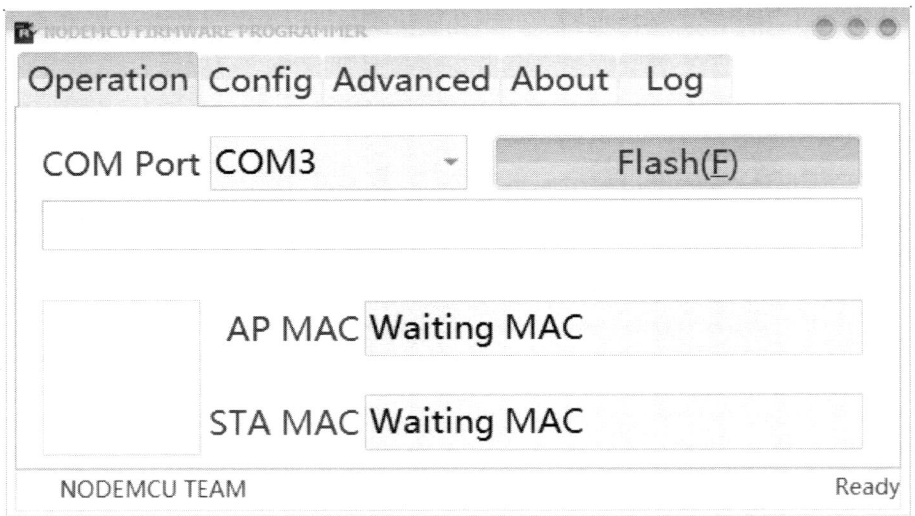

그림 3-9. NODEMCU FIRMWARE PROGRMMER 실행

7. 그림 3-10과 같이 Config 탭을 클릭한 후 파일 선택 버튼을 클릭한다.

그림 3-10. Config 탭 선택 후 파일 선택 버튼 클릭

8. 그림 3-11과 같이 VFPServer.ino.d1_mini.bin 파일을 선택하고 [열기]를 클릭한다.

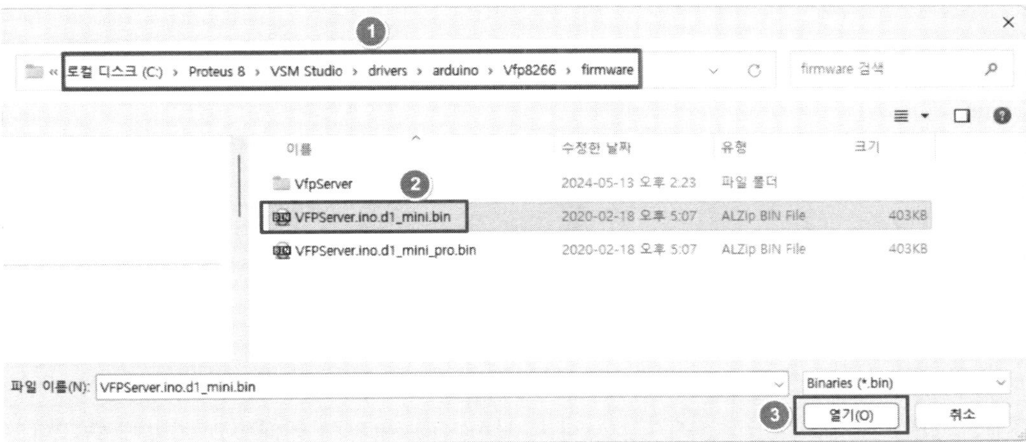

그림 3-11. VFPServer.ino.d1_mini.bin 파일 선택

9. 그림 3-12와 같이 파일경로와 파일 이름이 표시된다.

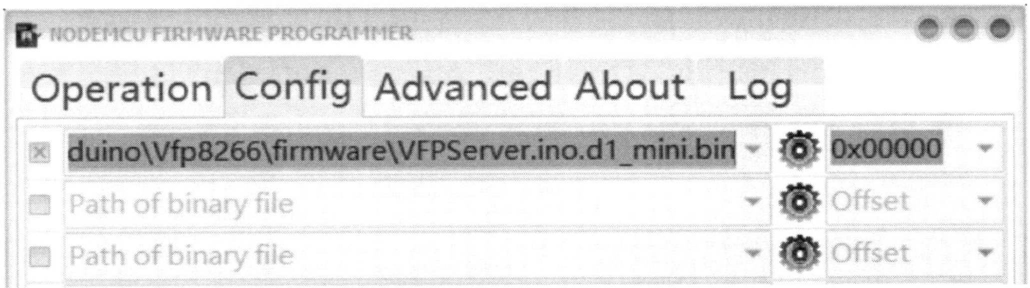

그림 3-12. 파일 경로와 파일 이름

10. 그림 3-13과 같이 Operation 탭을 클릭한다.

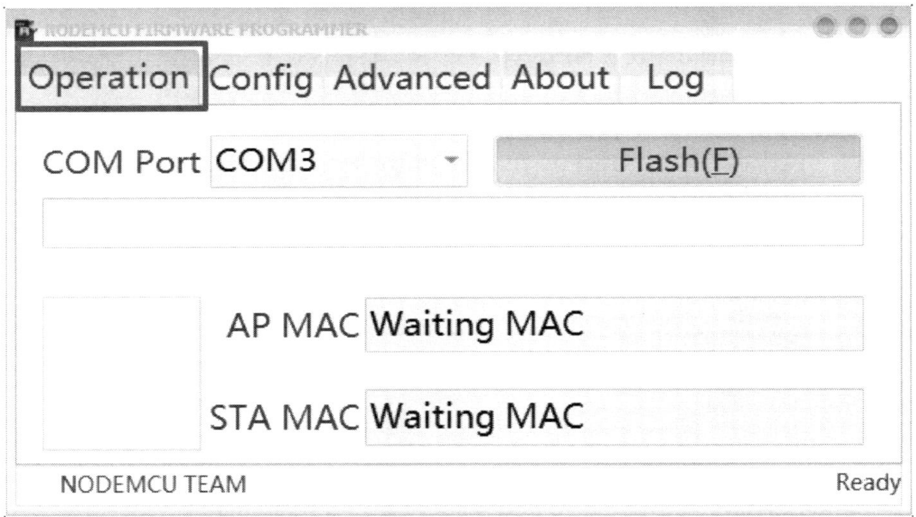

그림 3-13. Operation 탭 선택

11. 그림 3-14와 같이 브레드 보드에 구성한 VFP 펌웨어 업데이트 회로에 ❶ TACT Switch와 WeMOS D1 mini에 부착되어 있는 ❷ RESET 버튼을 동시에 10초 이상 눌러준다.

그림 3-14. TACT Switch + RESET 버튼 누르기

12. TACT Switch 와 RESET 버튼을 10초 이상 누른 후 손을 때면 WeMOS D1 mini 보드에 LED는 OFF 상태가 된다.

13. FLASH 버튼을 클릭하면 Flash(F) 버튼 이름이 Stop(S)으로 변경되고 그림 3-15와 같이 QR Code 와 MAC Address가 표시되고 FIRMWARE Upload 진행 정도를 보여주는 BAR 그래프가 화면에 표시된다.(QR Code와 MAC Address는 보드에 따라 달라서 그림 3-14와 문자와 숫자가 다를 수 있음)

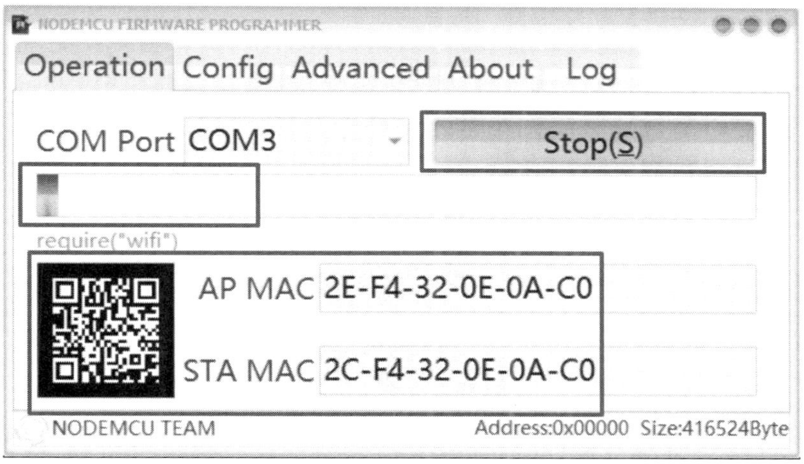

3-15. Data Download 진행

※ 그림 3-15와 같이 QR 코드와 MAC Address가 표시되지 않으면 FIRMWARE Upload는 실행되지 않는다. 이럴 경우에는 그림 3-4와 같이 구성한 회로에 배선을 확인한 후 순서 11) ~13)을 다시 실행해 본다.

14. WeMOS D1 mini 보드에 LED가 ON-OFF를 반복하면서 업로드 상태를 표시하고 Upload가 완료되면 LED는 OFF 상태가 되고 그림 3-16과 같이 ❶ Stop(S) 버튼이 Flash(F)로 변경되고, ❷ BAR 그래프가 표시 되면서 프로그램 창 좌측 하단에 ❸ 완료 표시가 표시된다.

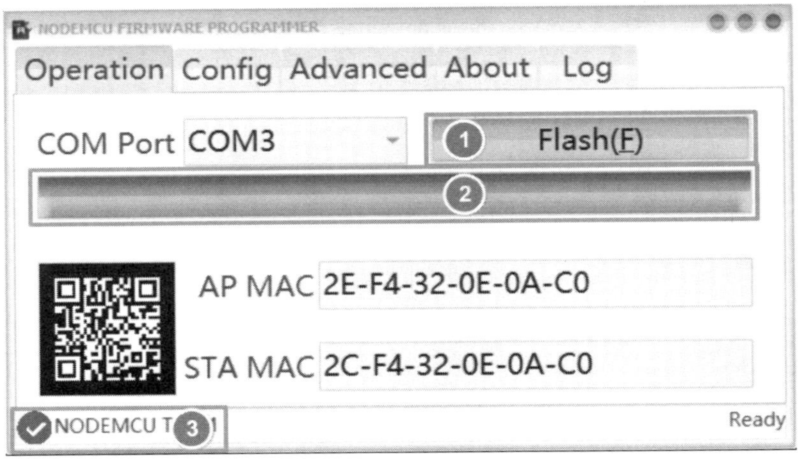

Firmware Up

그림 3-16. FIRMWARE Upload 완료

15. FIRMWARE Upload 완료가 되면 WeMOS D1 mini 보드에 연결한 케이블을 분리한 후 다시 연결한다.

16. WeMOS D1 mini 보드에 LED가 약1초 간격으로 점멸하기 시작하고 약 50초~60초 후 LED 점멸 속도가 빨라지면 와이파이 접속이 가능해 진다.

WiFi 접속

그림 3-17. 와이파이 접속이 가능한 LED 상태

17. 그림 3-18과 같이 PC에 WiFi 버튼을 클릭한다.

그림 3-18. WiFi 버튼 클릭

18. 그림 3-19와 같이 WiFi 리스트에 ESP8266_xxxxxx 가 표시된다.

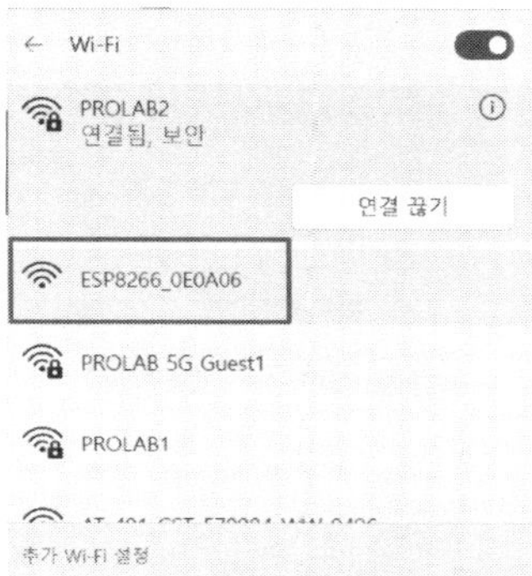

그림 3-19. ESP8266 WiFi 리스트

19. ESP8266_xxxxxx를 클릭하면 그림 3-20과 같이 Proteus IoT Builder 사용을 위한 WiFi 환경 설정 매니저가 활성화 된다.

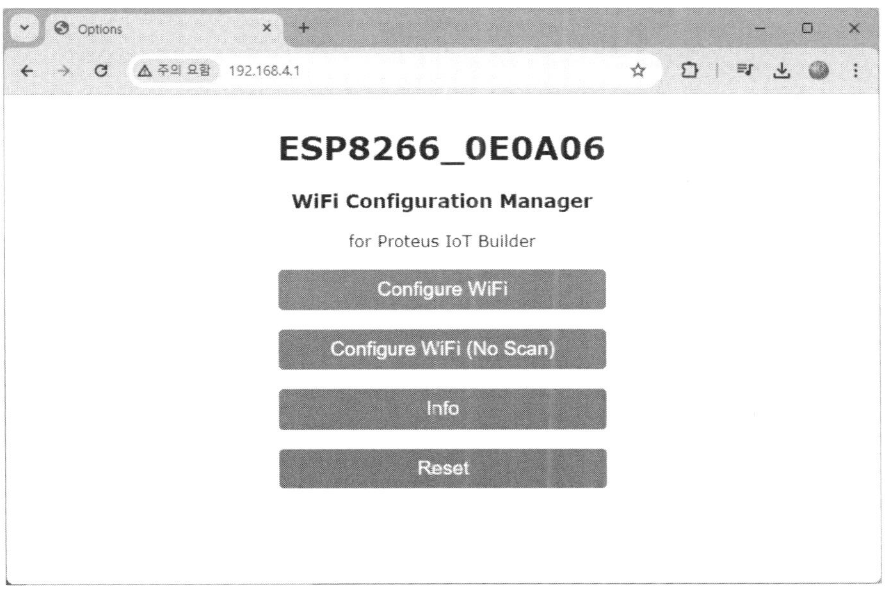

그림 3-20. ESP8266_xxxxxx WiFi 설정 활성화

20. 그림 3-21에서 Configure WiFI 버튼을 클릭하면 접속이 가능한 WiFi 리스트가 표시된다.

그림 3-21. 접속 가능한 WiFi 리스트

21. 본인이 접속 가능한 WiFi를 선택하고 그림 3-22와 같이 패스워드를 입력한 후 [save]를 클릭한다.

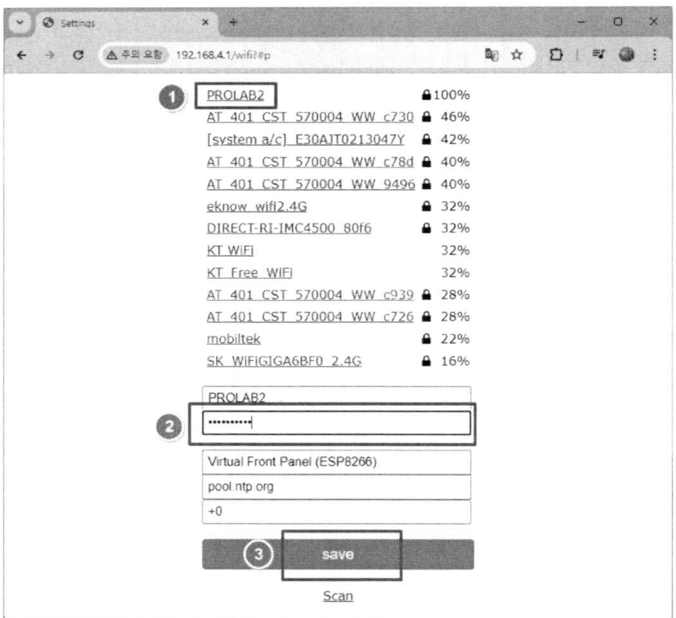

그림 3-22. WiFi 선택, 패스워드 입력 후 save 클릭

22. 그림 3-23과 같이 페이지 탭에 저장되었다고 표시된다.

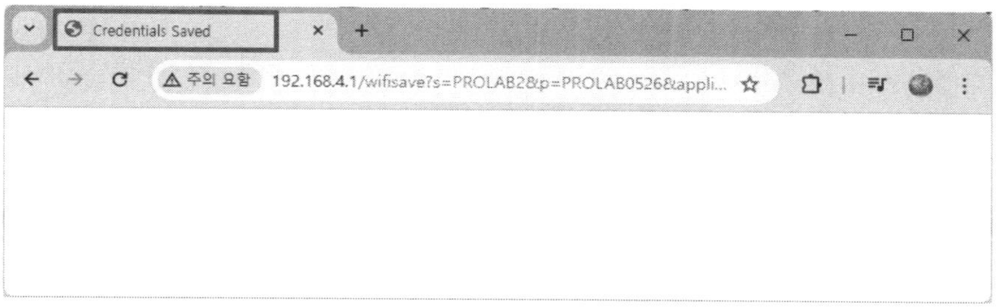

그림 3-23. WiFi 환경 저장 됨

23. WiFi 환경이 저장되면 잠시 후에 WeMOS D1 mini 보드에 LED는 Off 상태가 된다.

24. 그림 3-24와 같이 다시 WiFi 버튼을 클릭한다.

그림 3-24. WiFi 버튼 클릭

25. 순서21)에서 선택했던 접속 가능 WiFi를 클릭하여 WiFi에 접속한다.

26. WeMOS D1 mini 펌웨어 업데이트 (Firmware Update) 과정과 WiFi 설정 과정이 모두 완료 되었다.

27. 순서15)~순서 26) 과정을 그림 3-25와 같이 QR CODE로 표시하였다.

설정 완료

그림 3-25. 모든 설정 완료

3 Arduino MEGA2560과 WeMOS D1 mini 배선

표 3-3에 Arduino MEGA2560과 WeMOS D1 mini에 핀 연결 정보를 표시하였다.

표 3-3. Arduino MEGA2560과 WeMOS D1 mini에 핀 연결 정보

Wemos D1 mini(Node MCU)	Arduino MEGA2560	Arduino UNO
GND	GND	GND
5V	5V	5V
TX	RX	RX
RX	TX	TX
SCK / **D5** / GPIO 14	SCK / PB1 / **52**	IO 13 / SCK
MOSI / **D7** / GPIO 3	MOSI / PB2 / **51**	IO 11 / MOSI
MISO / **D6** / GPIO 12	MISO / PB3 / **50**	IO 12 / MISO
D3 / GPIO 00	RESET	RST

2. 그림 3-26을 참조하여 그림 3-27과 같이 브레드보드에 Arduino MEGA2560과 WeMOS D1 mini를 연결한다.

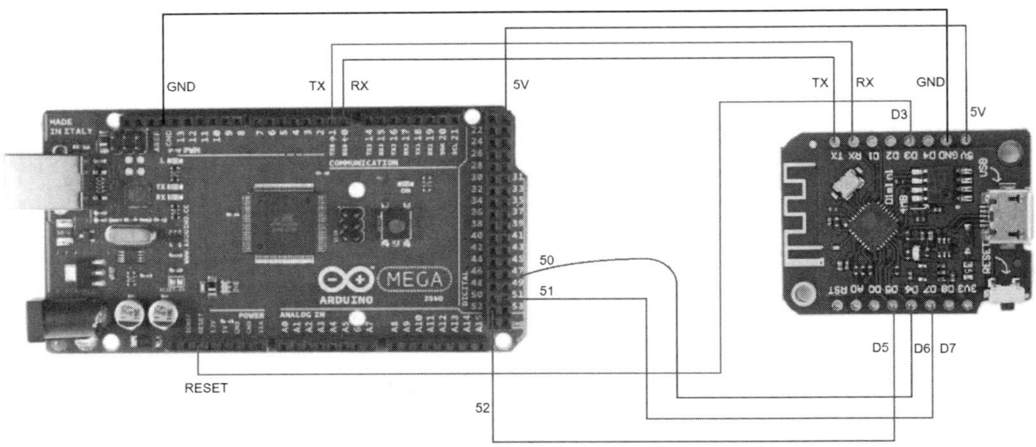

신호선 연결

그림 3-26. Arduino MEGA2560과 WeMOS D1 mini 연결 회로도

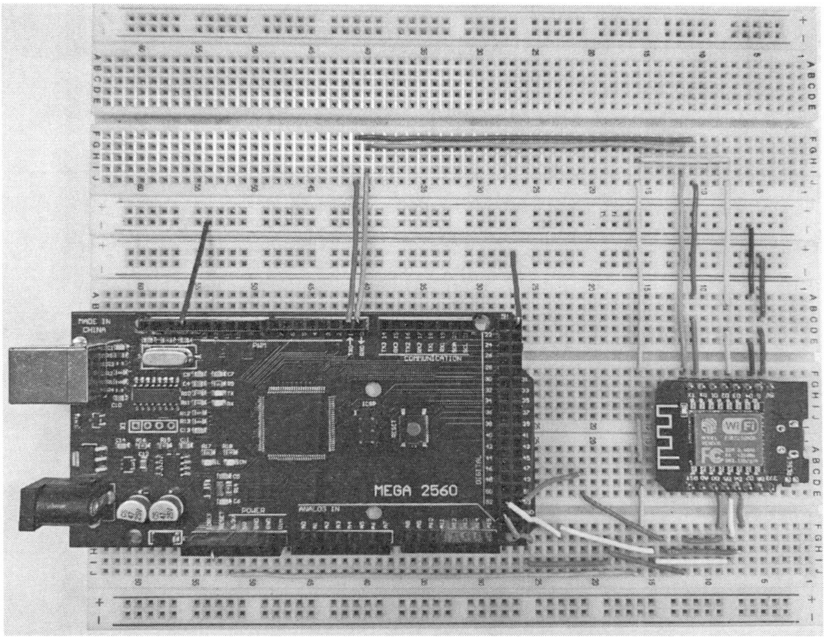

브레드 보드 배선

그림 3-27. Arduino MEGA2560과 WeMOS D1 mini 브레드 보드 연결

4 Proteus IoT Builder 따라하기

그림 3-28과 같이 New Flowchart를 클릭한다.

그림 3-28. New Flowchart 클릭

2. 그림 3-29와 같이 창이 열리면 [Browse] 버튼을 클릭한다.

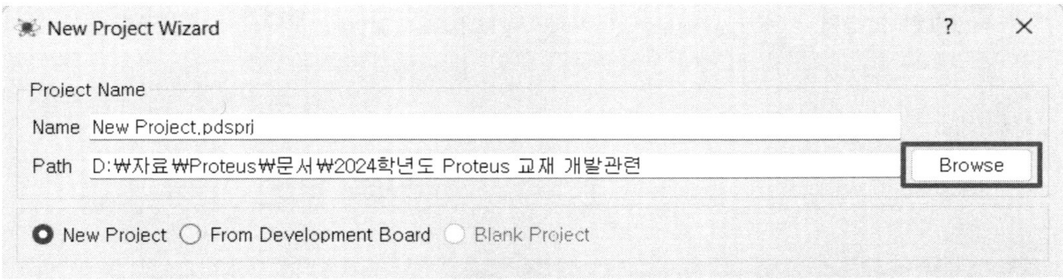

그림 3-29. New Project Wizard 창

3. 그림 2-30과 같이 ❶ Proteus_IoT폴더를 생성하고 ❷폴더 선택을 클릭한다.

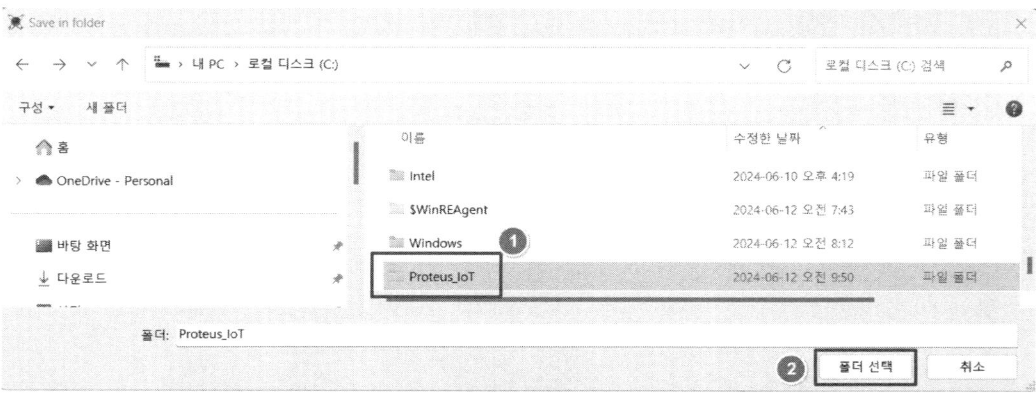

그림 3-30. 폴더 생성및 선택 버튼 클릭

4. 그림 3-31과 같이 파일 이름을 입력한 후 [Next] 버튼을 클릭한다.

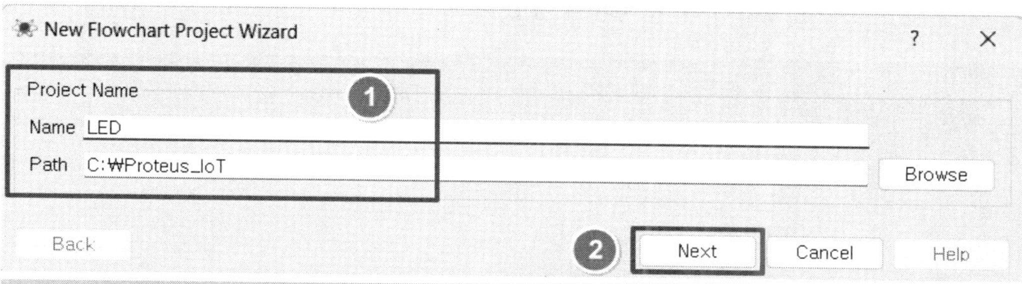

그림 3-31. 파일 이름 입력

5. 그림 3-32와 같이 Create Flowchart Project를 설정한 후 [Next] 버튼을 클릭한다.

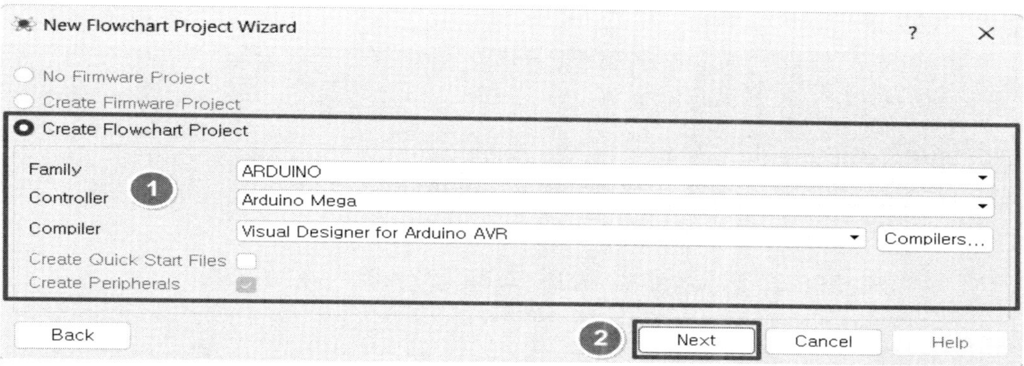

그림 3-32. Create Flowchart Project를 설정

6. 그림 3-33과 같이 설정에 대한 요약 내용이 표시되면 내용 확인 후 [Finish] 버튼을 클릭한다.

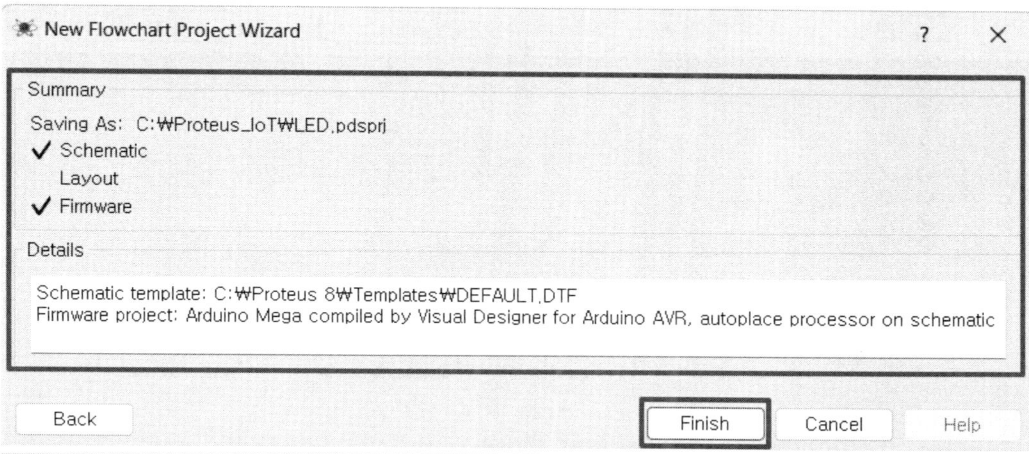

그림 3-33. 사용자 설정 요약 내용 확인

7. 그림 3-34와 같이 Visual Designer 창이 표시된다. (그리드는 인쇄 관계로 교재에서는 색상을 변경하여 표시하지 않았다.)

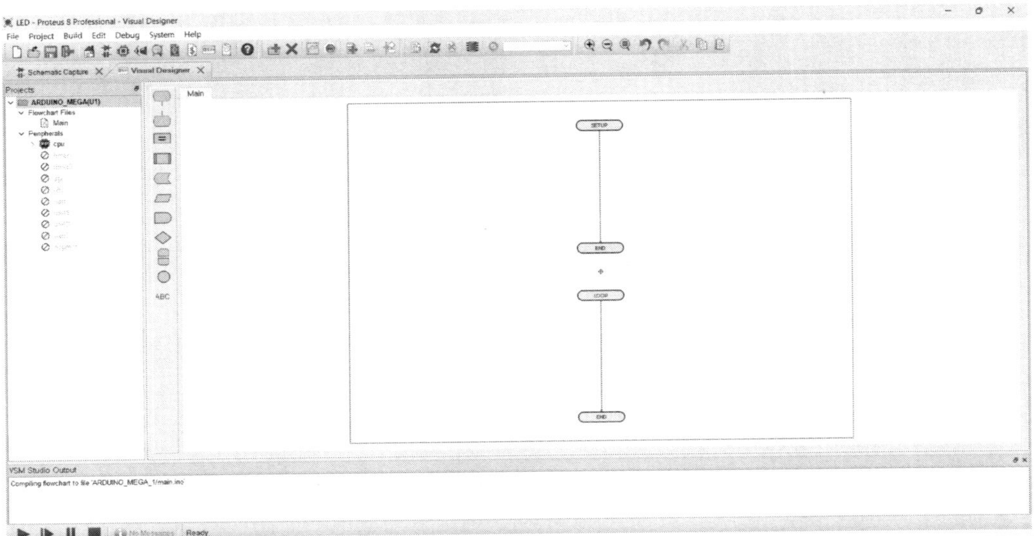

그림 3-34. Visual Designer 창 활성화

8. 그림 3-35와 같이 Event Block를 좌측 상단으로 이동 시킨다.

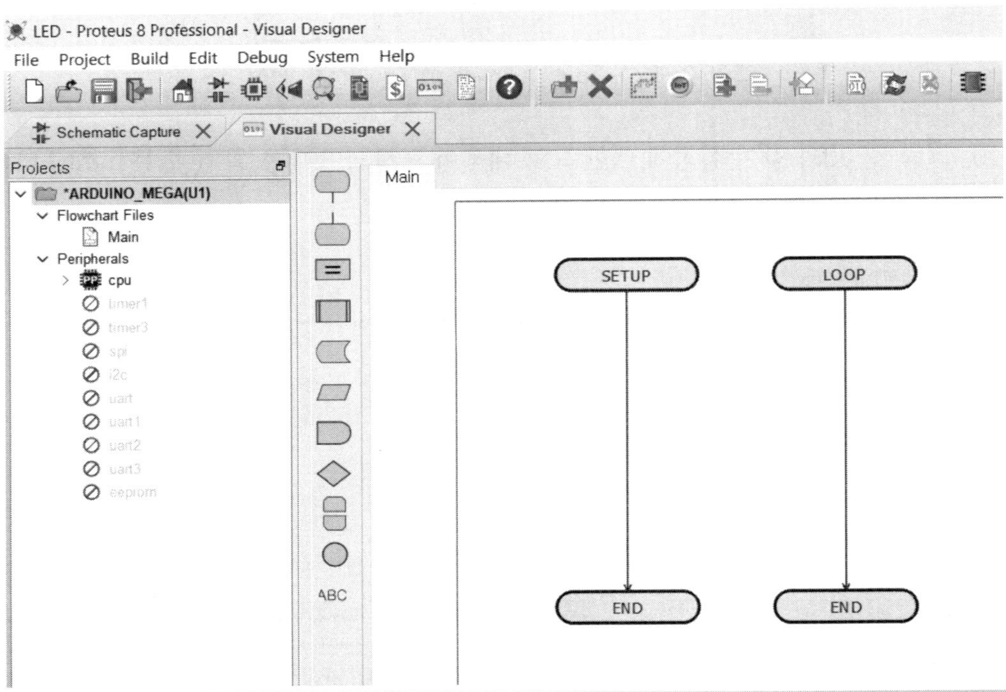

그림 3-35. Event Block 이동

9. 그림 3-36과 같이 Peripherals에서 ❶cpu에 확장트리 버튼을 클릭하여 ❷ pinMode를 클릭한다.

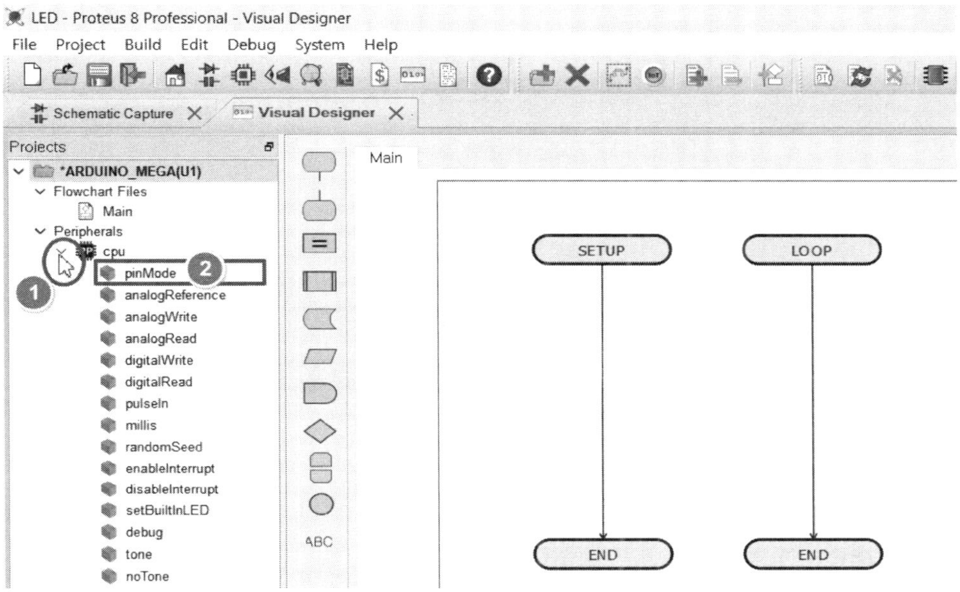

그림 3-36. pinMode 선택

10. pinMode를 클릭한 후 드래그 하여 그림 3-37과 같이 Flowchart Block위로 이동한다.

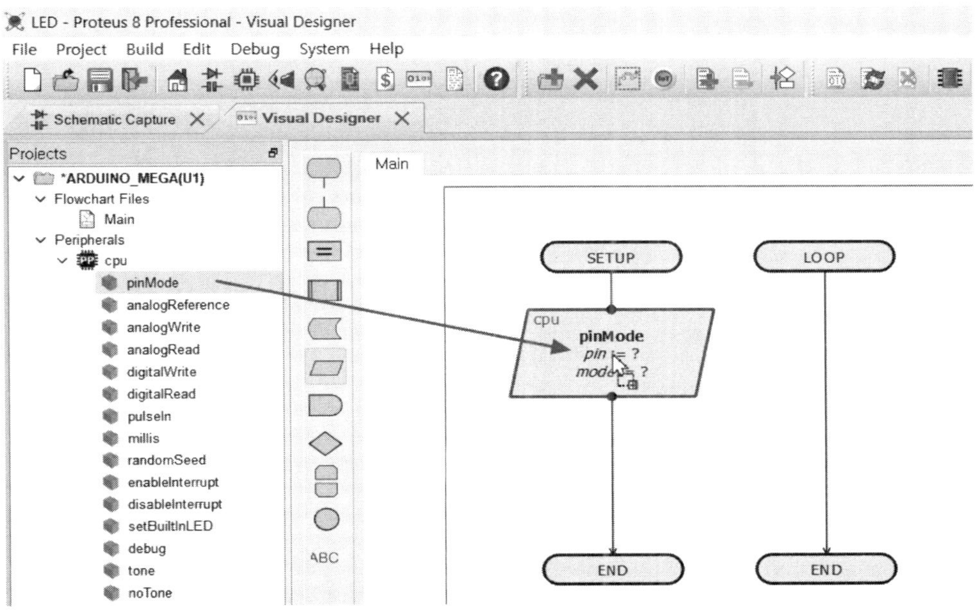

그림 3-37. Event Block위로 pinMode 드래그 이동

11. 이동 후 마우스 버튼을 놓으면 그림 3-38과 같이 pinMode I/O Block이 Flowchart Block에 연결된다.

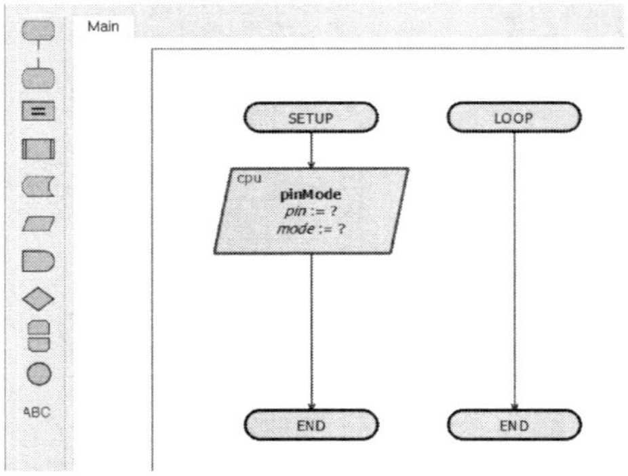

그림 3-38. Flowchart Block에 연결된 pinMode I/O Block

12. pinMode I/O Block을 더블 클릭하면 그림 3-39와 같이 Edit I/O Block 창이 열린다.

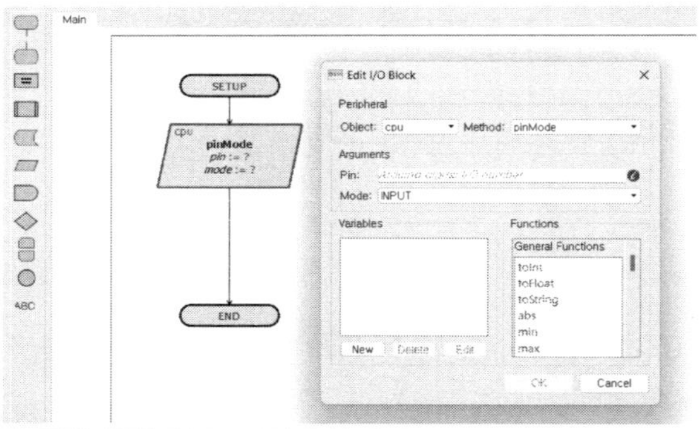

그림 3-39. Edit I/O Block 창

13. 그림 3-40과 같이 핀 번호와 Mode를 선택하고 [OK]버튼을 클릭한다.

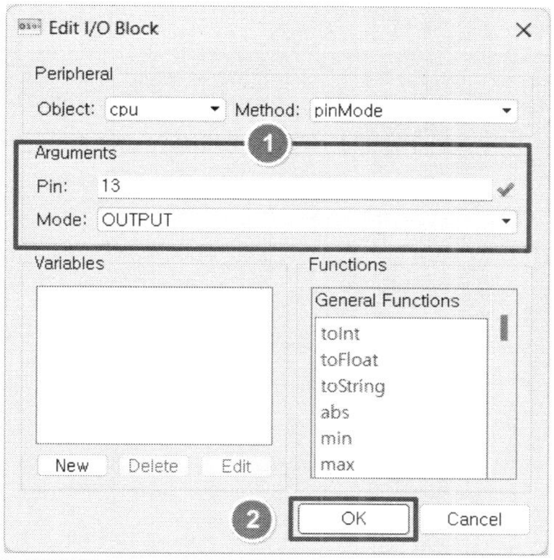

그림 3-40. Edit I/O Block 속성 설정

14. 그림 3-41과 같이 핀 번호와 모드 설정이 완료된다.

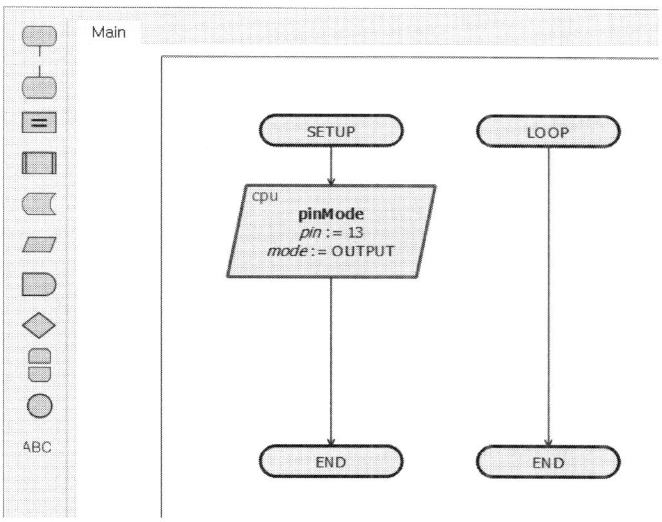

그림 3-41. 핀 번호와 모드 설정 완료

15. 그림 3-42와 같이 메뉴에서 Project - Add Peripheral 를 클릭한다.

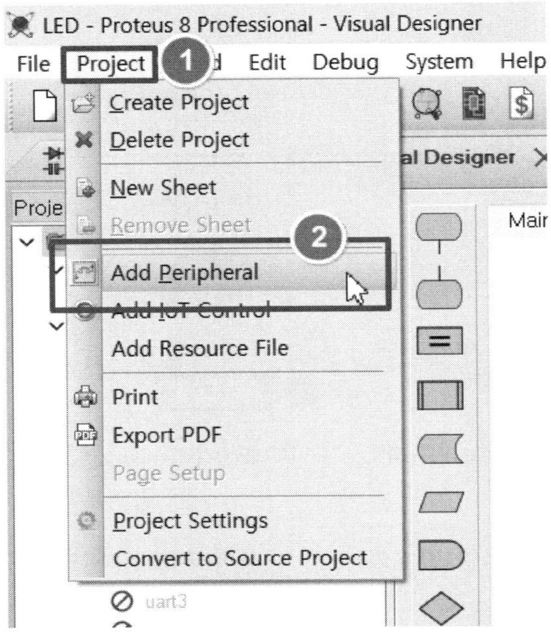

그림 3-42. Project - Add Peripheral 메뉴 선택

※ 그림 30-42와 같이 메뉴를 선택하는 방법 이외도 단축 아이콘을 선택하거나 Project 창에서 마우스를 사용하는 방법도 있으나 교재에서는 메뉴 사용법을 우선으로 설명한다.

16. Select Project Clip 창이 열리면 그림 3-43과 같이 선택하고 [Add]버튼을 클릭한다.

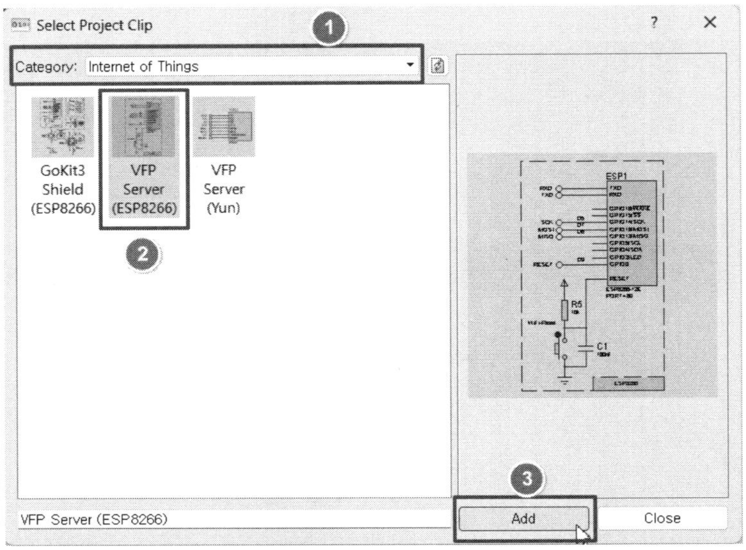

그림 3-43. VFP Server 선택

17. 그림 3-44와 같이 Project Tree에 ESP1: SERVER가 추가된다.

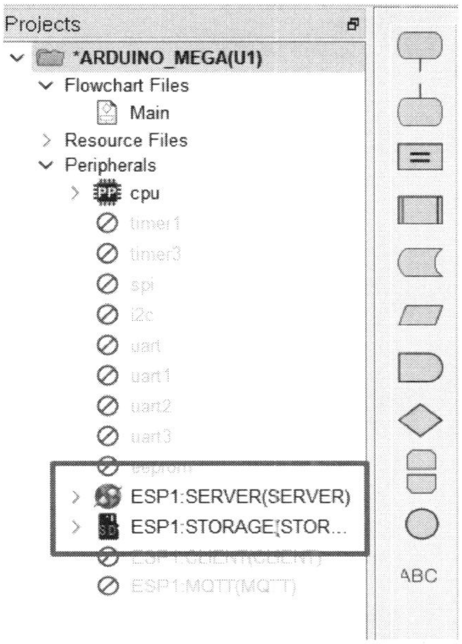

그림 3-44. ESP1:SERVER 추가

※ 그림 3-44에 표시된 ESP:STORAGE는 ESP1:SERVER가 추가되면 같이 추가되는 내용이다.

18. 그림 3-45와 같이 Schematic Capture 탭을 선택하면 회로에 추가된 ESP8266 모듈을 확인할 수 있다.

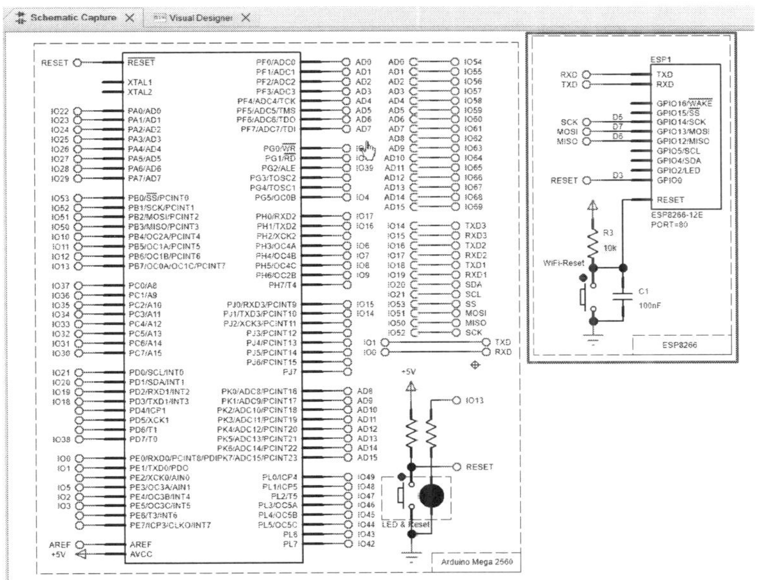

그림 3-45. 회로도에 추가된 ESP8266 모듈

19. Visual Designer 탭을 클릭하여 그림 3-46과 같이 waitForRequests를 클릭한다.

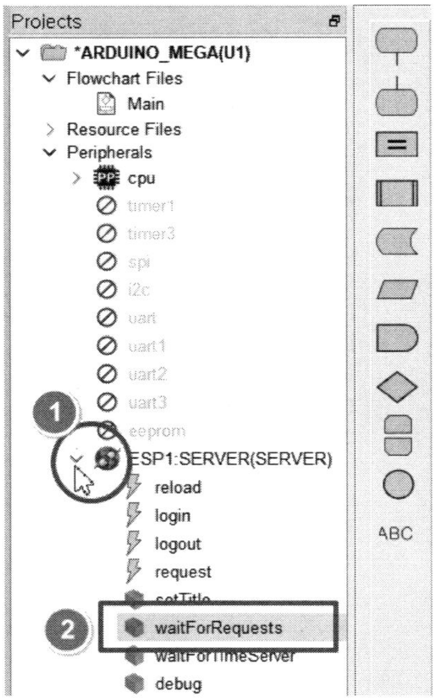

그림 3-46. waitForRequests 선택

20. waitForRequests를 클릭한 후 드래그 하여 그림 3-47과 같이 Flowchart Block 위로 이동한다.

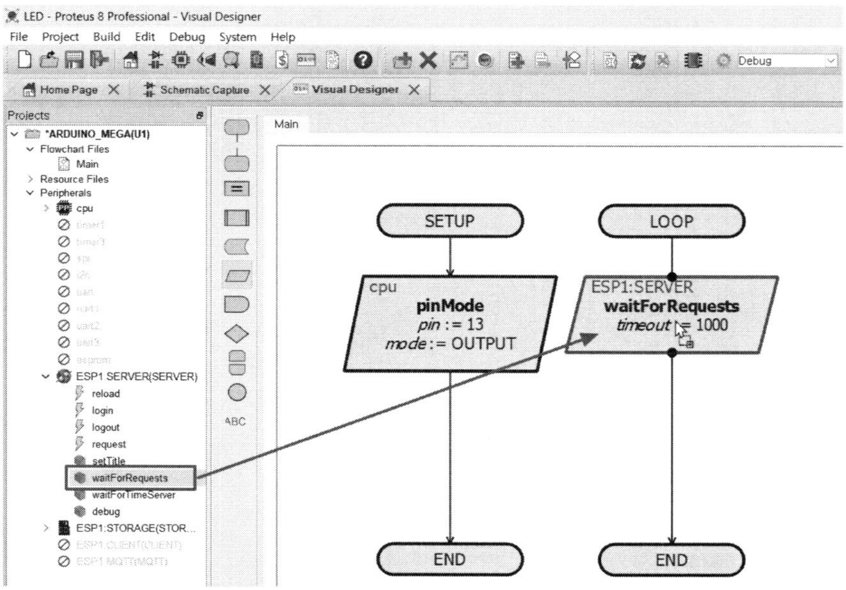

그림 3-47. Event Block위로 waitForRequests 드래그 이동

21. 이동 후 마우스 버튼을 놓으면 그림 3-48과 같이 waitForRequests I/O Block이 Flowchart Block에 연결된다.

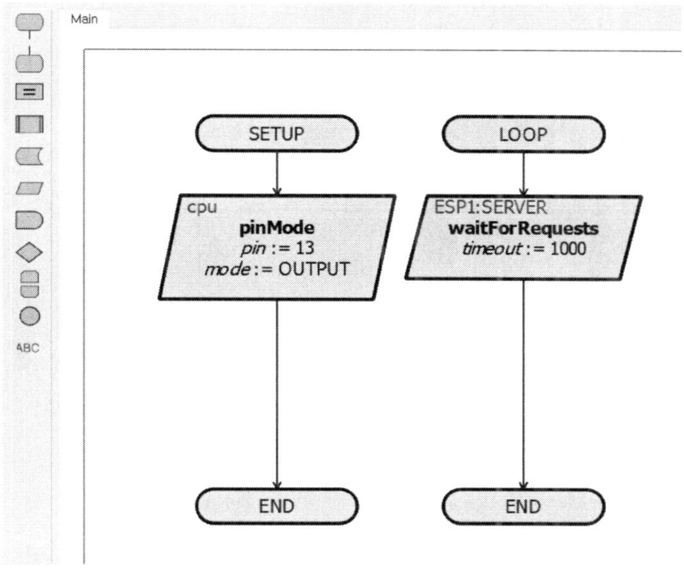

그림 3-48. Flowchart Block에 연결된 waitForRequests I/O Block

22. 그림 3-49와 같이 메뉴에서 Project - Add IoT Control 를 클릭한다.

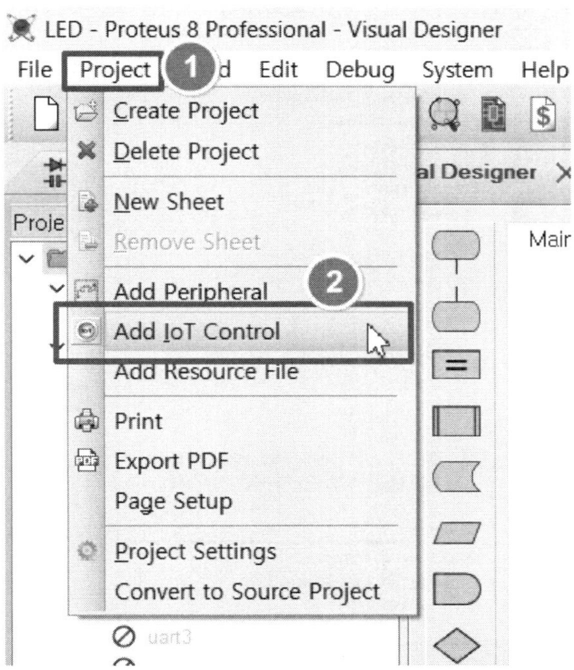

그림 3-49. Project - Add IoT Control 메뉴 선택

23. Select IoT Control 창이 열리면 그림 3-50과 같이 선택 한 후 [Add] 버튼을 클릭한다.

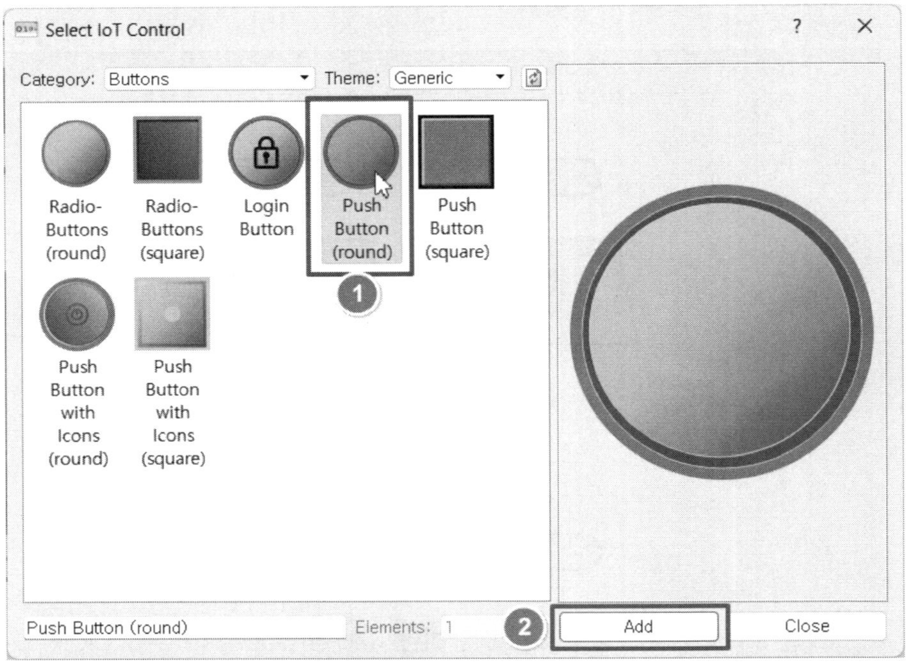

그림 3-50. Push Botton 선택

24. 그림 3-51과 같이 IoT Control Panel과 IoT Controls가 Project Tree에 추가된다.

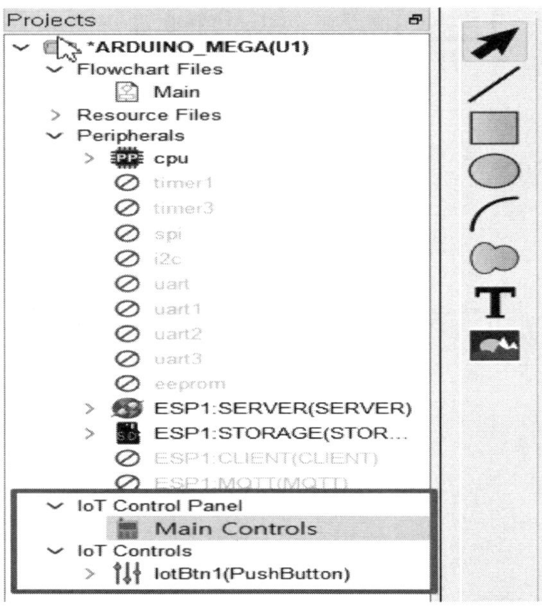

그림 3-51. IoT Project Tree에 추가된 Control Panel과 IoT Controls

25. 그림 3-50에 [Close] 버튼을 클릭하여 Select IoT Control 창을 닫는다.

26. 그림 3-52와 같이 Project Tree에 Main을 더블 클릭하여 Flowchart가 보이게 한다.

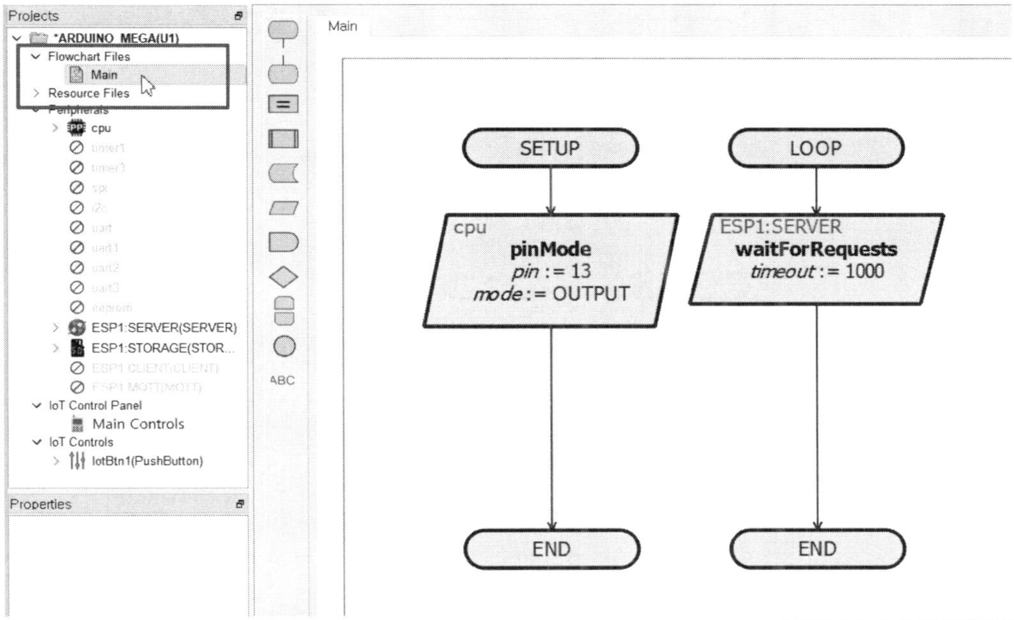

그림 3-52. Project Tree에 Main 더블 클릭

27. 그림 3-53과 같이 ❶IotBtn을 클릭 한 후 ❷드래그 하여 ❸버튼을 놓으면 Flowchart 가 배치된다.

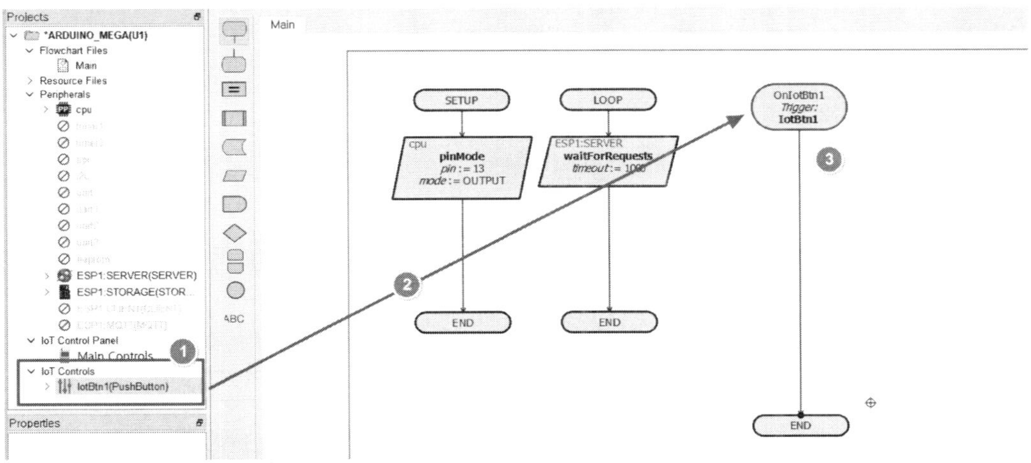

그림 3-53. IotBrn1 Flowchart Block

28. 그림 3-54와 같이 ❶pinMode I/O Block 위에서 마우스 버튼을 우클릭하여 ❷ Copy 메뉴를 클릭한다.

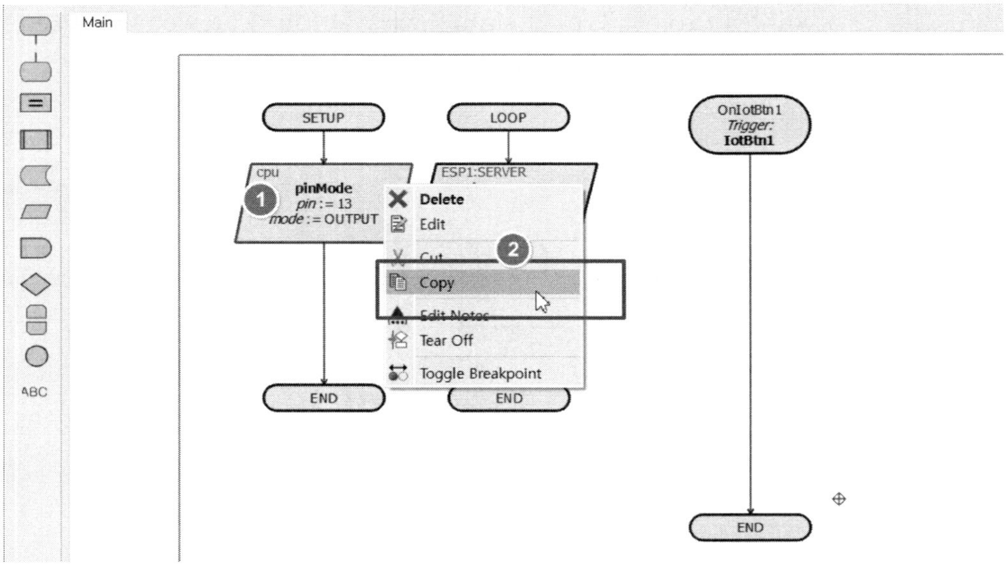

그림 3-54. pinMode I/O Block 위에서 마우스 버튼 우클릭

29. 마우스를 빈 공간으로 이동 한 후 버튼을 우클릭 하여 그림 3-55와 같이 Paste를 선택한다.

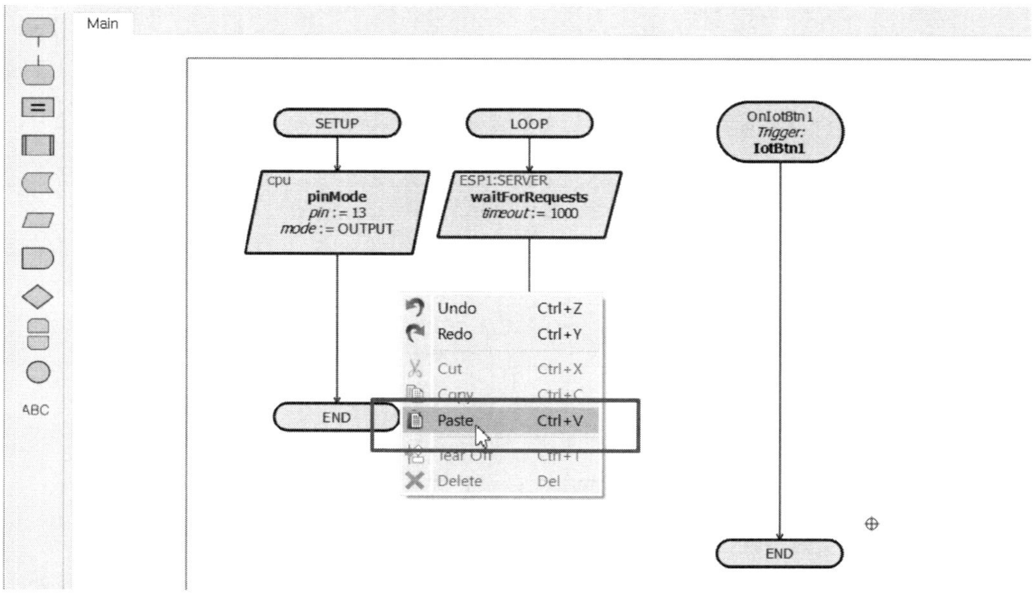

그림 3-55. 빈 공간에서 마우스 버튼 우클릭 후 Paste 선택

30. 그림 3-56과 같이 pinMode I/O Block 표시된다.

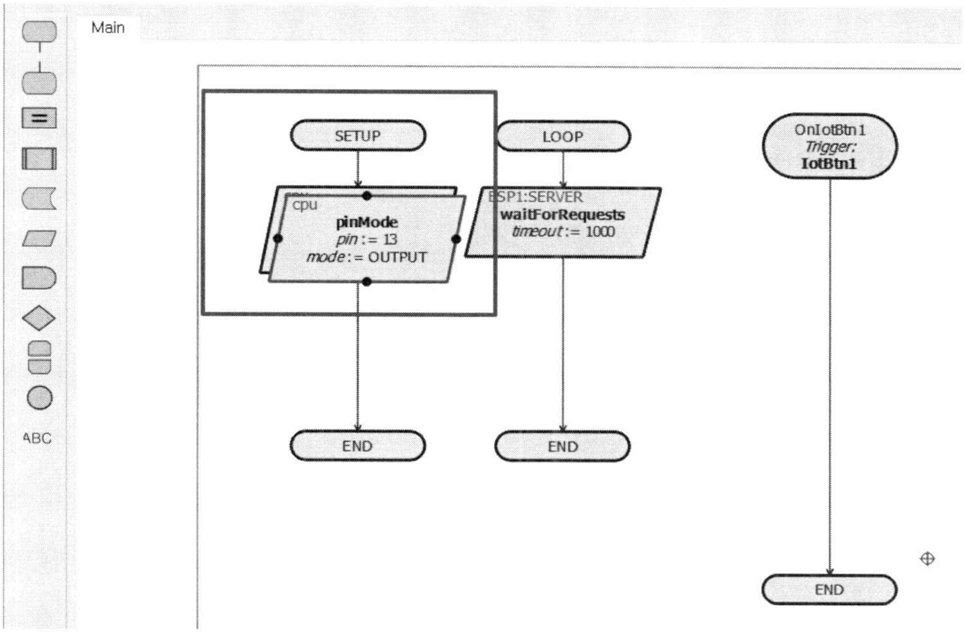

그림 3-56. Paste(붙여넣기) 한 pinMode I/O Block

31. pinMode I/O Block을 드래그 하여 그림 3-57과 같이 IotBtn1 Flowchart에 배치한다.

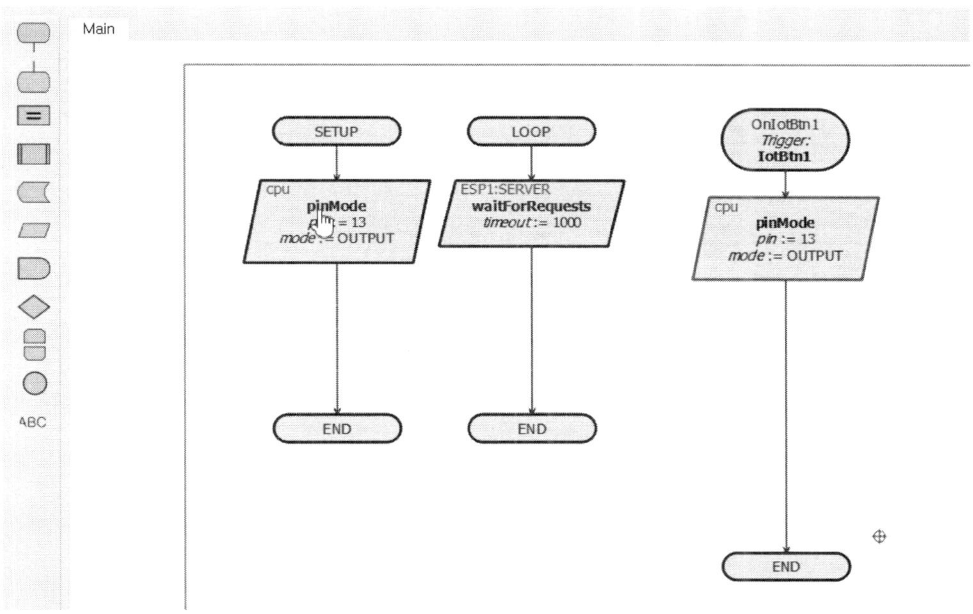

그림 3-57. IotBtn1 Flowchart Block에 배치된 pinMode I/O Block

32. pinMode I/O Block을 더블 클릭하면 그림 3-58과 같이 속성 창이 열린다.

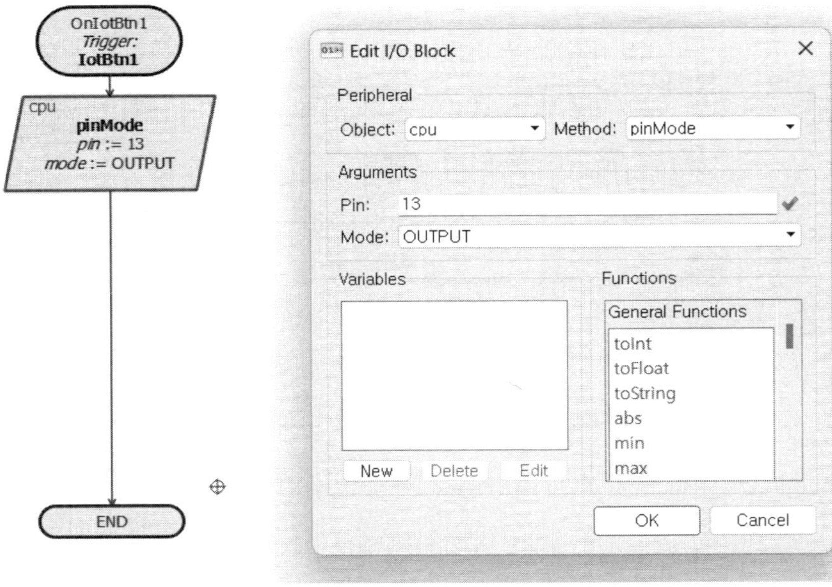

그림 3-58. pinMode I/O Block 속성 창

33. 그림 3-59와 같이 ❶New를 클릭하여 New Variable 창이 열리면 ❷Name란에 state 입력하고 ❸Type란에서 BOOLEAN을 선택하고 ❹[OK]를 클릭한다.

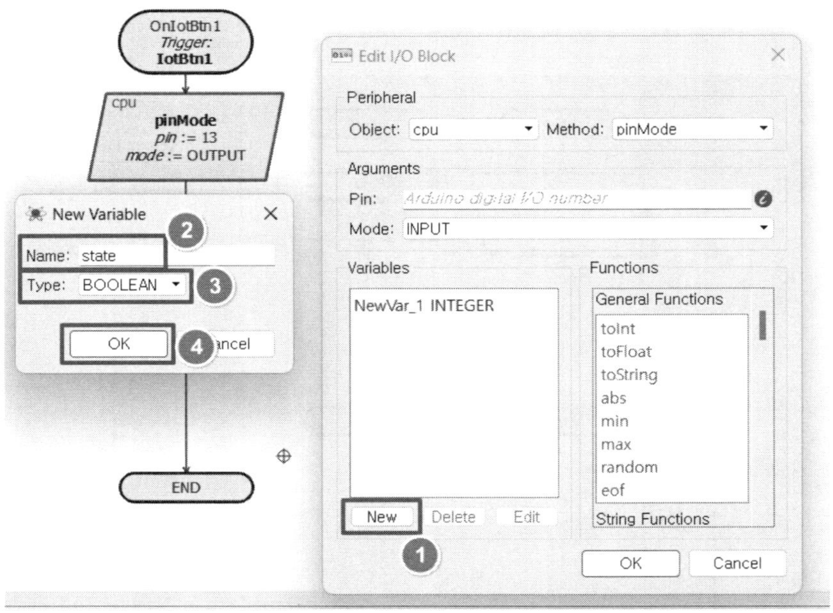

그림 3-59. BOOLEAN 변수 속성 설정

34. 그림 3-60과 같이 설정하고 [OK]를 클릭한다.

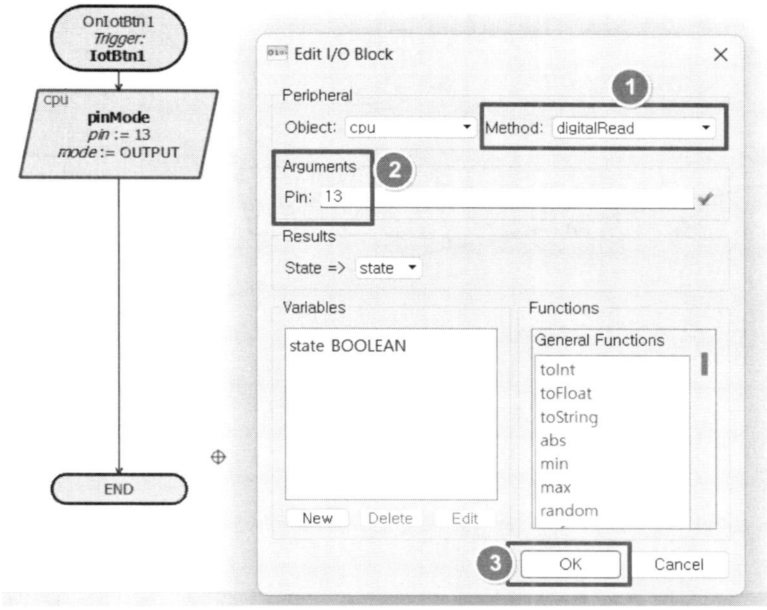

그림 3-60. pinMode I/O Block 속성 설정

35. 그림 3-61과 같이 Flowchart에 배치된 pinMode I/O Block 설정이 완료되었다.

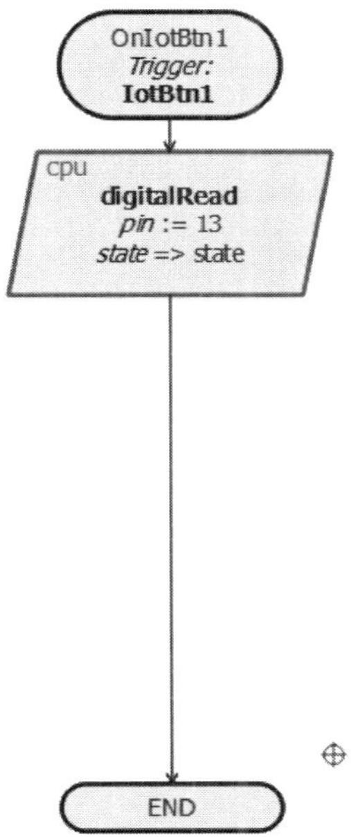

그림 3-61. pinMode I/O Block 설정 완료

36. 그림 3-62와 같이 Assignment Block을 배치한다.

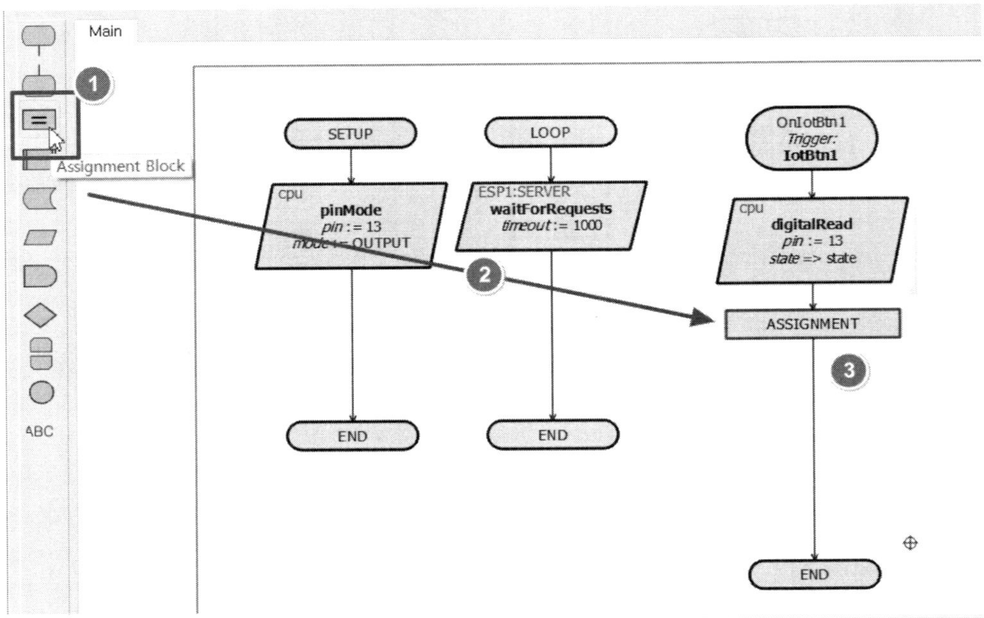

그림 3-62. ASSIGNMENT 배치

37. ASSIGNMENT를 더블 클릭하면 그림 3-63과 같이 Edit Assignment Block 창이 열린다.

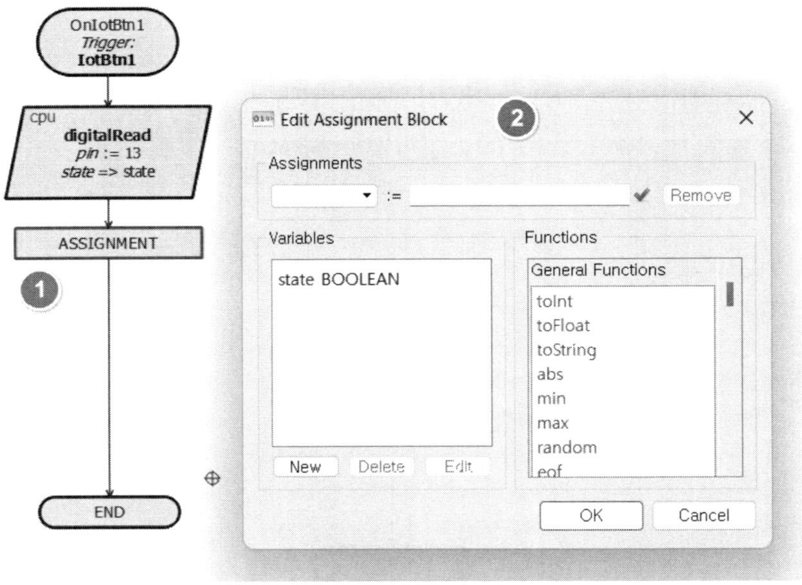

그림 3-63. Edit Assignment Block 창

38. 그림 3-64과 같이 ❶state를 선택하고 ❷ !state 를 입력한 후 ❸[OK]버튼을 클릭한다.

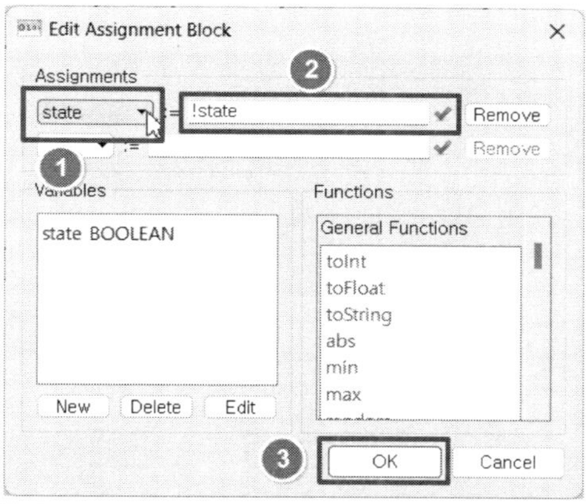

그림 3-64. 논리 연산자 동작 설정

※ 그림 3-64_1과 같이 표시된다면 소문자로 다시 입력하여야 한다. (키보드 대문자 상태에서 입력하면 소문자로 수정되어 입력은 되지만 선언되지 않음으로 표시된다.)

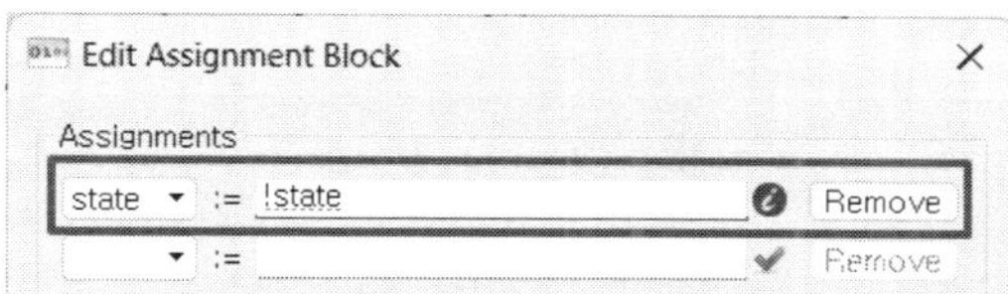

그림 3-64_1. 대문자 모드에서 입력하여 선언되지 않음

39. 그림 3-65와 같이 변수 동작 설정이 완료된다.

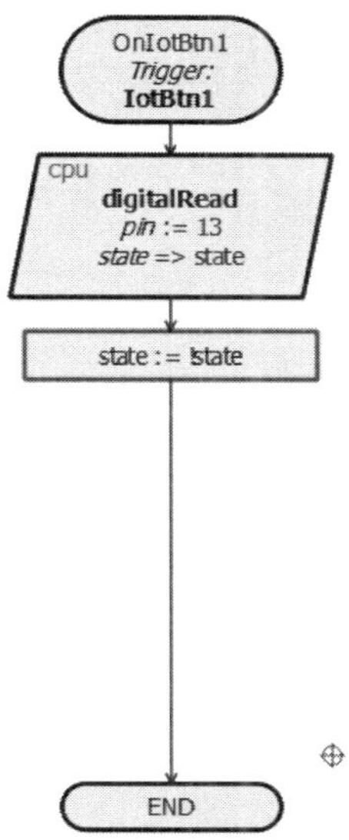

그림 3-65. state := !state 설정완료

40. digitalWrite를 클릭한 후 드래그 하여 그림 3-66과 같이 Flowchart Block위로 이동해서 배치한다.

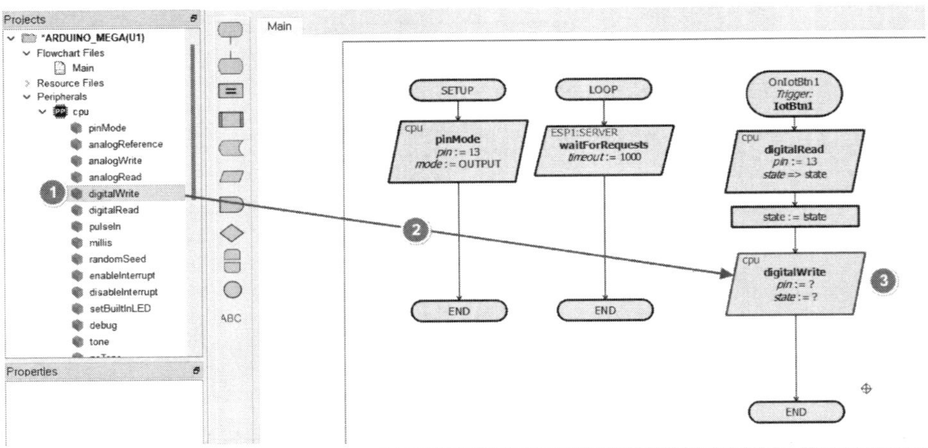

그림 3-66. Event Block위로 digitalWrite 드래그 후 배치

41. 그림 3-67에서 digitalWrite를 더블 클릭하여 Edit I/O Block 창이 열리면 그림 3-68과 같이 설정하고 [OK]를 클릭한다.

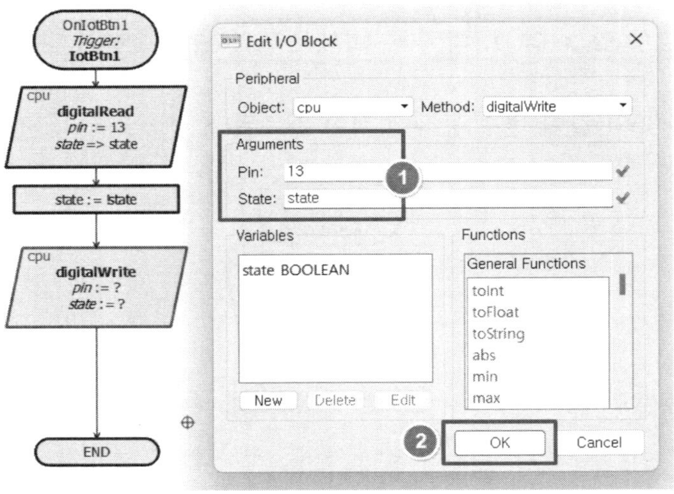

그림 3-67. Pin 13번 Argument 설정

42. 그림 3-68과 같이 Pin 13번에 대한 설정이 완료된다.

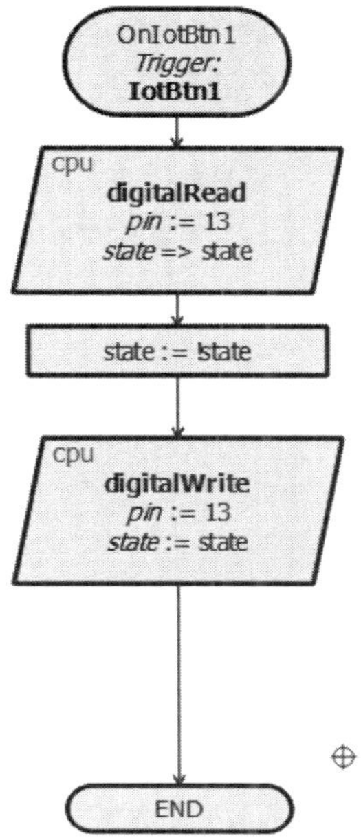

그림 3-68. Pin 13번 Argument 설정 완료

43. 그림 3-69와 같이 IoT Controls -> IotBtn1(PushButton)에 설정된 setLamp를 선택하여 Flowchart에 배치한다.

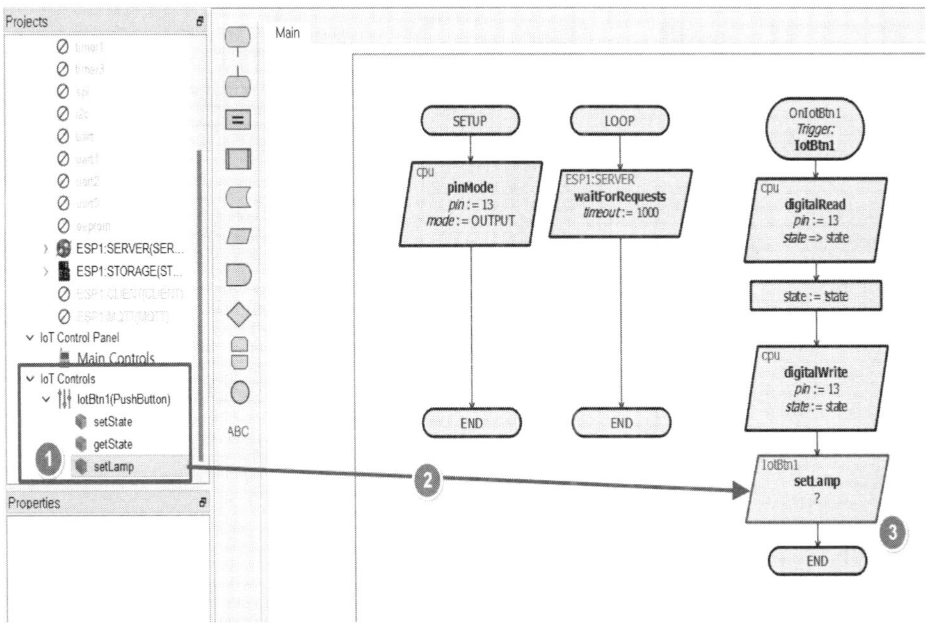

그림 3-69. IotBtn1 Flowchart위로 setLamp 드래그 후 배치

44. 그림 3-70과 같이 Argument를 설정하고 [OK]를 클릭 한다.

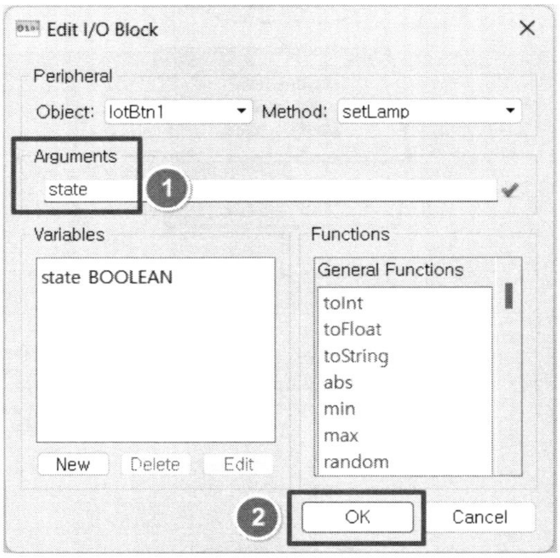

그림 3-70. Argument 설정

45. 그림 3-71과 같이 모든 설정이 완료된다.

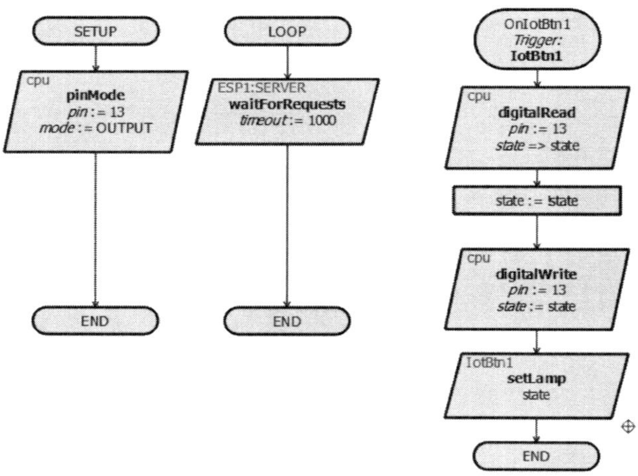

그림 3-71. Flowchart 구성 완료

46. 그림 3-72와 같이 IoT Control Panel - Main Controls를 더블 클릭하면 VFP(Virtual Front Panel)이 표시된다.

그림 3-72. VFP(Virtual Front Panel)

47. Main Controls 위에서 우클릭하여 그림 3-73과 같이 Panel Settings를 선택한다.

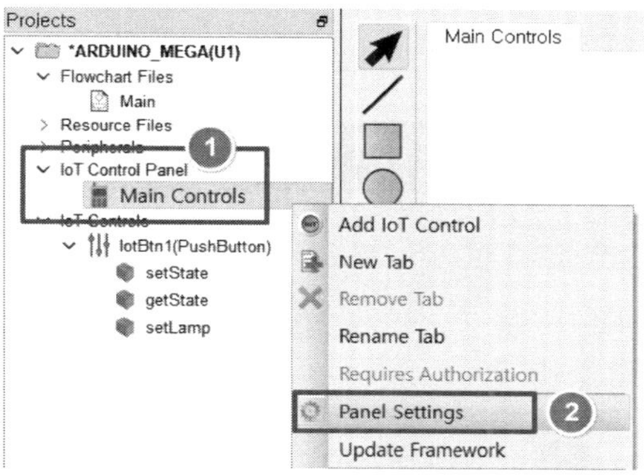

그림 3-73. Panel Settings

48. Panel Settings 창이 열리면 그림 3-74와 같이 Page Title을 설정하고 [OK]를 클릭한다.

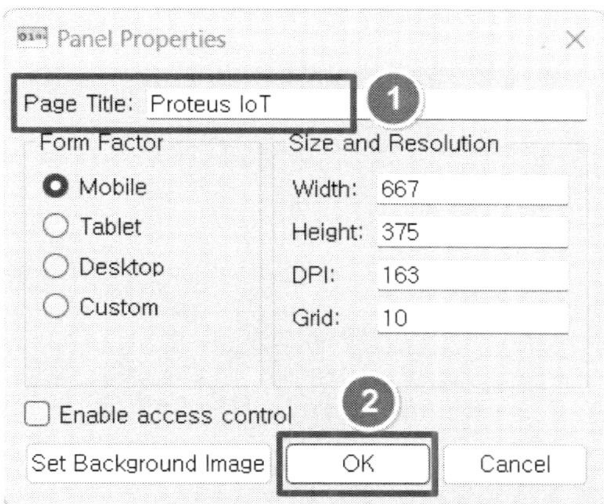

그림 3-74. Page Title 입력

49. 그림 3-75와 같이 Virtual Front Panel에 텍스트가 표시된다.

그림 3-75. Virtual Front Panel

50. 순서 48)에서 입력한 Page Title과 그림 3-75에 표시된 텍스트가 다른 이유는 Page Title은 모바일 기기와 연결할 때 표시되는 내용이기 때문에 이다. 모바일 기기와 연결을 하면 표시되는 Page Title은 그림 3-76과 같다.

그림 3-76. 모바일 기기에 표시되는 Page Title

51. 그림 3-77과 같이 IoT Controls → IotBtn1(PushButton)을 ❶클릭한 후 ❷ 드래그 하여 ❸VFP 위에서 마우스 버튼을 놓는다.

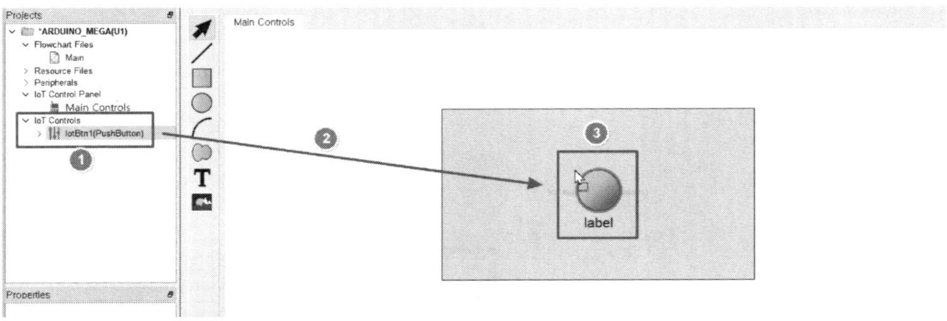

그림 3-77. VFP에 IotBtn1(PushButton) 배치

52. 그림 3-78과 같이 스크롤을 내려 lableText가 보이게 한다.

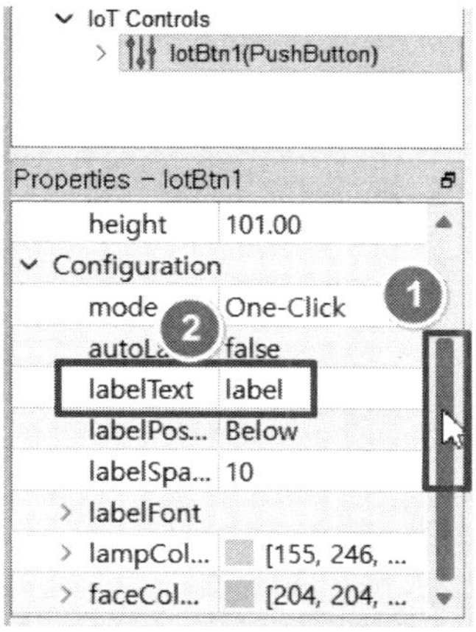

그림 3-78. labelText 표시

53. labelText를 “LED 스위치” 로 입력하면그림 3-79와 같이 VFP에 입력한 레이블이 표시된다.

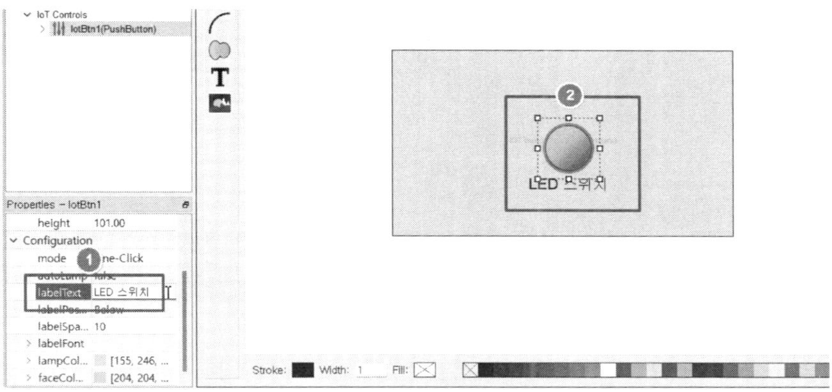

그림 3-79. VFP에 표시된 버튼 레이블

54. 그림 3-80과 같이 ❶Text Placement Mode를 선택한 후 마우스를 이동시켜 ❷ VFP Panel을 클릭한다.

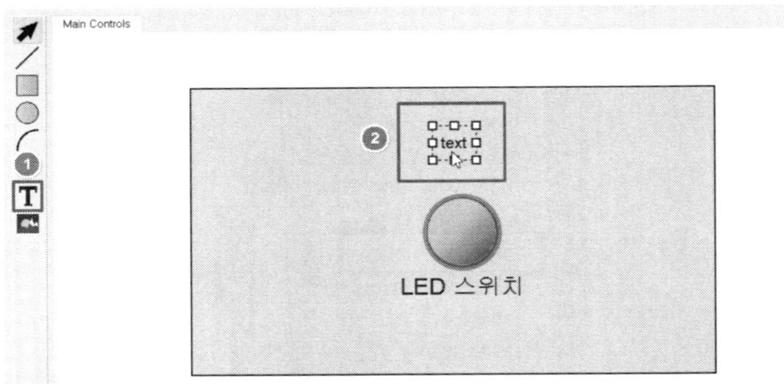

그림 3-80. Text Placement Mode 선택

55. 그림 3-81과 같이 content에 "Smart Home"을 입력한다.

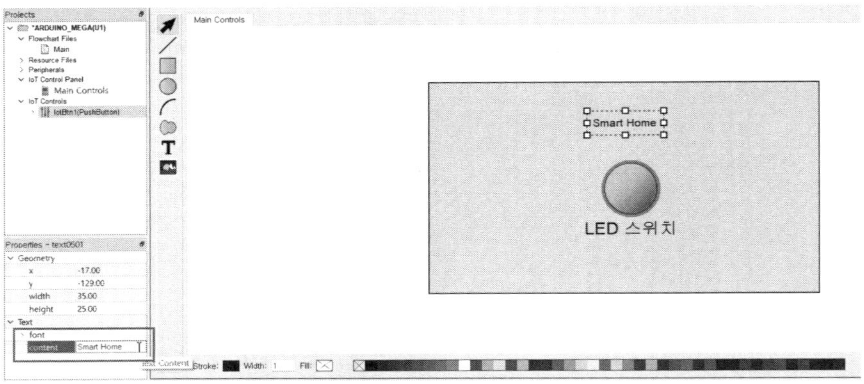

그림 3-81. Content에 Smart Home 입력

56. 그림 3-82와 같이 크기 조절 핸들을 클릭하고 드래하여 Content 크기를 조절한다.

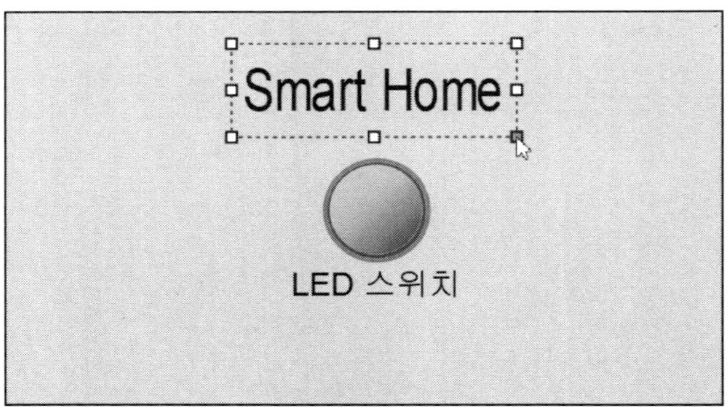

그림 3-82. Content 크기 조절

57. 시뮬레이션을 실행하면 잠시 후 그림 3-83과 같이 VFP 화면이 표시된다.

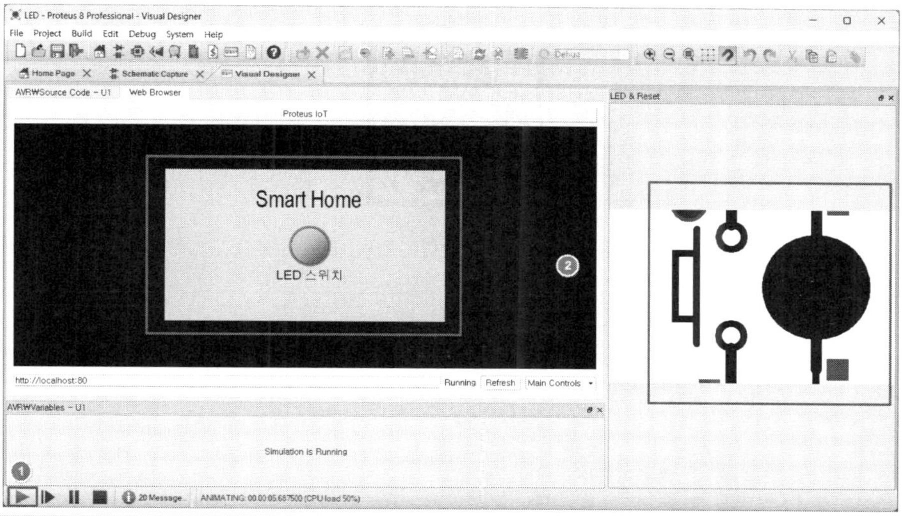

그림 3-83. 시뮬레이션 실행

58. LED 스위치를 클릭하면 그림 3-84와 같이 LED가 ON 된다.

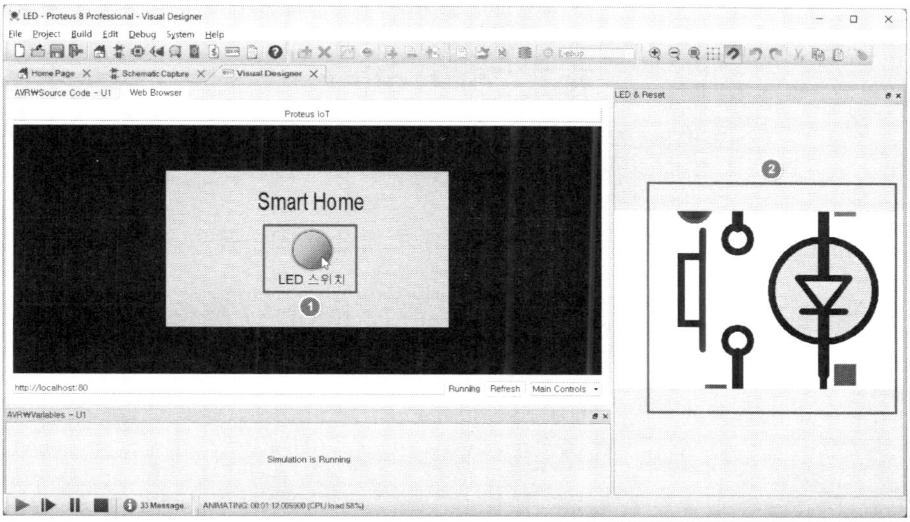

그림 3-84. LED 스위치 클릭

59. 따라하기 순서1) ~58)과정을 QR 코드로 표시하였다.

따라하기_LED

따라하기

60. 시뮬레이션을 중지하고 휴대폰에서 제어하기 위해 Proteus IoT Controller App 을 설치한다.

61. App이 설치되면 그림 3-85와 같이 휴대폰에 아이콘이 생성된다.

그림 3-85. Proteus IoT Controller App 설치완료

62. 그림 3-86과 같이 브레드 보드에 제작한 회로와 케이블을 연결한다.

그림 3-86. 브레드 보드 회로에 케이블 연결

63. 그림 3-87과 같이 Upload 버튼을 클릭한다.

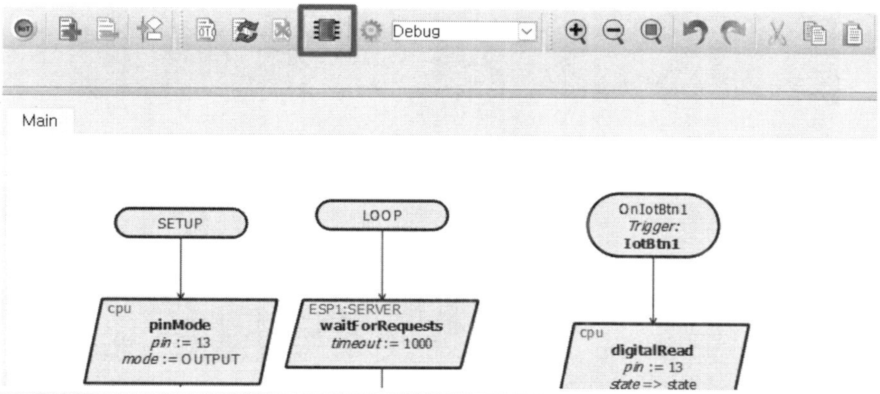

그림 3-87. Upload 클릭

64. 시뮬레이션을 실행하고 IoT Controller App을 실행한다.

65. IoT Controller App 화면에서 그림 3-88과 같이 삼선으로 표시된 메뉴 버튼을 클릭한다.

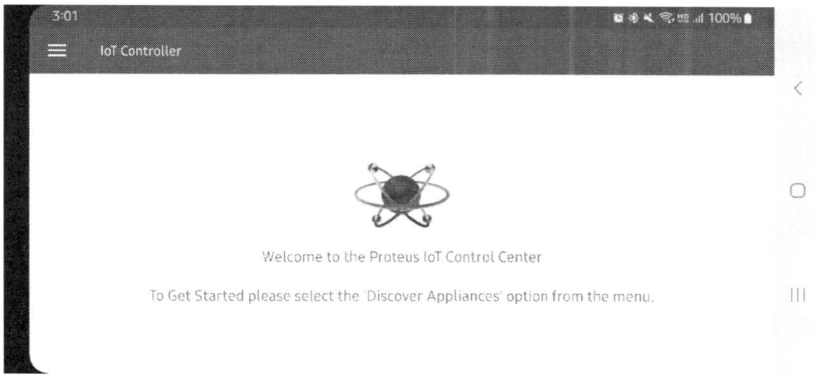

그림 3-88. IoT Controller App

66. 그림 3-89와 같이 Discover를 선택한다.

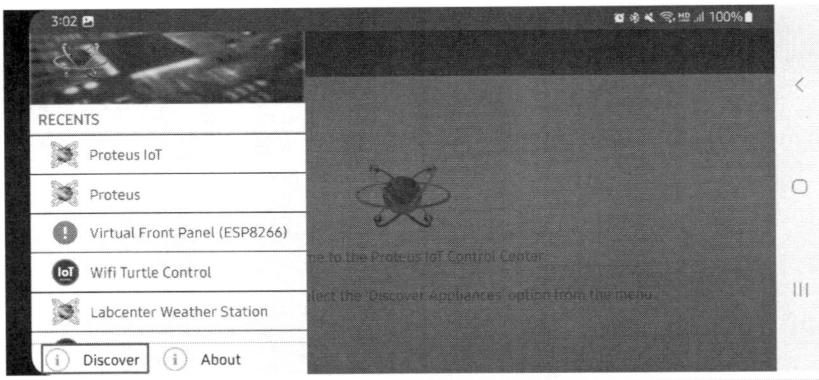

그림 3-89. Discover 선택

67. Discover를 클릭하면 그림 3-90과 같이 Page Title이 표시된다.

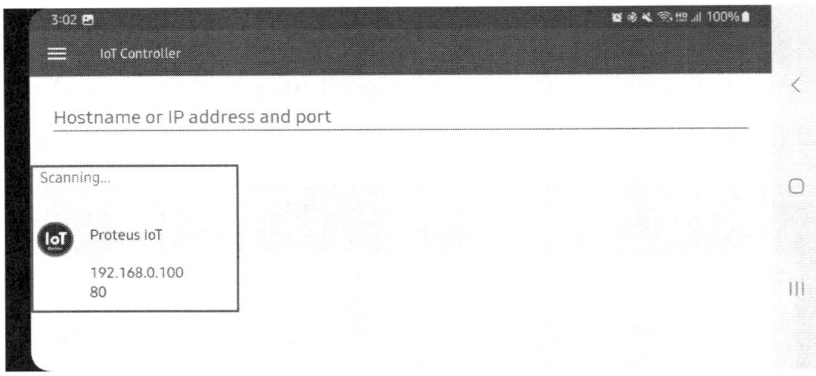

그림 3-90. Page Title

68. 그림 3-90에 표시된 Proteus IoT를 선택하면 화면이 그림 3-91과 같이 표시된다.

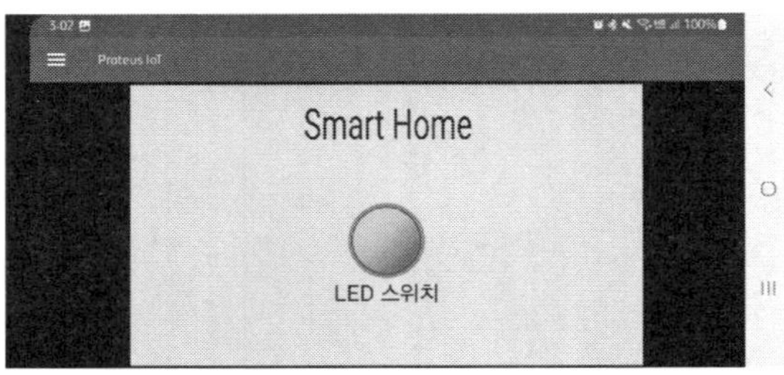

그림 3-91. App에 표시된 VFP

69. 그림 3-92와 같이 시뮬레이션 화면에는 연결이 끊겼다는 메시지가 표시된다.

그림 3-92. App에 연결된 후 시뮬레이션 화면 연결 끊김 메시지 표시

70. 시뮬레이션 회로와 App 연동을 QR 코드로 표시하였다.

시뮬레이션 연동

시뮬레이션 회로와 App 연동

71. 시뮬레이션을 중지하고 App에서 삼선 메뉴를 클릭하여 Discover를 선택하여 브레드 보드에 제작한 회로와 App과 연동하여 시뮬레이션 결과와 동일하게 작동하는지 확인한다. 브레드 보드 회로와 App 연동을 QR 코드로 표시하였다.

회로 연동

브레드 보드 제작 회로와 App 연동

5 로그인 패스워드 설정하기

다수 인원이 Proteus IoT Controller App을 실행할 경우 타인이 본인이 제작한 회로에 접속 할 수 있기 때문에 보안을 위해 로그인 패스워드 기능을 추가한다.

1. 그림 3-93과 같이 Project Tree에서 ❶IoT Control Panel에 Main Control을 선택하고 VFP에 배치된 ❷텍스트와 스위치 위치를 이동시킨다.

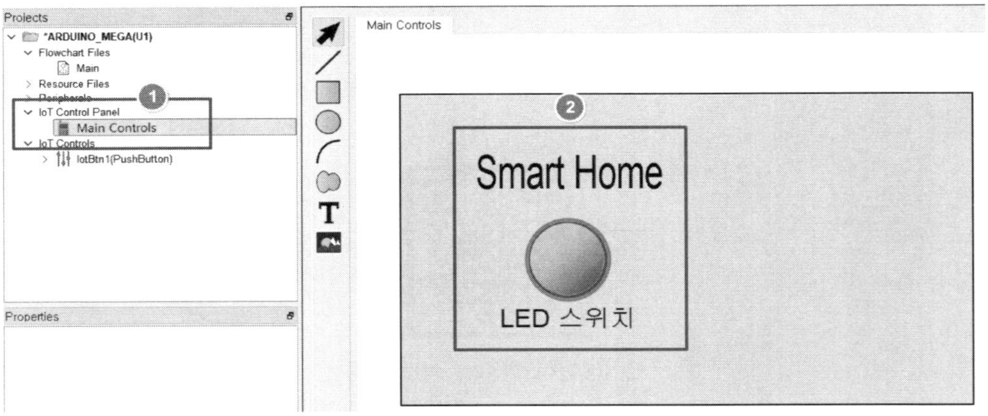

그림 3-93. VFP에 텍스트와 스위치 위치 변경

2. 그림 3-94와 같이 메뉴에서 Project - Add IoT Control을 클릭한다.

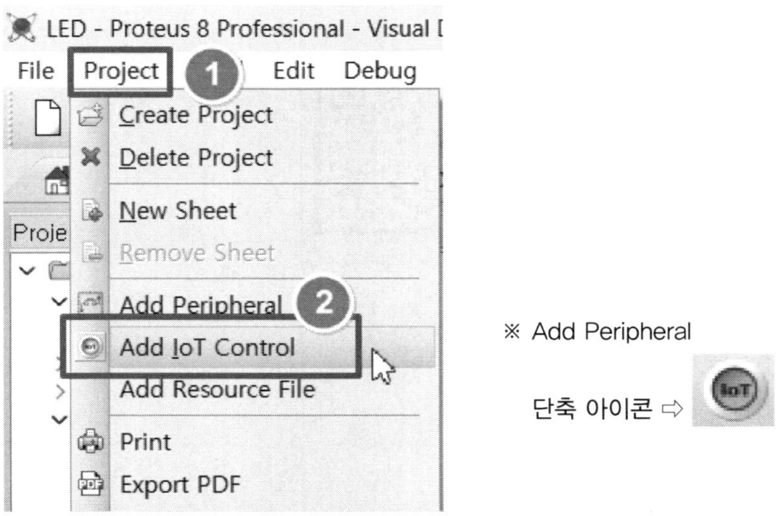

그림 3-94. Project - Add IoT Control 메뉴 선택

3. 그림 3-95와 같이 Login Button을 선택한 후 [Add]를 클릭한다.

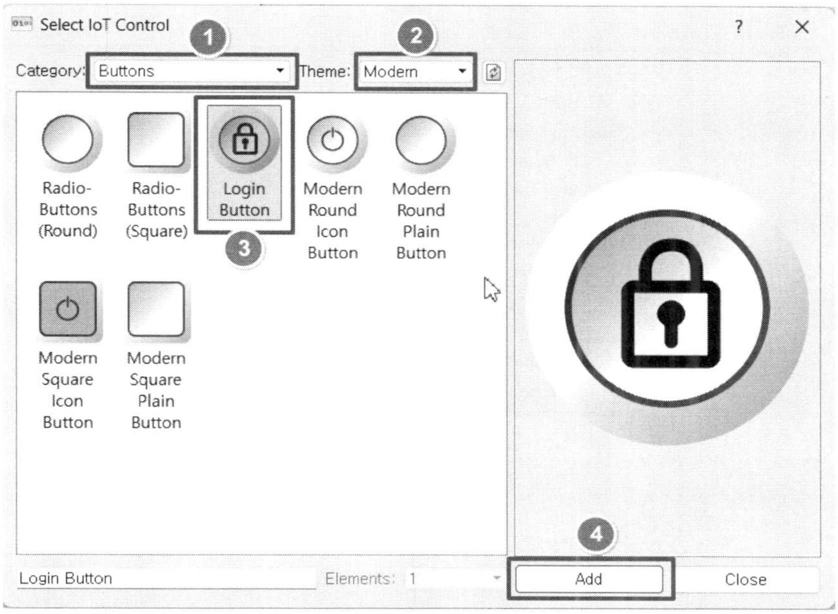

그림 3-95. Modern Login Button 추가

4. 그림 3-96과 같이 Retro Login Button을 선택하고 [Add]를 클릭한 후 [Close]를 클릭한다.

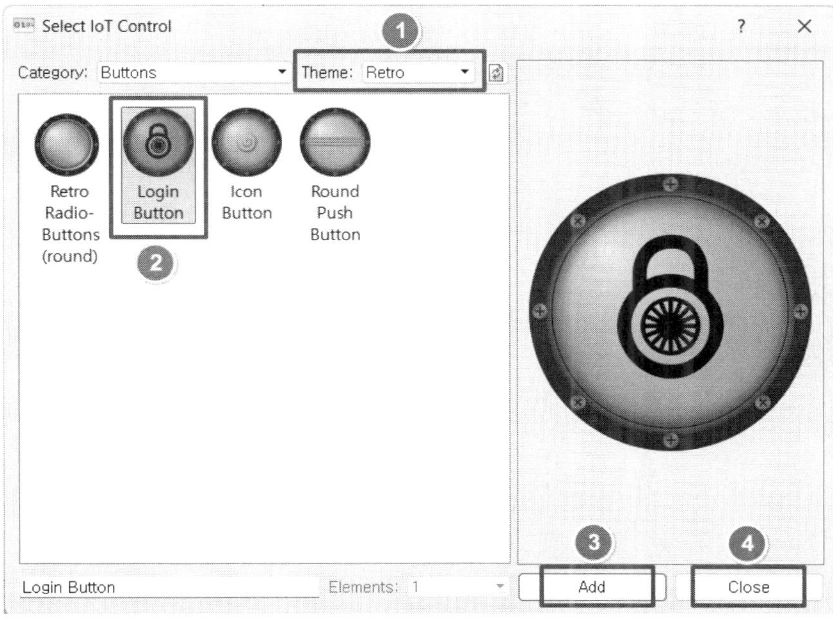

그림 3-96. Retro Login Button 추가

5. 그림 3-97과 같이 IoT Controls 트리에 Iotlogin 버튼 2개가 추가된 것을 확인할 수 있다.

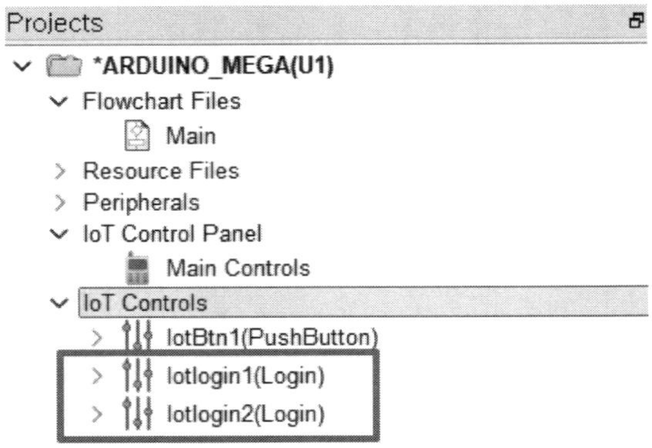

그림 3-97. Login 버튼 추가

6. 그림 3-98과 같이 Iotlogin1(Login)을 VFP에 배치한다.

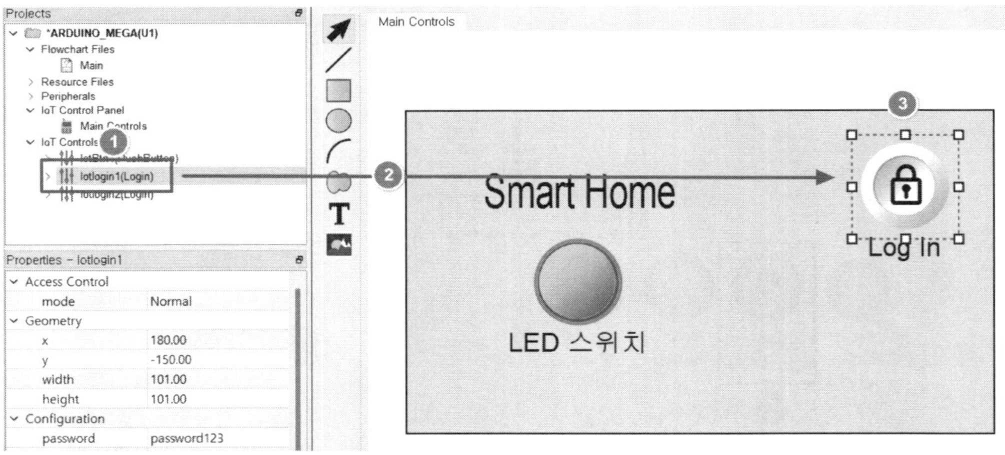

그림 3-98. VFP 에 Iotlogin1(Login) 배치

7. 그림 3-99와 같이 Project Tree에서 ❶ Main Controls 위에서 마우스 버튼을 우클릭하여 ❷ NewTab을 선택한다.

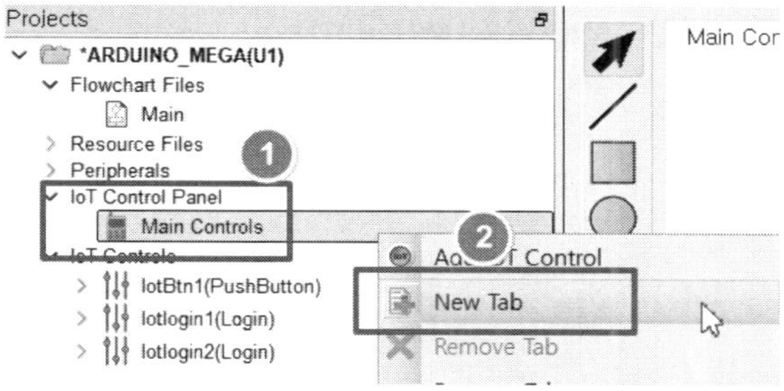

그림 3-99. Main Controls를 우클릭하여 New Tab 선택

8. 그림 3-100과 같이 New Tab이 추가된다.

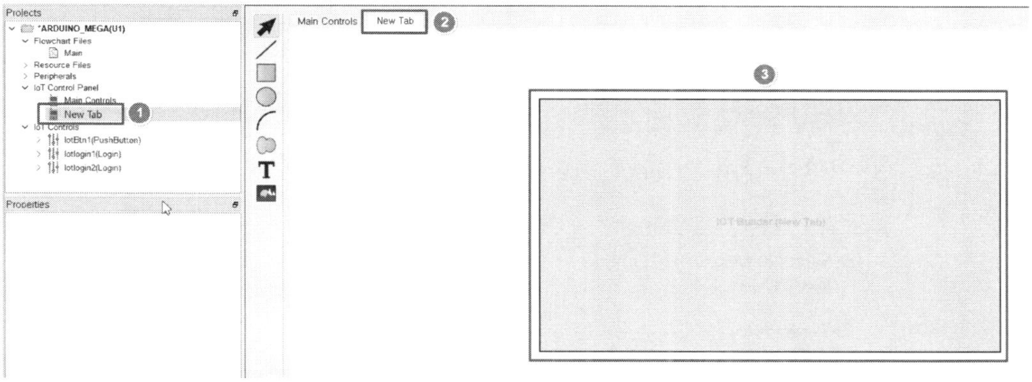

그림 3-100. 추가된 New Tab

9. Project Tree에 New Tab을 우클릭하여 그림 3-101과 같이 Rename Tab 클릭한다.

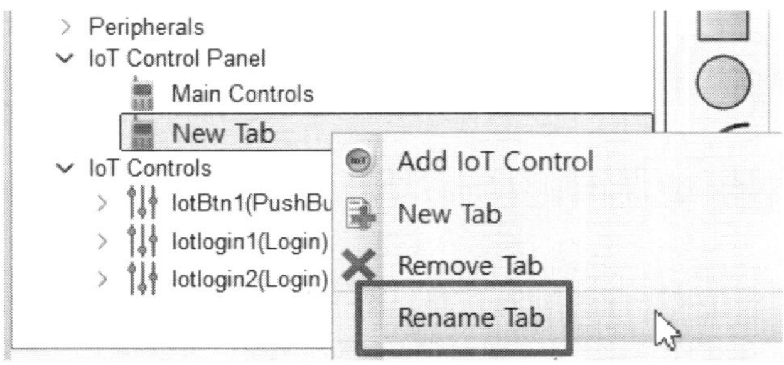

그림 3-101. Rename Tab 선택

10. 그림 3-102와 같이 이름을 Admin으로 입력한다.

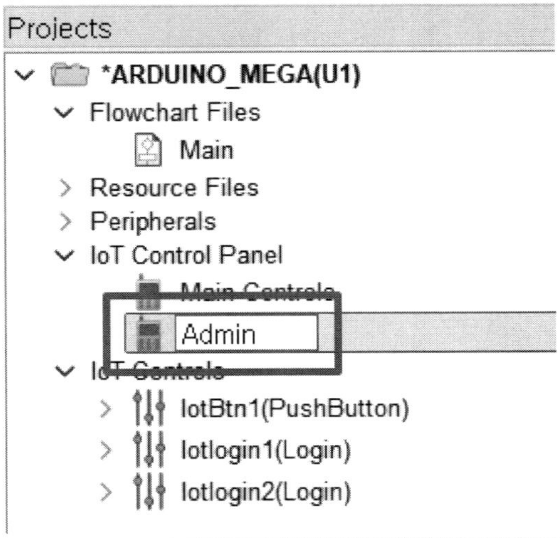

그림 3-102. Admin으로 이름변경

11. 그림 3-103과 같이 Project Tree와 Tab에 변경된 이름이 적용된다.

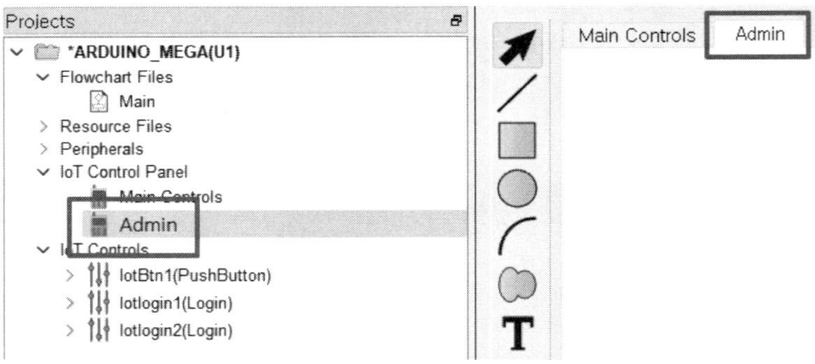

그림 3-103. 변경된 이름이 적용된 Project Tree와 Tab

12. 그림 3-104와 같이 Admin Tab에 Iotlogin2(Login) 버튼을 배치한다.

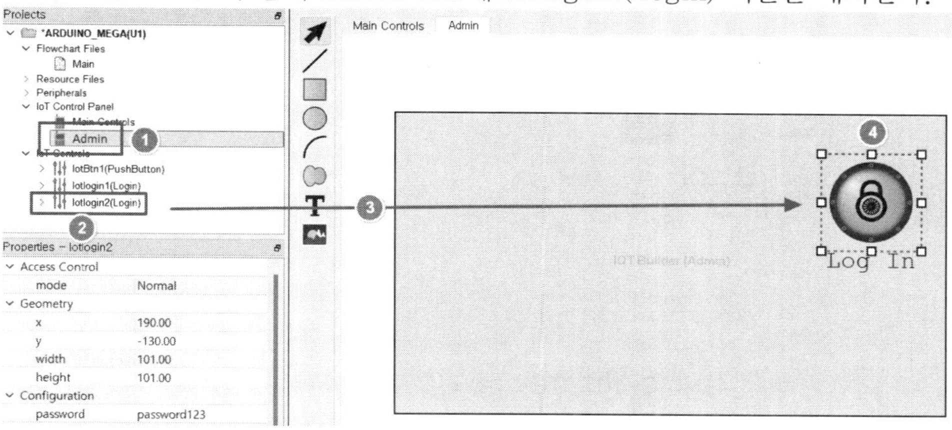

그림 3-104. Admin Tab에 Iotlogin2(Login) 버튼 배치

13. 메뉴에서 Project - Add IoT Control 메뉴를 선택하여 그림 3-105와 같이 Text Controls를 선택한다.

그림 3-105. Text Controls 선택

14. 그림 3-106과 같이 Alert Box를 선택하고 Add를 클릭한다.

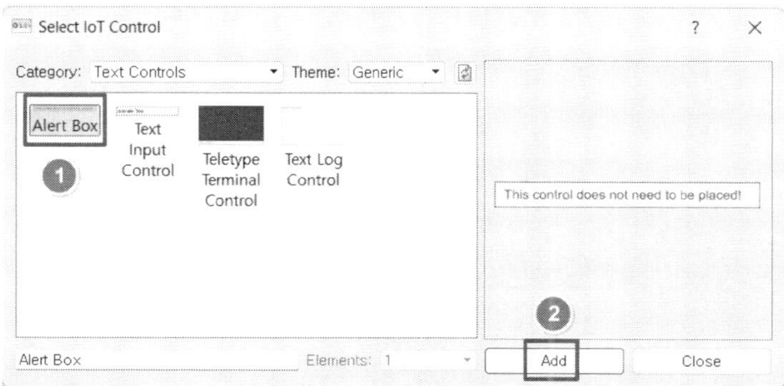

그림 3-106. Alert Box

15. 그림 3-107과 같이 Text Input Control를 선택하고 Add를 클릭한다.

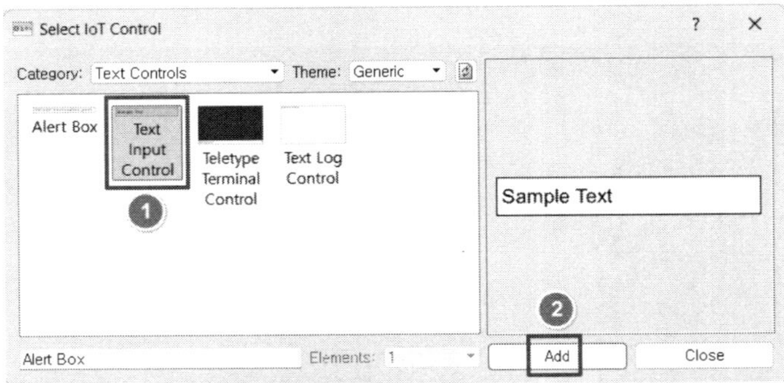

그림 3-107. Text Input Control 추가

16. 그림 3-108과 같이 Text Log Control를 선택하고 Add를 클릭한 후 Close 버튼을 클릭하여 Select IoT Control 창을 닫는다.

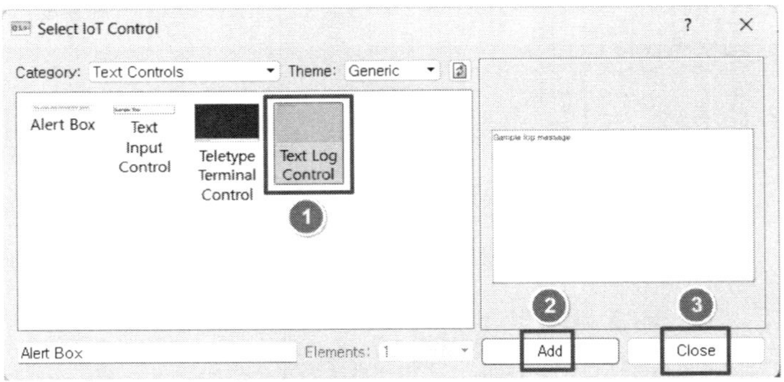

그림 3-108. Text Log Control 추가

17. 그림 3-109와 같이 Project Tree에 IoT Controls에 추가된 내용을 확인할 수 있다.

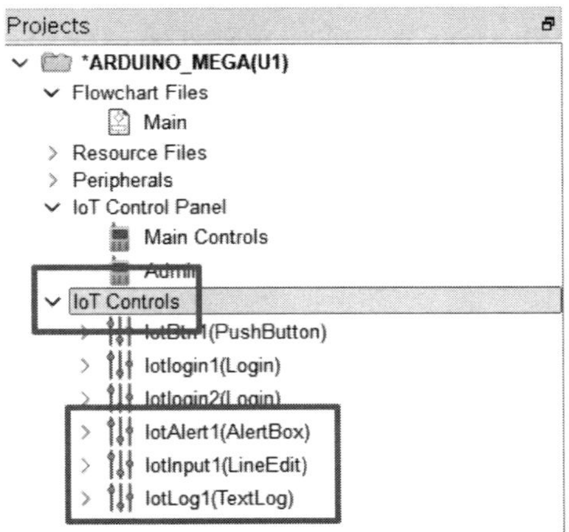

그림 3-109. 추가된 Text Controls

18. 그림 3-110과 같이 이름을 변경한다. 이름을 변경하는 이유는 Flowchart 작성 시 편리함을 추구하고자 하는 것이며 이름을 반드시 변경하여야 하는 것은 아니다.

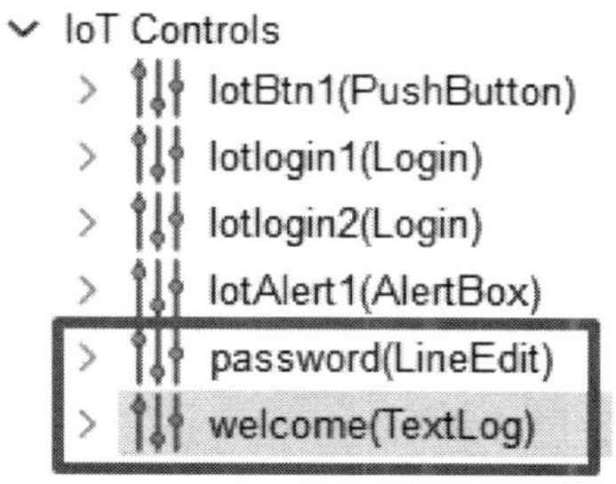

그림 3-110.

19. Main Controls 위에서 우클릭하여 그림 3-111과 같이 Panel Settings를 선택한다.

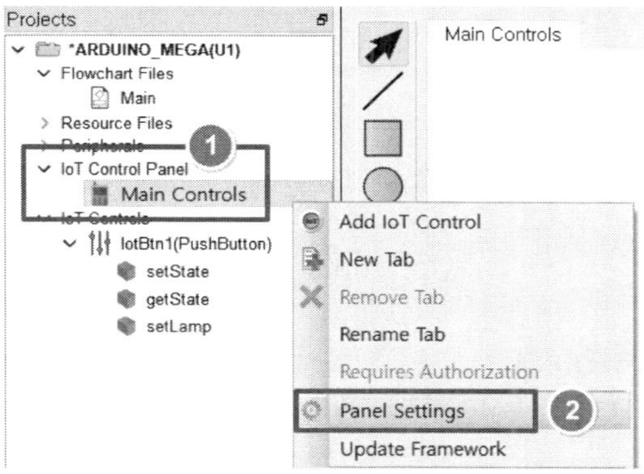

그림 3-111. Panel Settings

20. 그림 3-112와 같이 Enable access control을 활성화 하고 [OK]를 클릭한다.

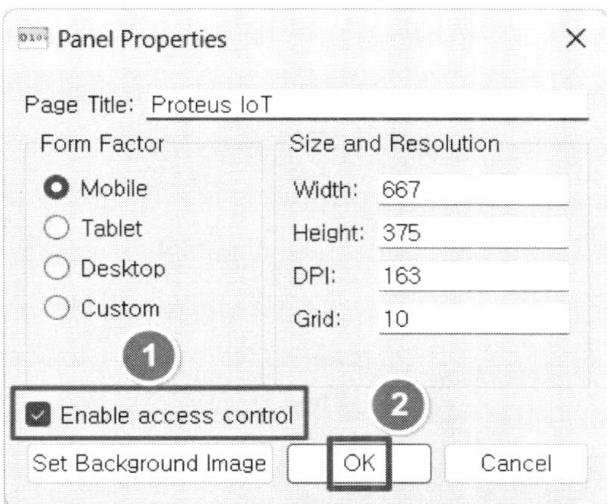

그림 3-112. Enable access control 활성화

21. 그림 3-113과 같이 Main Controls에 Welcome(TextLog)를 배치한다.

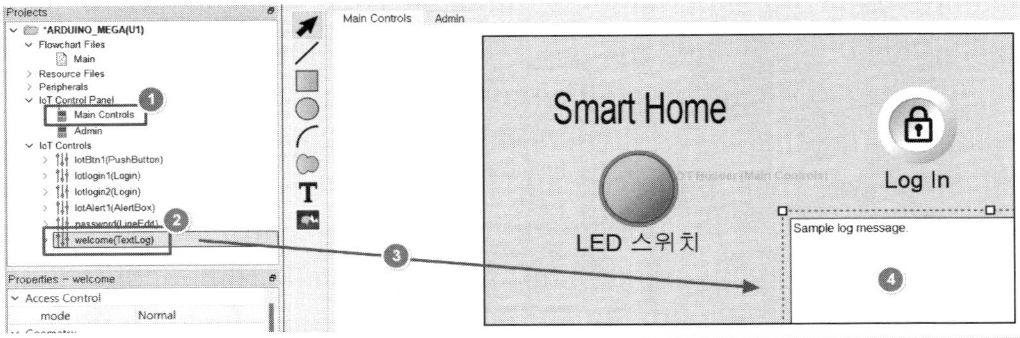

그림 3-113. Main Controls에 Welcome(TextLog) 배치

22. 그림 3-114와 같이 ❶ Access Control과 ❷ Gemetry 속성을 설정한다.

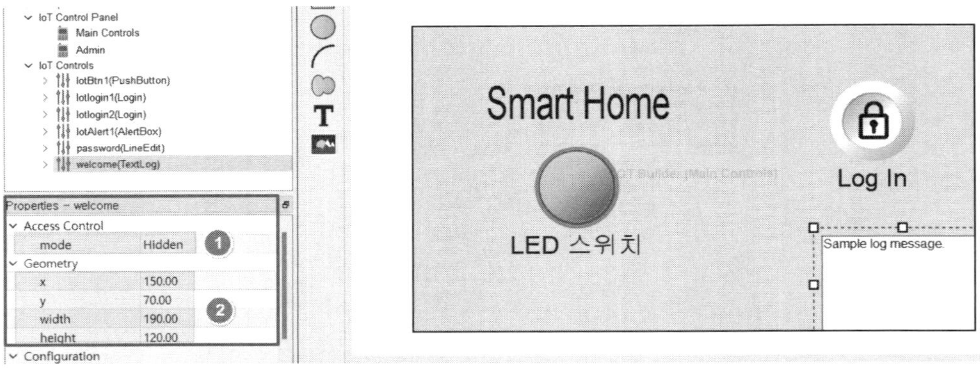

그림 3-114. Access Control과 Gemetry 속성 설정

23. 그림 3-115와 같이 Flowchart에 info를 배치한다.

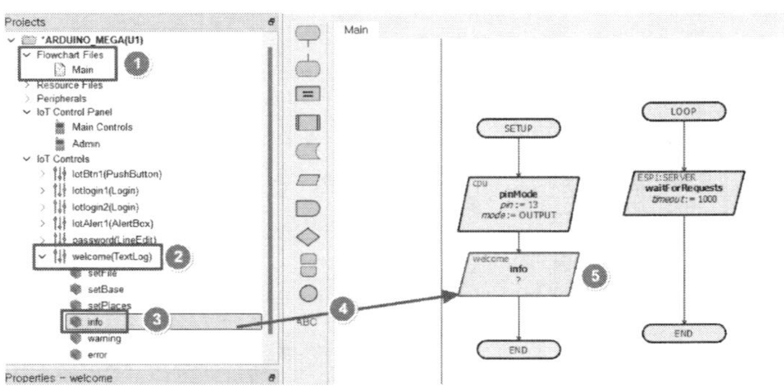

그림 3-115. info 배치

24. info 속성 창을 열어 그림 3-116과 같이 " You are logged in, Welcome to Smart Home." 로그인 메시지를 텍스트로 입력한다. 텍스트 시작과 끝에는 " " 를 입력하여야 한다.

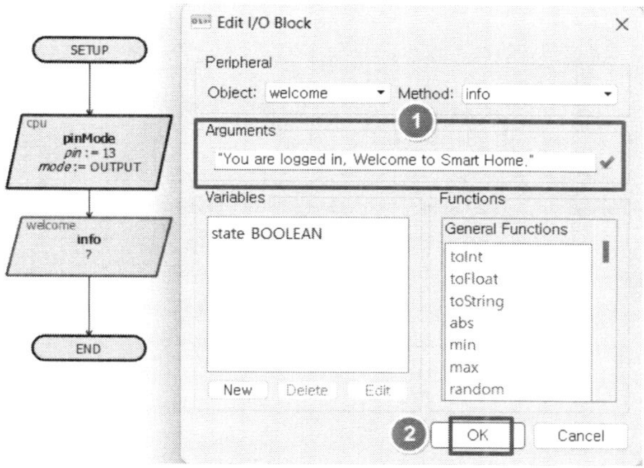

그림 3-116. 로그인 메시지 입력

25. 그림 3-117과 같이 로그인 메시지가 텍스트로 입력된다.

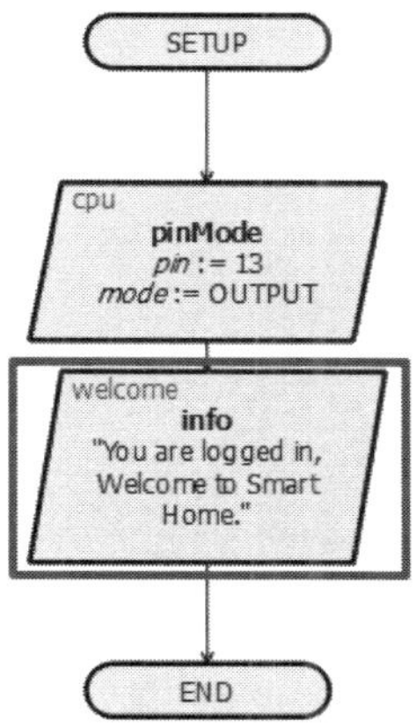

그림 3-117. 로그인 메시지 입력 완료

26. 로그인 메시지 동작을 확인하기 위해 시뮬레이션을 실행한다.

27. 그림 3-118과 같이 VFP에서 Log In 버튼을 클릭하면 패스워드 입력 창이 열린다. 기본으로 설정된 패스워드는 **password123** 이다. 패스워드를 입력하고 [OK]를 클릭한다.

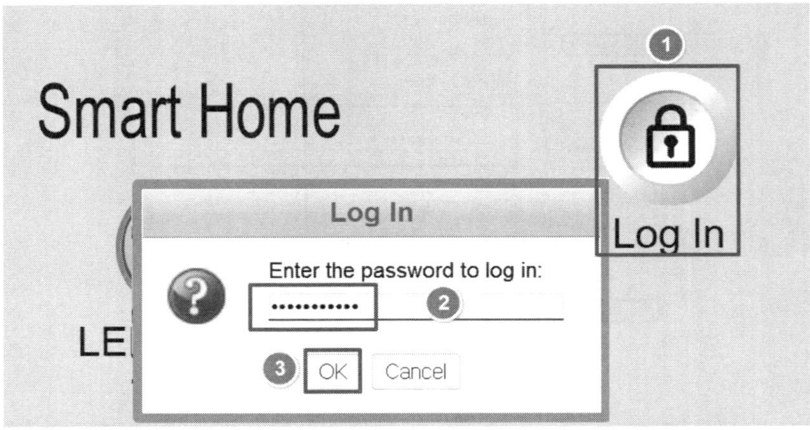

그림 3-118. 로그인 버튼 클릭 과 패스워드 입력

※ 기본으로 설정된 password123 변경 방법은 이후 설명될 것이다.

26. 그림 3-119와 같이 info 속성 창에 설정한 로그인 메시지가 표시된다.

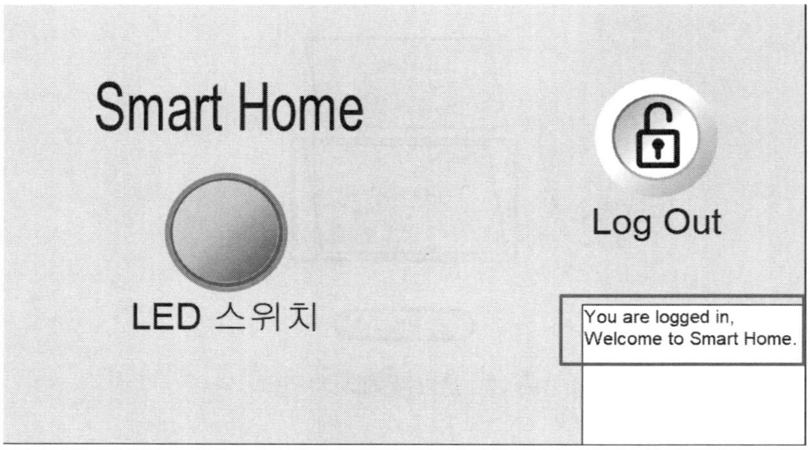

그림 3-119. info에서 설정한 로그인 메시지 표시

27. 그림 3-120과 같이 Log Out 버튼을 클릭한 후 로그아웃 확인 창이 열리면 [OK]를 클릭한다.

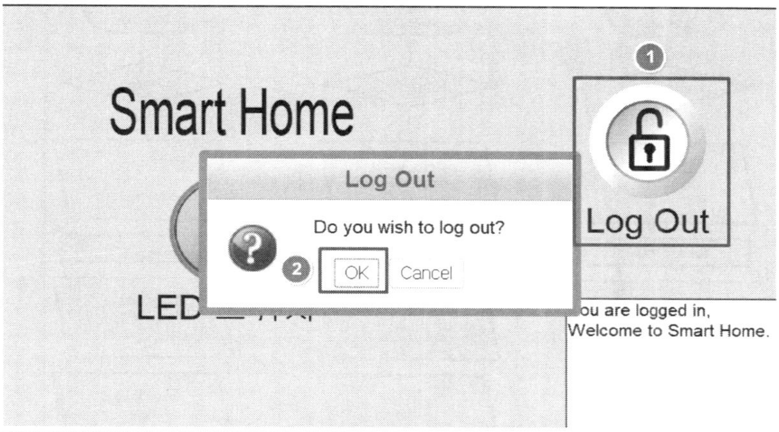

그림 3-120. Log Out 버튼 클릭

28. LED 스위치를 클릭하면 회로에 LED가 ON 될 것이다. 아직 프로그래밍이 완성되지 않았기 때문에 LED가 ON 되는 것이다. 우리가 Login 버튼을 설정하는 것은 이와 같이 타인이 시스템에 접속하여 LED를 쉽제 제어할 수 있는 상황 등을 제한하려고 하는 것이다.

29. 시뮬레이션을 중지하고 그림 3-121과 같이 Iotlogin1(Login)을 Flowchart에 추가 한다.

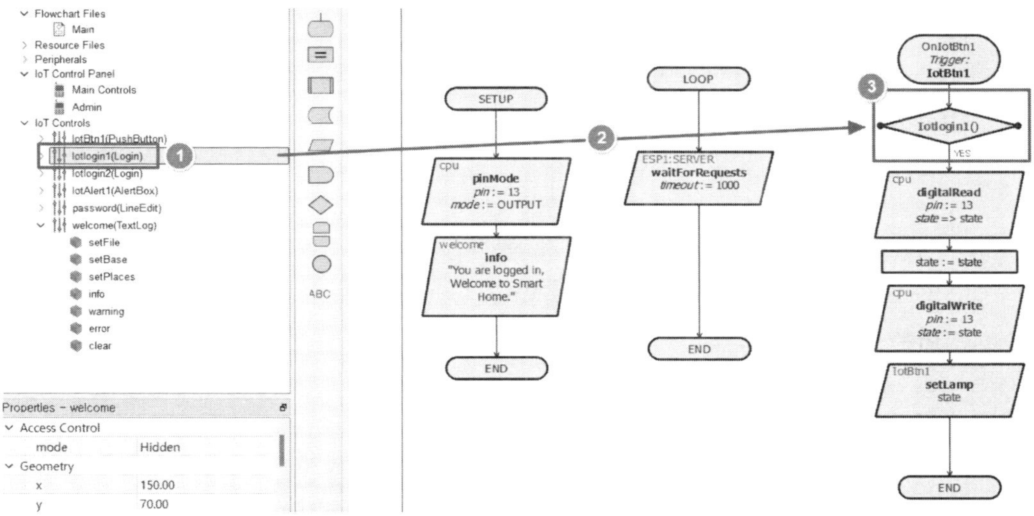

그림 3-121. Iotlogin1(Login)을 Flowchart에 배치

30. 그림 3-122와 같이 Flowchart를 완성한다.

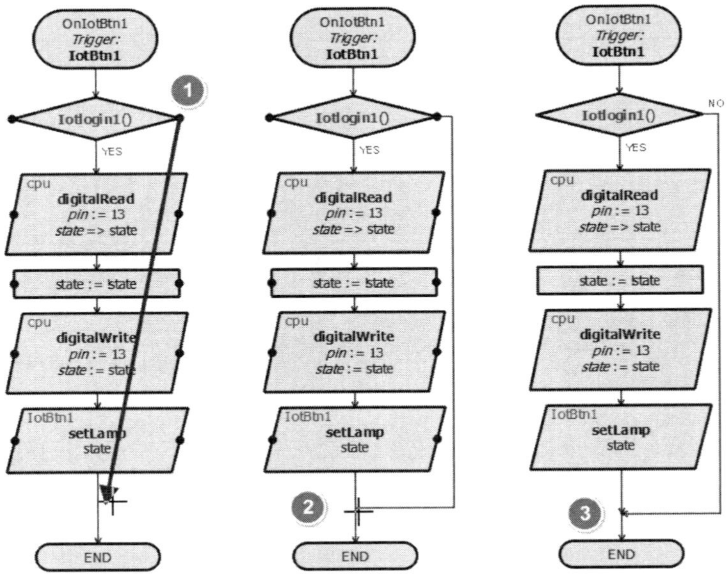

그림 3-122. Flowchar 완성

31. 시뮬레이션을 실행하여 LED 스위치를 눌러도 LED가 동작하지 않는 것을 확인할 수 있다.
그림 3-130에서 완성한 Flowchart에서 추가한 Iotlogin1이 VFP에 배치한 Log In 버튼과 연동하기 때문이다.

32. Log In 버튼을 클릭하여 패스워드를 입력한 후 LED 스위치를 누르면 LED가 ON 또는 OFF 되는 것을 확인할 수 있다.

33. 시뮬레이션을 중지하고 사용자가 원한는 패스워드로 변경하기 위해서 그림 3-123와 같이 Project Tree에서 Main Controls를 클릭한 후 VFP에서 Log In 버튼을 클릭한다.

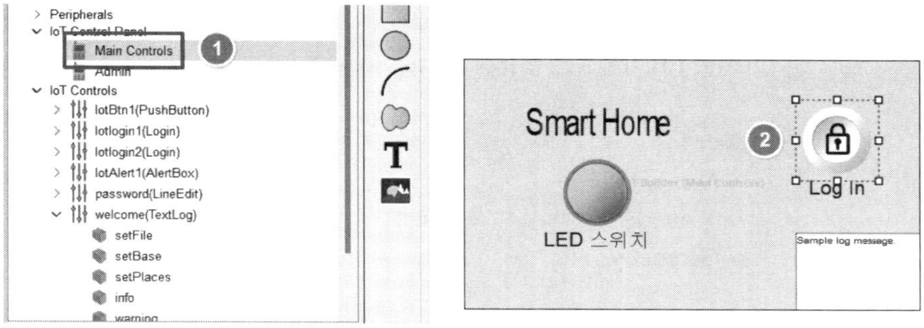

그림 3-123. VFP에 Log In 버튼 클릭

34. 그림 3-124와 같이 Iotlogin1 속성 창에 Configuration에 password를 클릭한다.

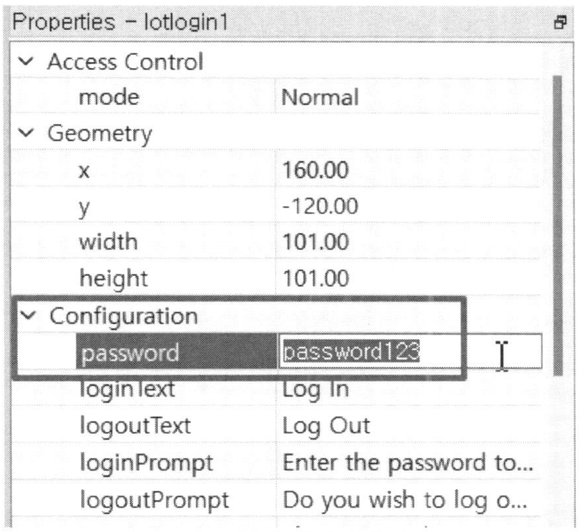

그림 3-124. 기본 설정된 패스워드

35. 본 교재에서는 패스워드를 **smarthome** 으로 설정한다. 사용자는 본인이 원하는 패스워드를 지정하면 된다. 그림 3-125에 새로운 패스워드를 입력하였다.

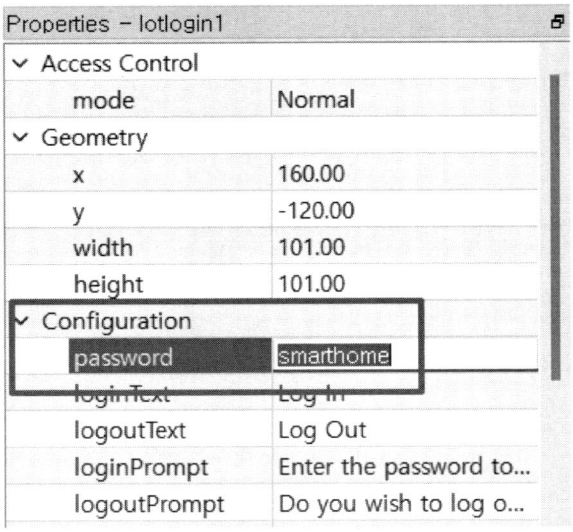

그림 3-125. 새로운 패스워드 설정

36. 시뮬레이션을 실행하여 변경된 패스워드가 적용되는지 확인하자.

37. 변경된 패스워드 적용 여부를 확인하였으면 시뮬레이션을 중지 한다. (변경한 패스워드가 적용 되지 않음)

38. VFP 접근 권한을 제한하는 Admin 페이지 설정을 위해 그림 3-126과 같이 Admin을 선택한 후 마우스를 우클릭하여 보조메뉴에서 Requires Authorization을 클릭한다.

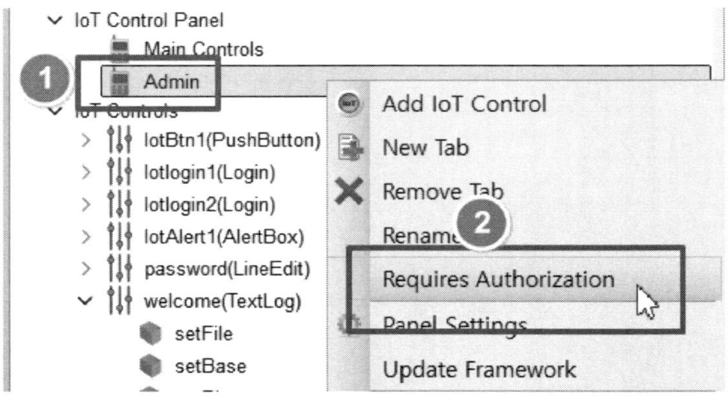

그림 3-126. Admin – Requires Authorization

39. 그림 3-127과 같이 Authorization가 적용된 것을 확인할 수 있다.

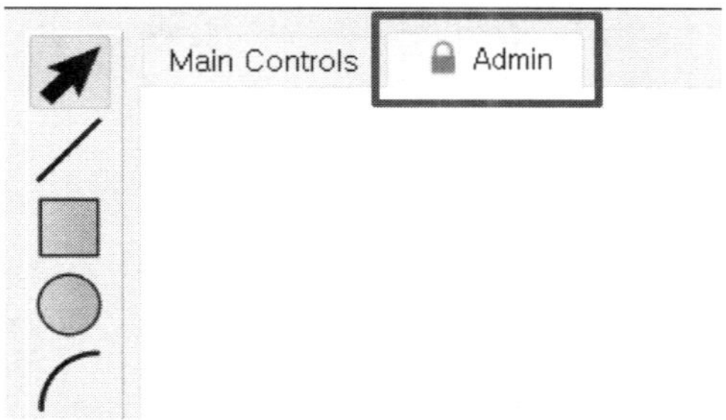

그림 3-127. Authorization 적용

40. 시뮬레이션을 실행하면 그림 3-128과 같이 Admin 페이지 접근이 제한되는 것을 확인할 수 있다.

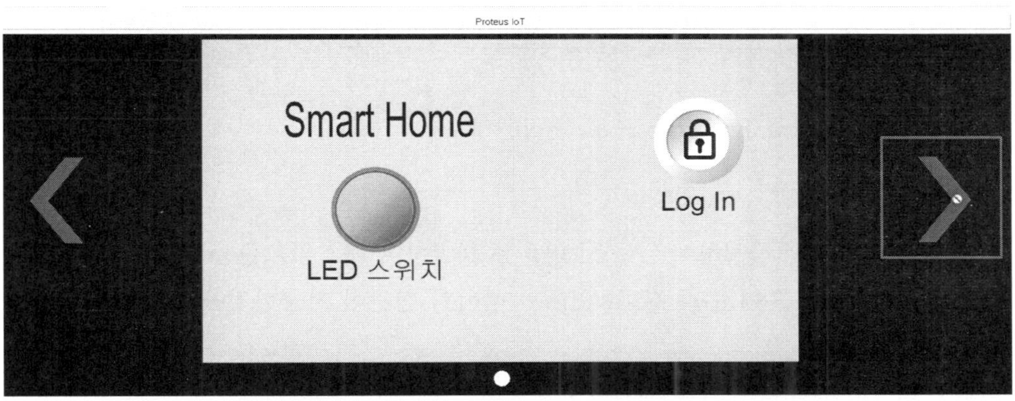

그림 3-128. Admin 페이지 접근 제한

41. Admin 페이지 접근을 위해서는 Log In 버튼을 클릭하고 패스워드를 입력하여야 하는데 패스워드를 smarthome으로 입력하여도 Log In 할 수 없다.
    이는 Admin 페이지에 추가된 login2 버튼에 기본으로 설정된 패스워드는 password123으로 설정되어 있기 때문이다.

42. 시뮬레이션을 중지하고 그림 3-129 선택하면 확인할 수 있다.

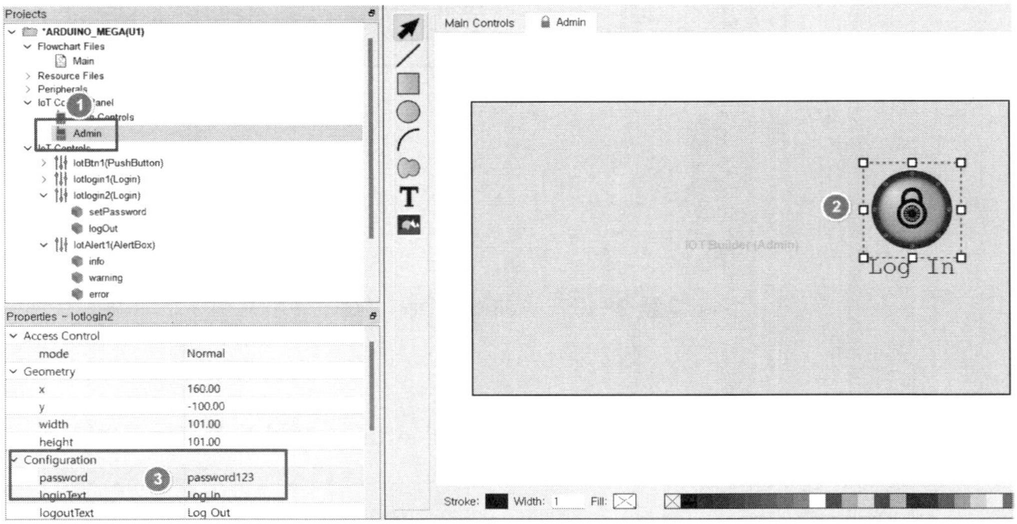

그림 3-129. Admin 패스워드 확인

43. 패스워드를 smarthome 으로 변경한다.

44. 시뮬레이션을 실행하여 Log In 버튼을 클릭하여 패스워드를 smarthome으로 입력하면 그림 3-130과 같이 Admin 페이지 접근이 가능한것을 확인할 수 있다.

그림 3-130. 패스워드 smarthome으로 로그인

45. 시뮬레이션을 중지하고 그림 3-131과 같이 IotAlert1(AlertBox)를 배치한다.

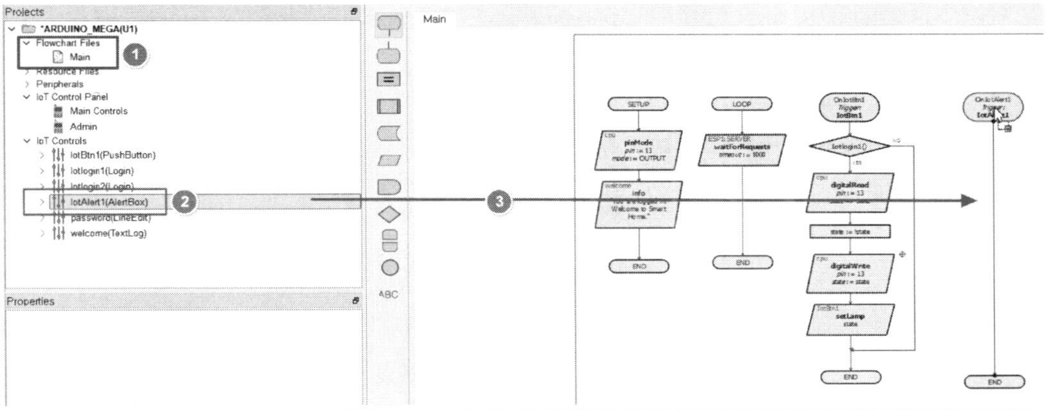

그림 3-131. IotAlert1(AlertBox) 배치

46. 그림 3-132와 같이 Iotlogin1(Login)에 setPassword를 배치한다.

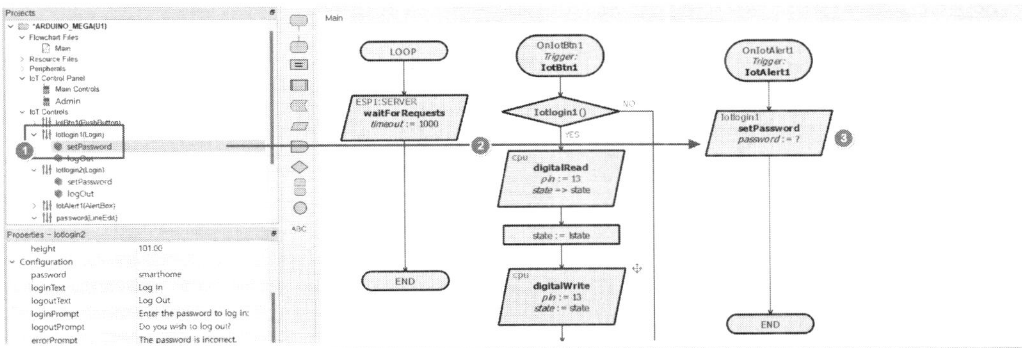

그림 3-132. Iotlogin1(Login)에 setPassword 배치

47. Iotlogin1 속성창을 열어서 그림 3-133과 같이 설정한다.

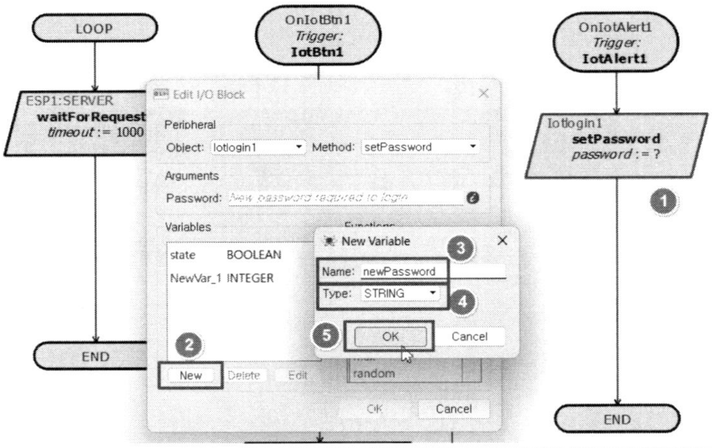

그림 3-133. setPassword 변수 설정

48. 그림 3-134와 같이 Arquments를 선택하고 [OK]를 클릭한다.

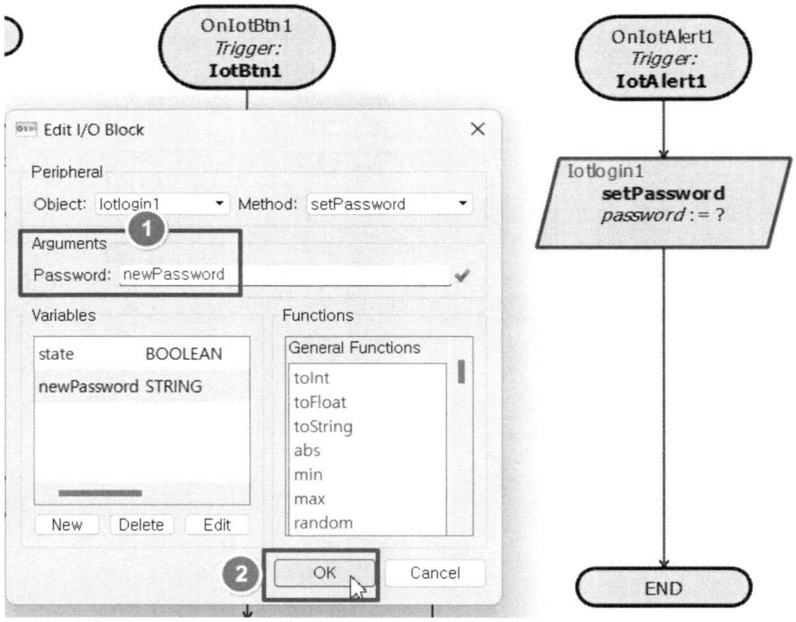

그림 3-134. Arquments 설정

49. 그림 3-135와 같이 설정이 완료된다.

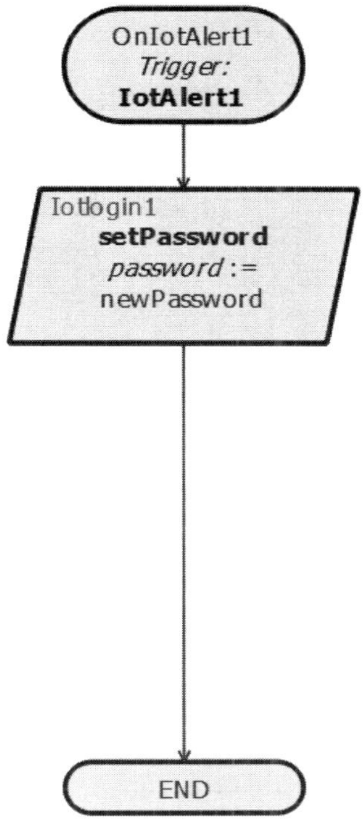

그림 3-135. Iotlogin1(Login)에 setPassword 설정 완료

50. 그림 3-136과 같이 logOut을 선택하여 Flowchart에 배치한다.

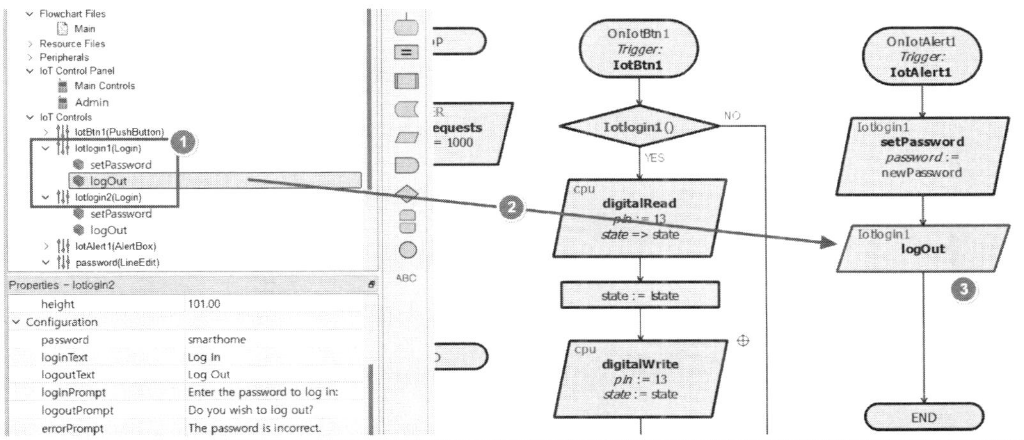

그림 3-136. logOut을 Flowchart에 배치

51. 그림 3-137과 같이 password(LineEdit)를 배치한다.

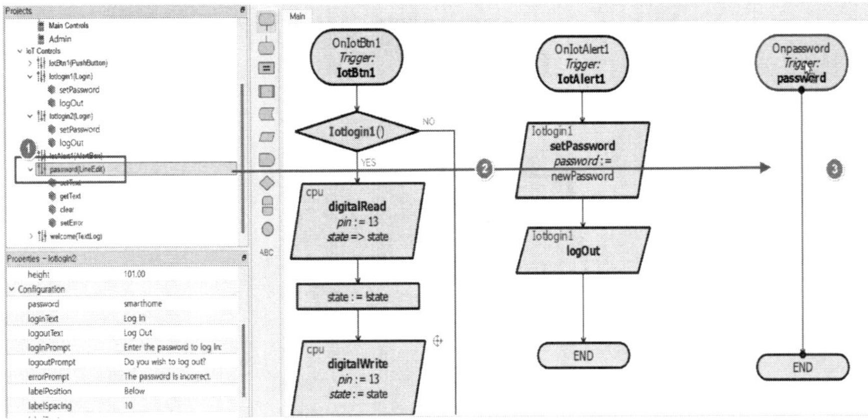

그림 3-137. password(LineEdit) 배치

52. 그림 3-138과 같이 password(Line Edit)에 getText를 Flowchart에 배치한다.

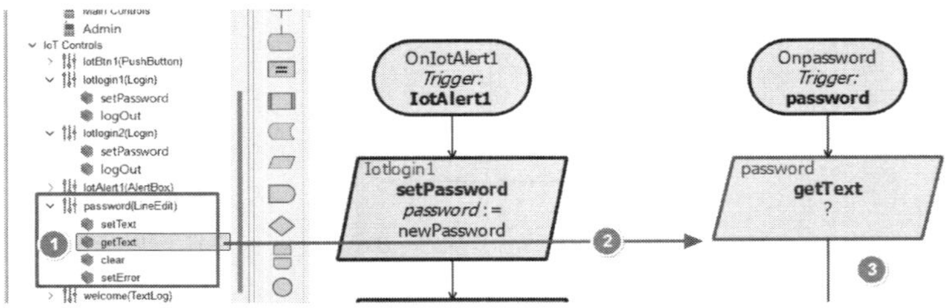

그림 3-138. password(Line Edit)에 getText 배치

53. 그림 3-139와 같이 배치된 getText 속성을 설정한다.

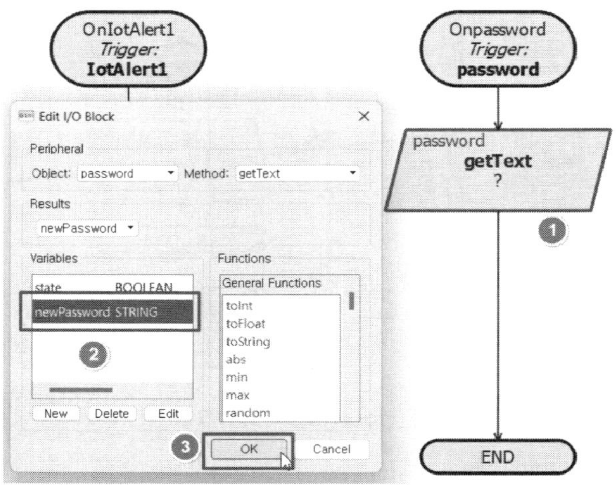

그림 3-139. getText 속성 설정

54. 그림 3-140과 같이 IotAlert1(AlertBox)에 confirm을 Flowchart에 배치한다.

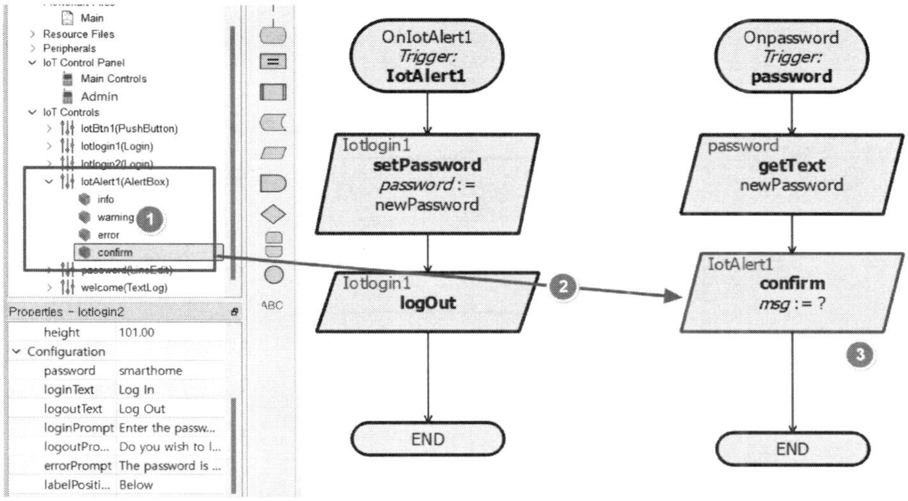

그림 3-140. IotAlert1(AlertBox)에 confirm을 Flowchart 배치

55. 배치된 confirm 속성 창을 열어서 그림 3-141과 같이 설정하고 [OK]를 클릭한다.

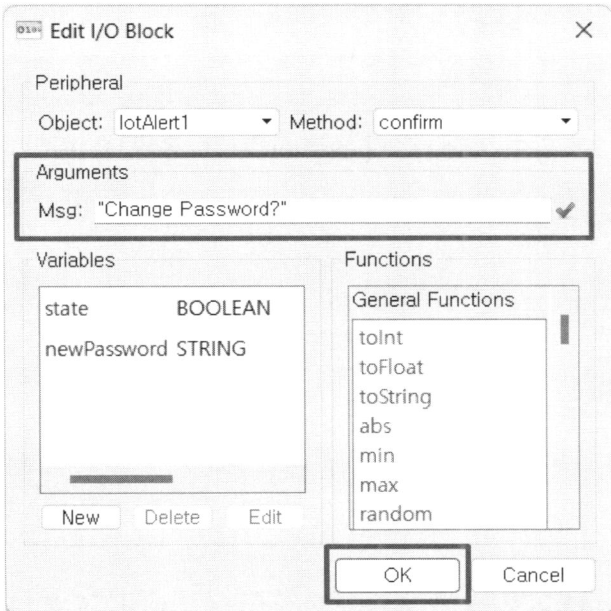

그림 3-141. confirm 속성 창 설정

56. 그림 3-142와 같이 confirm 속성 설정이 완료된다.

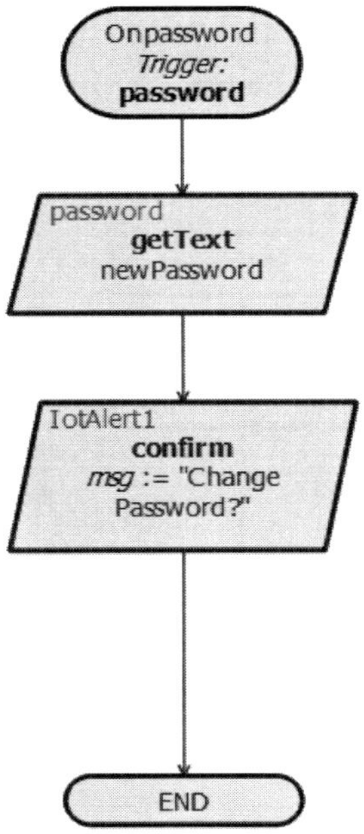

그림 3-142. password Flowchart 완료

57. 그림 3-143과 같이 Admin - password(LineEdit)를 VFP에 배치한다.

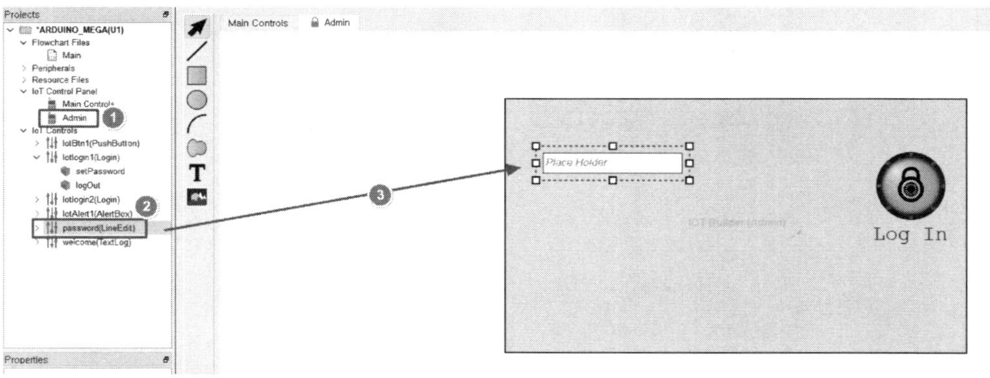

그림 3-143. Admin - password(LineEdit) VFP 배치

58. PlaceHolder에 **New Password** 를 입력하면 그림 3-144와 같이 Admin VFP에 입력한 텍스트가 표시된다.

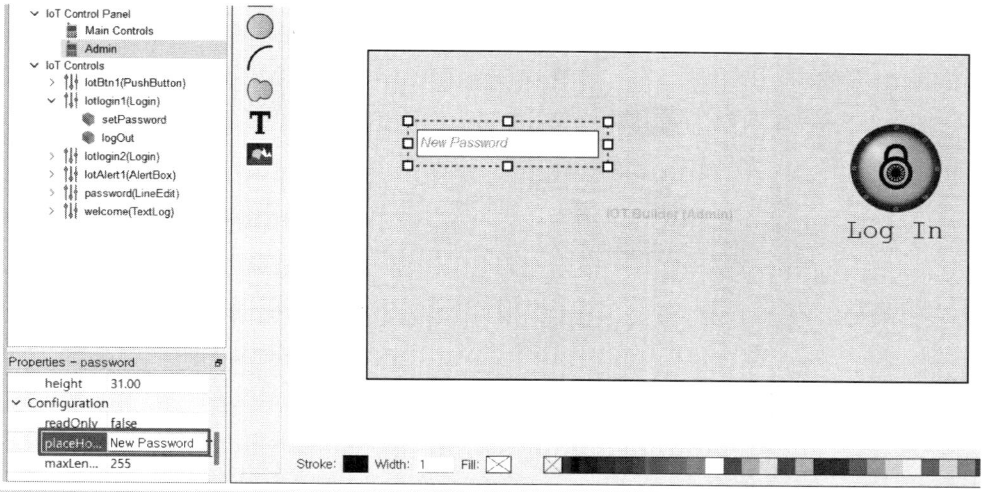

그림 3-144. PlaceHolder에 입력한 New Password

59. Project – Add IoT Control 메뉴를 선택하여 그림 3-145와 같이 Text Controls를 선택한다.

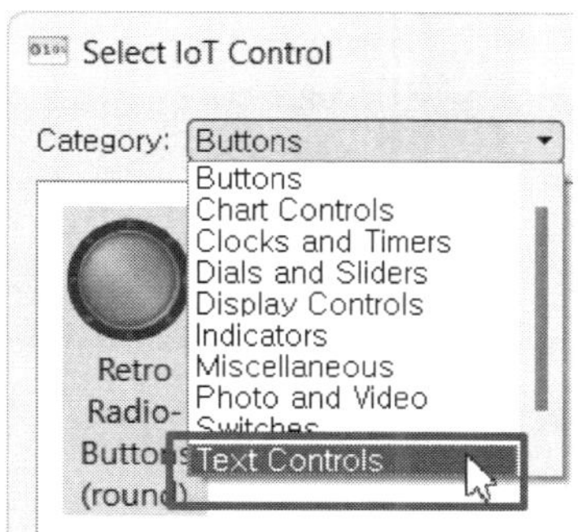

그림 3-145. Text Controls 선택

60. 그림 3-146과 같이 Text Log Control를 선택하고 Add를 클릭한 후 Close 버튼을 클릭하여 Select IoT Control 창을 닫는다.

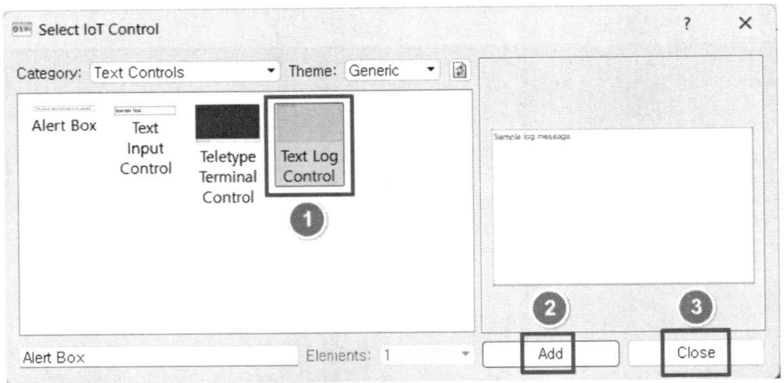

그림 3-146. Text Log Control 추가

61. 그림 3-147과 같이 IotLog2(TextLog)가 추가 된다.

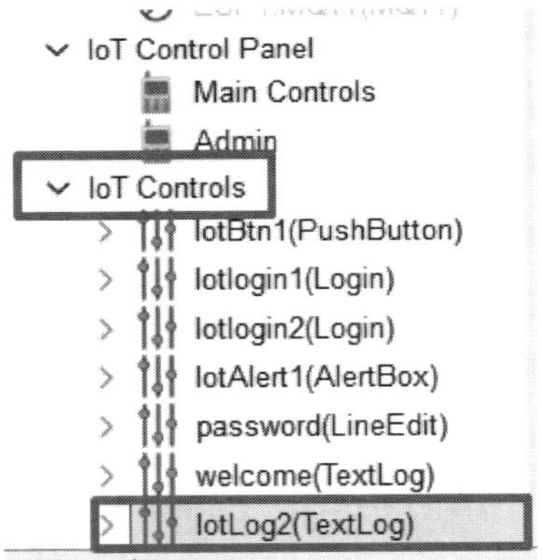

그림 3-147. IotLog2(TextLog) 추가

※ 추가한 IotLog2(TextLog)는 사용자가 New Password를 설정 하였을 경우에 Password 변경됨을 알려주기 위한 안내창을 추가한 것이다.

63. 그림 3-148과 같이 Rename Peripheral 을 선택한다.

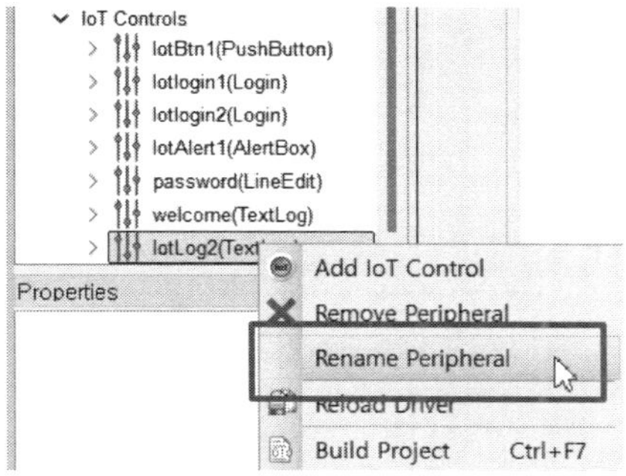

그림 3-148. Rename Peripheral 선택

64. 그림 3-149와 같이 이름을 NewPassword로 변경한다.

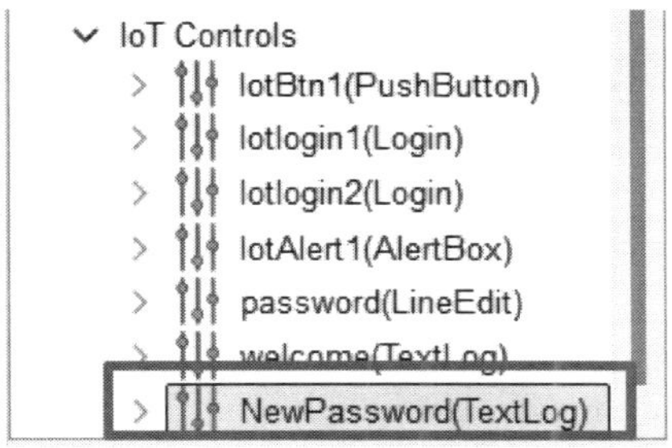

그림 3-149. NewPassword 로 이름 변경

65. 그림 3-150과 같이 드래그 하여 Admin VFP 창에 배치한다.

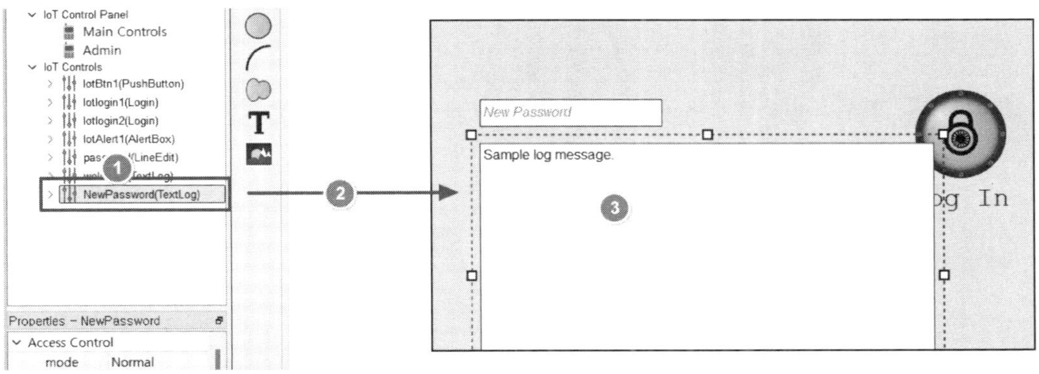

그림 3-150. Admin VFP 창 NewPassword(TextLog)배치

66. 그림 3-151과 같이 TextLog 속성과 메시지 창 크기를 설정한다.

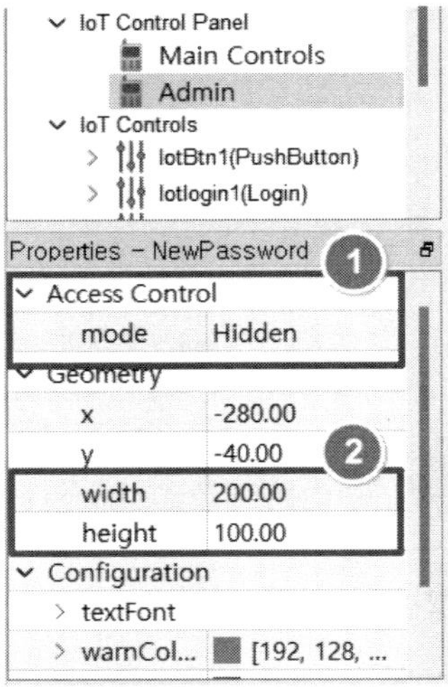

그림 3-151. TextLog 속성과 메시지 창 크기 설정

67. 그림 3-152와 같이 메시지 창 크기가 변경된다.

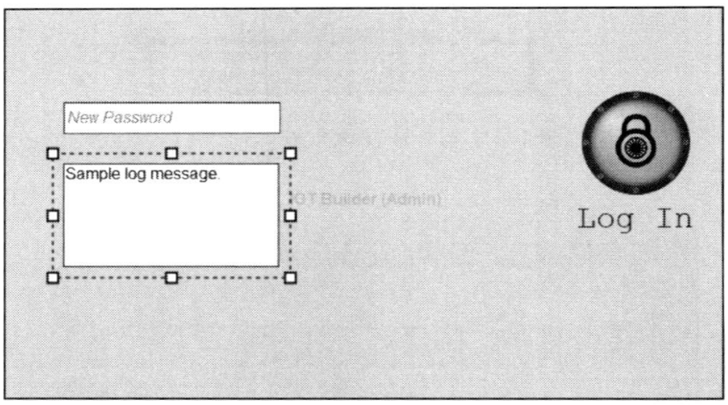

그림 3-152. 메시지 창 크기 변경

68. 그림 3-153과 같이 NewPassword(TextLog) – info를 Flowchart에 배치한다.

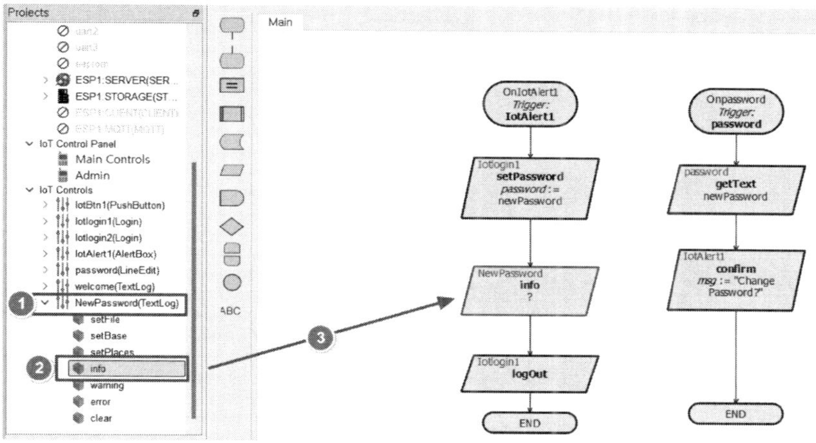

그림 3-153. NewPassword(TextLog) – info를 Flowchart에 배치

69. info 속성 창을 열어 그림 3-154와 같이 "Password changed, LogOut"메시지를 입력하고[OK]를 클릭한다.

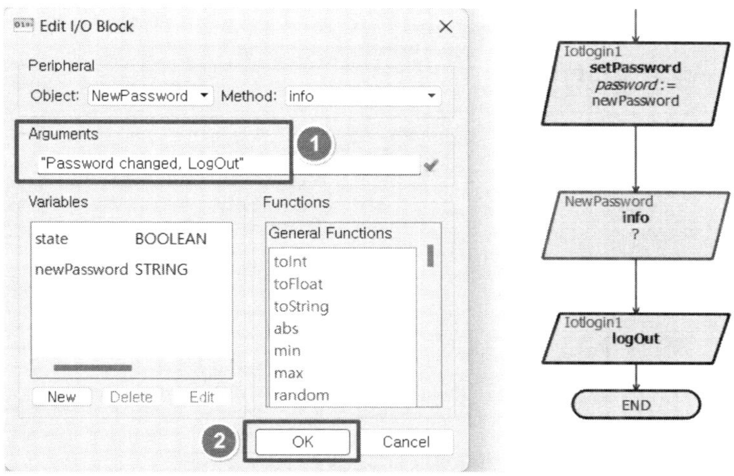

그림 3-154. "Password changed, LogOut"메시지 입력

70. 그림 3-155와 같이 메시지가 Flowchart에 표시된다.

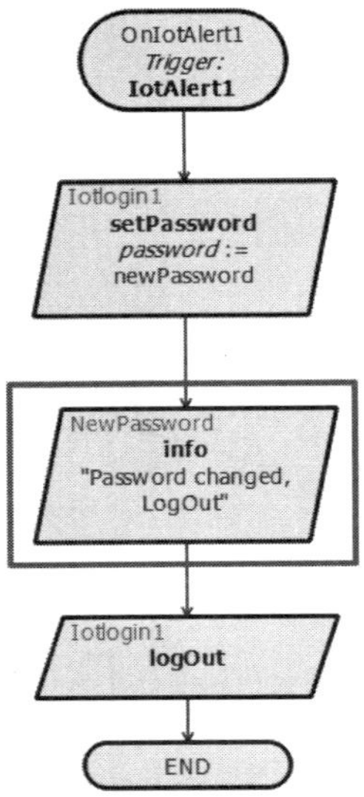

그림 3-155. 메시지 설정 완료

71. Flowchart Block에서 Time Delay 선택하여 그림 3-156과 같이 배치하고 속성을 2000ms로 설정한다.

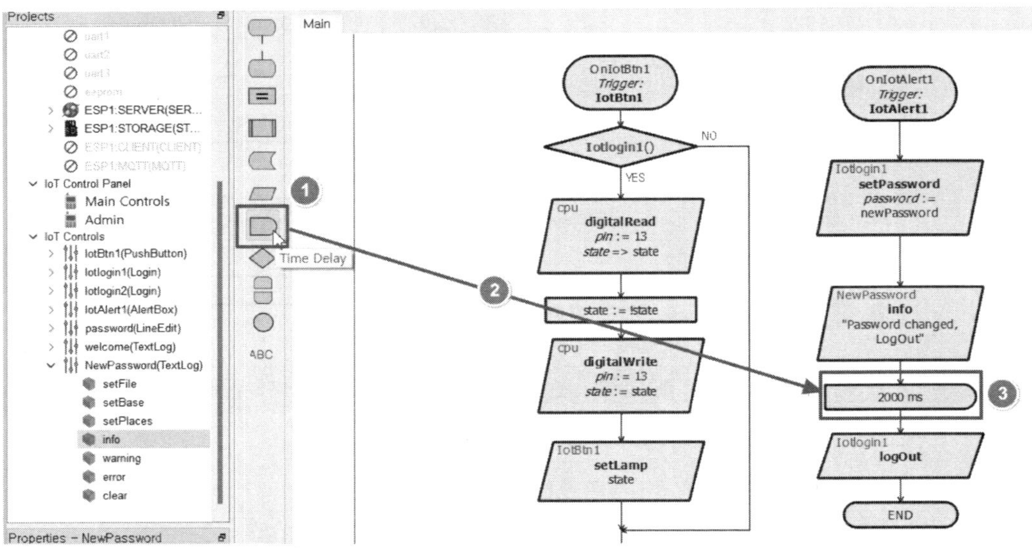

그림 3-156. Time Delay 추가 및 설정

※ Time Delay가 없으면 "Password changed, LogOut" 메시지를 확인할 수 없기 때문에 Time Delay를 추가한 것이다.

72. 시뮬레이션을 실행하여 로그인 후 Admin 페이지로 이동한다.

73. 그림 3–157과 같이 새로운 패스워드 12345 를 입력하고 엔터키를 누르면 패스워드 변경 여부를 확인하는 창이 열린다. [OK]를 클릭한다.

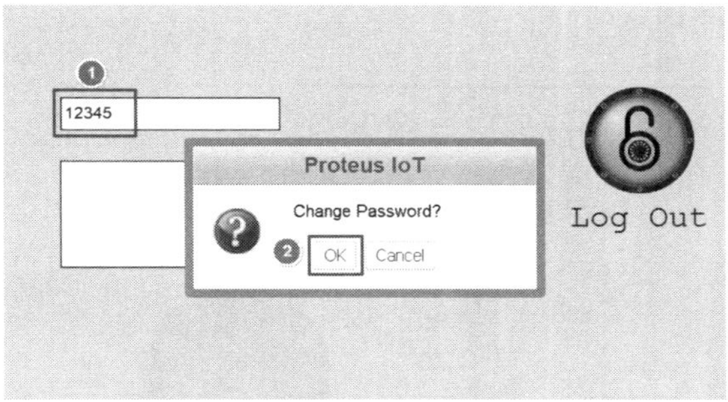

그림 3–157. 새로운 패스워드 변경 및 확인

74. 그림 3–158과 같이 패스워드 변경 완료 및 로그아웃 메시지를 표시한 후 로그아웃 된다.

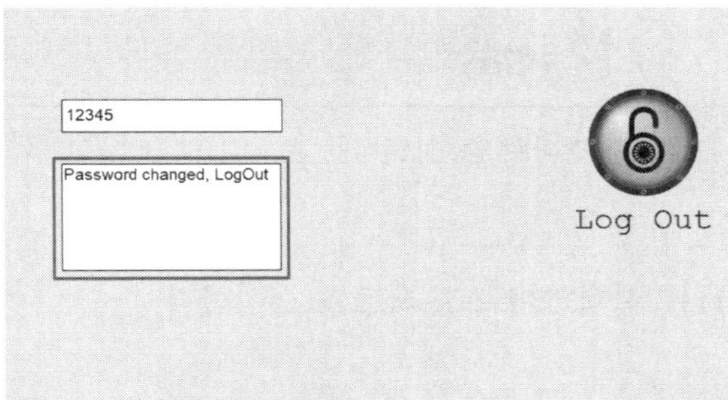

그림 3–158. 패스워드 변경 및 로그아웃 메시지

75. Main controls 페이지가 열리면 변경한 패스워드로 로그인이 가능하다.
시뮬레이션 중에 변경한 패스워드는 시뮬레이션이 멈추면(전원 off) 초기화 된다.

77. 아래 QR코드에 로그인 패스워드 설정하기 내용을 표시하였다.
영상에는 교재에 설명이 없는 내용이 추가되어 있다.

로그인&패스워드

로그인 _ 패스워드 설정

6 스마트 홈 모니터링 시스템

IoT 프로젝트 실습을 위한 스마트 홈 모니터링 시스템을 설계한다. 스마트 홈 모니터링 시스템은 온도와 습도, 조도를 측정하여 사용자 휴대폰에 온도계, 습도계, 실내전등 상태 정보를 표시하는 내용이다.

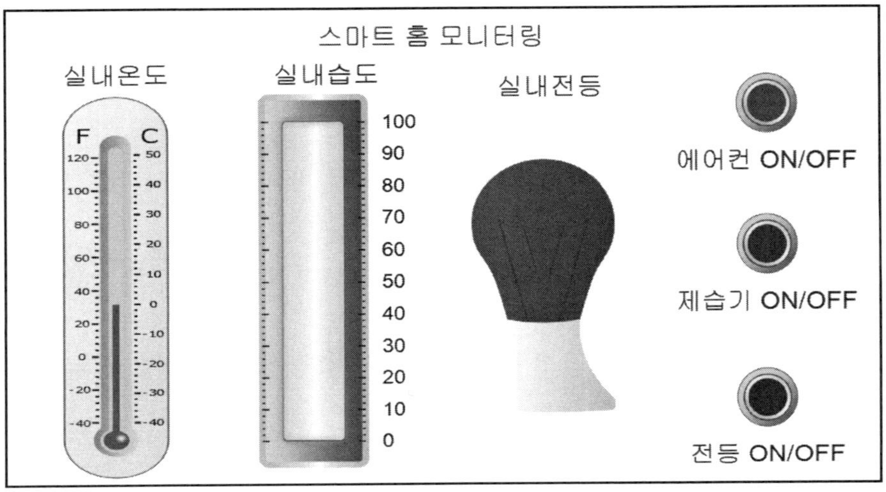

스마트 홈 모니터링 시스템 예시

1. New Flowchart를 선택하여 프로젝트를 생성한다.

2. 프로젝트가 생성되면 Schematic Capture 탭을 선택하여 System – Set Sheet Sizes 메뉴를 선택한다. A4 용지 크기를 사용자 설정 용지 크기로 조정하기 위해서 이다.

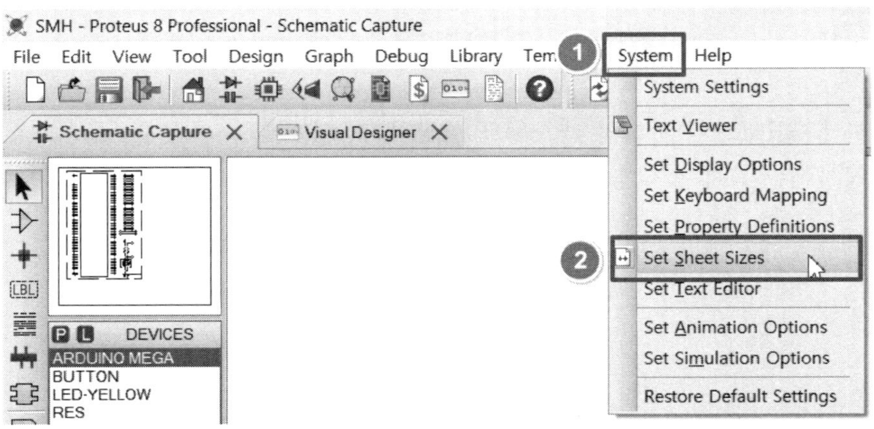

그림 3-159. System – Set Sheet Sizes 선택

3. 그림 3-160과 같이 User를 선택하여 용지 크기를 설정하고[OK]를 클릭한다.

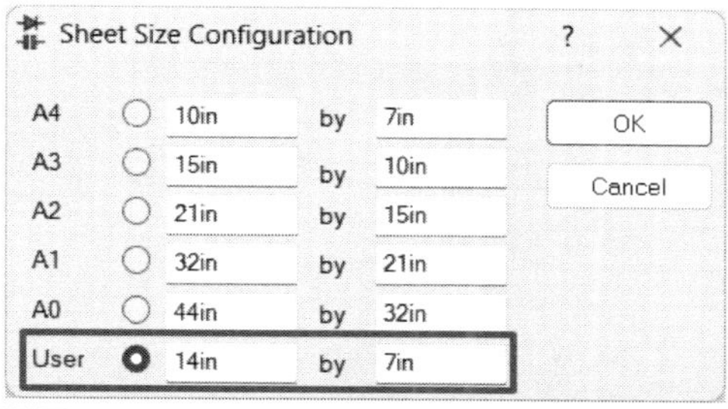

그림 3-160. User 선택과 용지 크기 설정

※ 용지 설정을 하지 않고 A4 용지 크기로 프로젝트 작성을 하였을 경우에는 일부 주변기기(Peripheral)를 회로에 추가할 수 없어서 스마트 홈 모니터링 시스템 작성을 완료할 수 없다.

4. 그림 3-161과 같이 도면 크기가 변경된 것을 확인할 수 있다. Arduino Mega2560 위치를 이동 시킨다.

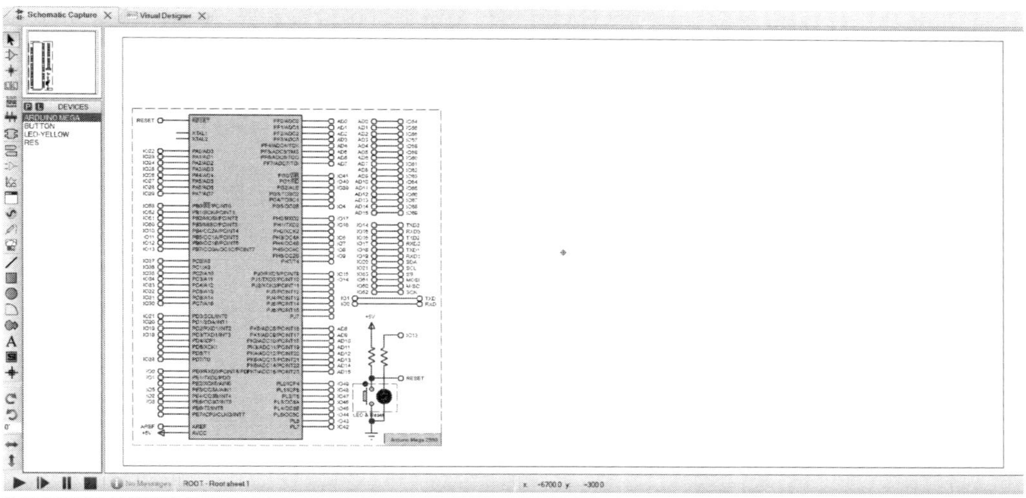

그림 3-161. 변경된 도면 크기와 Arduino Mega2560 위치 이동

5. Visual Designer 탭을 선택하고 그림 3-162와 같이 Flowchart를 정렬합니다.

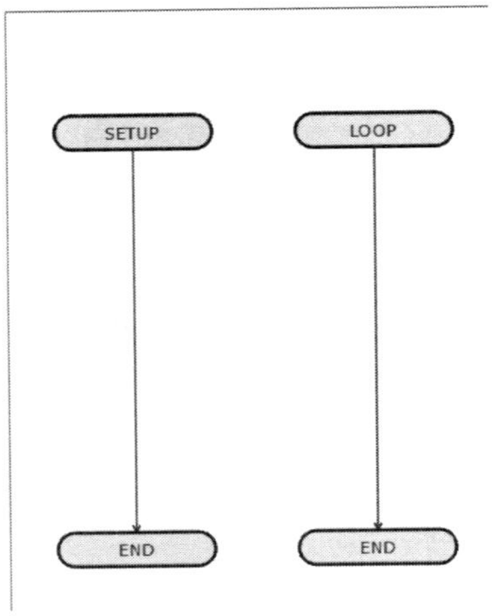

그림 3-162. Flowchart 정렬

6. 그림 3-163과 같이 메뉴에서 Project - Add Peripheral 를 클릭한다.

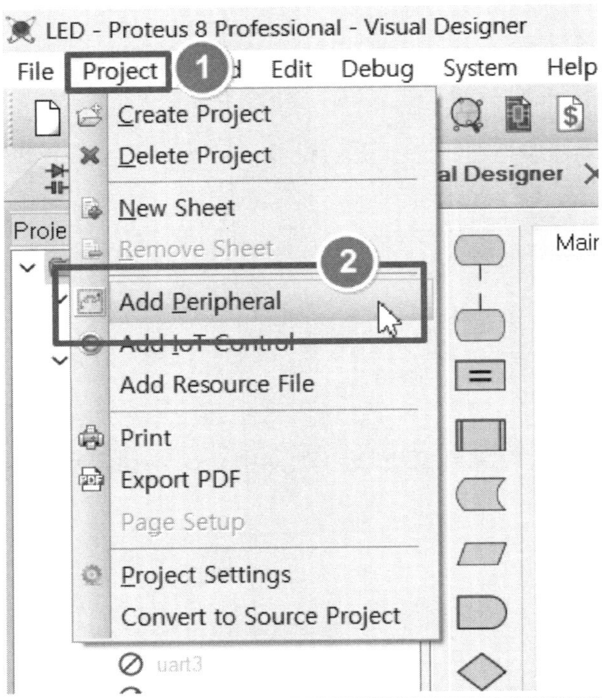

그림 3-163. Project - Add Peripheral 메뉴 선택

7. Select Project Clip 창이 열리면 그림 3-164와 같이 선택하고 [Add]버튼을 클릭한다.

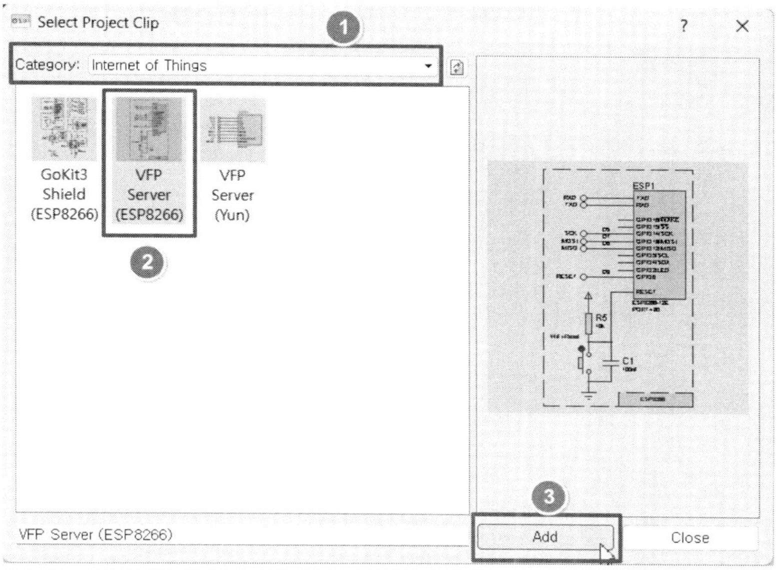

그림 3-164. VFP Server 선택

8. 그림 3-165와 같이 Project Tree에 ESP1: SERVER가 추가된다.

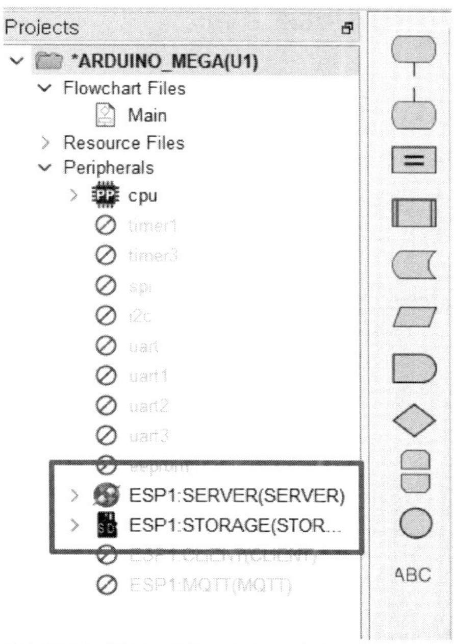

그림 3-165. ESP1:SERVER 추가

9. 그림 3-166과 같이 Schematic Capture 탭을 선택하면 회로에 추가된 ESP8266 모듈을 확인할 수 있다.(그림 3-166에 ESP8266 모듈 위치는 이동한 것이다.)

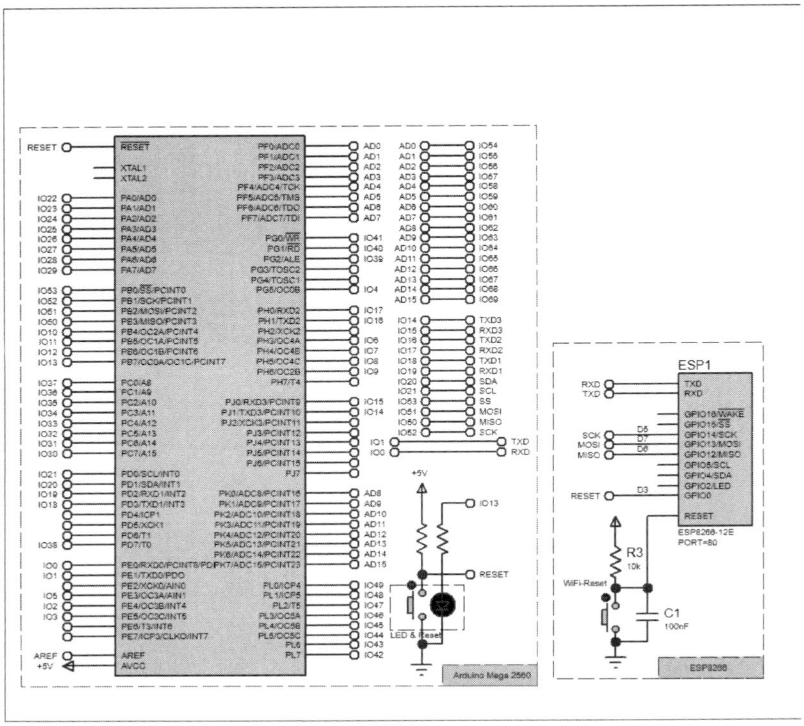

그림 3-166. ESP8266 모듈 추가

10. Visual Designer탭 메뉴에서 Project - Add Peripheral를 클릭하여 그림 3-167과 같이 Breakout Peripherals - Arduino Alphanumeric Lcd 16x2 breakout board 모듈을 [Add] 한다.

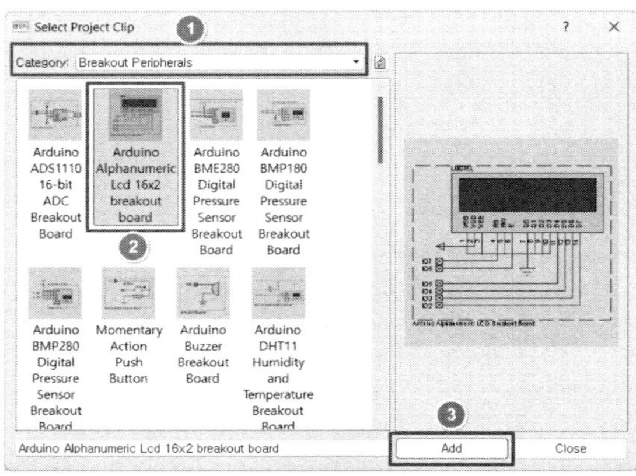

그림 3-167. Lcd 16x2 breakout board 모듈 선택

11. 그림 3–168과 같이 Arduino DHT11 Humidity and Temperature Breakout Board를 선택하여 [Add] 한다.

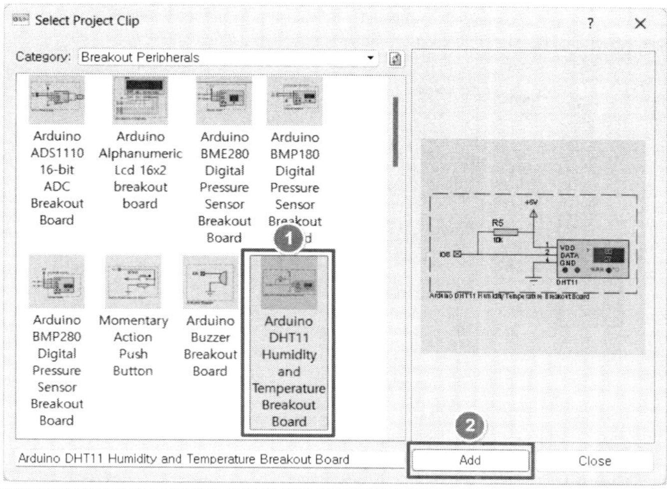

그림 3–168. DHT11 Humidity and Temperature Breakout Board

12. 그림 3–169와 같이 Arduino LED(Green)을 선택하여 [Add] 한다.

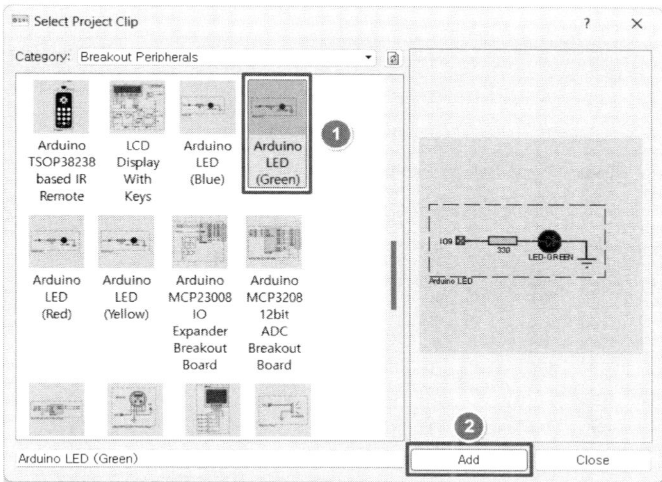

그림 3–169. Arduino LED(Green)

13. 같은 방법으로 그림 3-170과 같이 Arduino LED(Blue), Arduino LED(Red) 모듈을 추가한다.

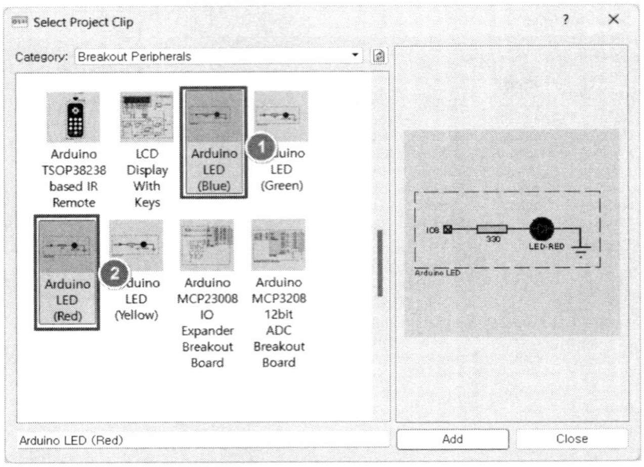

그림 3-170. Arduino LED(Blue), Arduino LED(Red)

14. 그림 3-171과 같이 Grove - Grove Luminance Sensor Module을 추가하고 Select Project Clip 창을 닫는다.

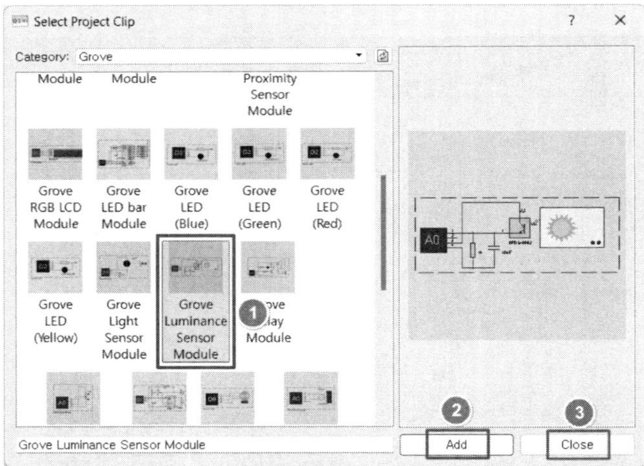

그림 3-171. Grove Luminance Sensor Module

15. Project Tree에 그림 3-172와 같이 Peripheral이 추가된 것을 확인할 수 있다.

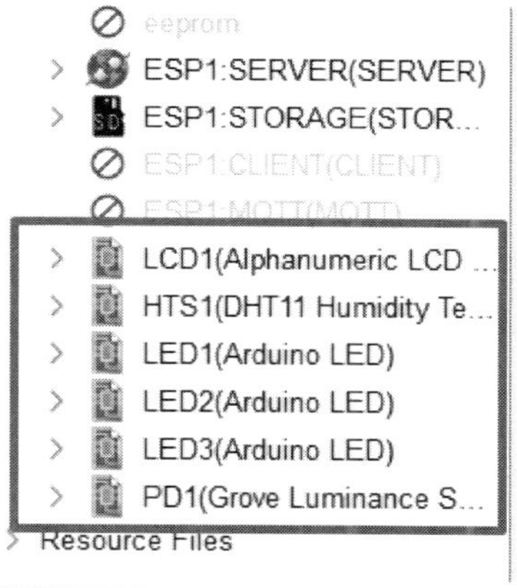

그림 3-172. Project Tree에 추가된 Peripheral

16. Schematic Capture 탭을 선택하면 그림 3-173과 같이 주변기기가 도면에 추가된 것을 확인할 수 있다.

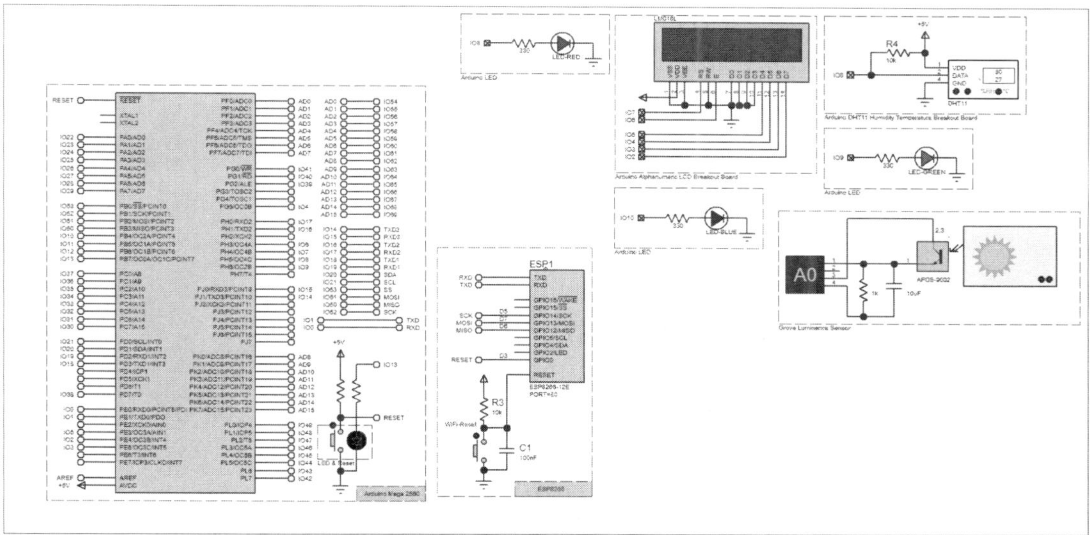

그림 3-173. 도면에 추가된 주변기기

17. 그림 3-174과 같이 LED 모듈을 IO 번호 기준으로 회로를 정렬한다.(IO8~IO10)

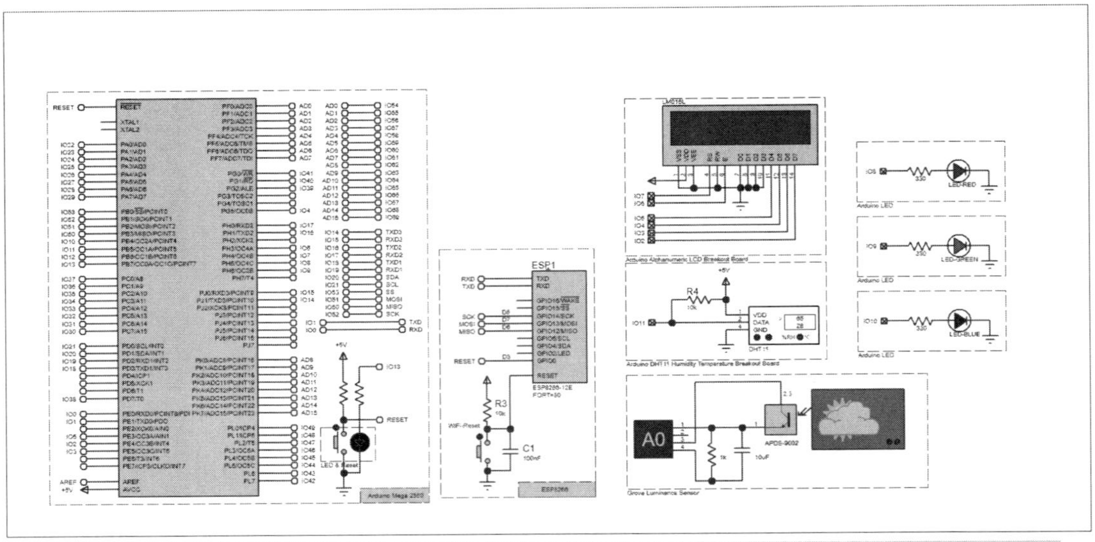

그림 3-174. 회로정렬

18. 그림 3-175와 같이 DHT11에 연결 포트를 더블 클릭한다.

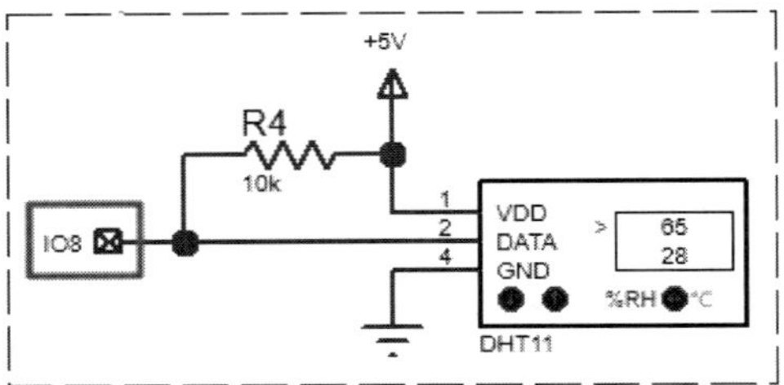

그림 3-175. DHT11 연결 포트 더블 클릭

19. 그림 3-176과 같이 Locked를 해지하고 포트를 IO11로 변경하고 [OK]를 선택한다.

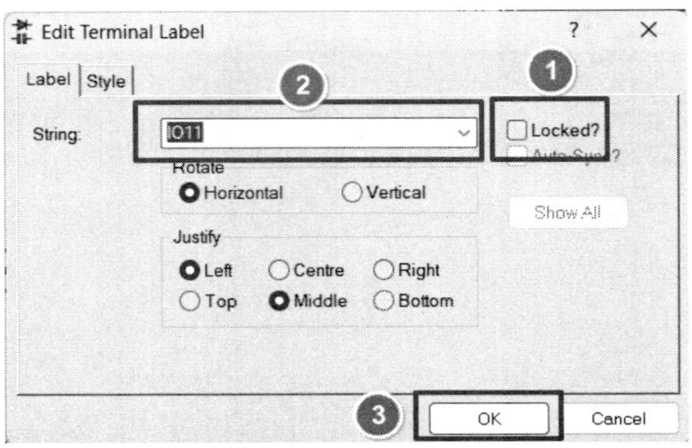

그림 3-176. Locked 해지 후 IO11포트 선택

20. 그림 3-177과 같이 DHT11에 연결 포트가 IO11로 변경된 것을 확인할 수 있다.

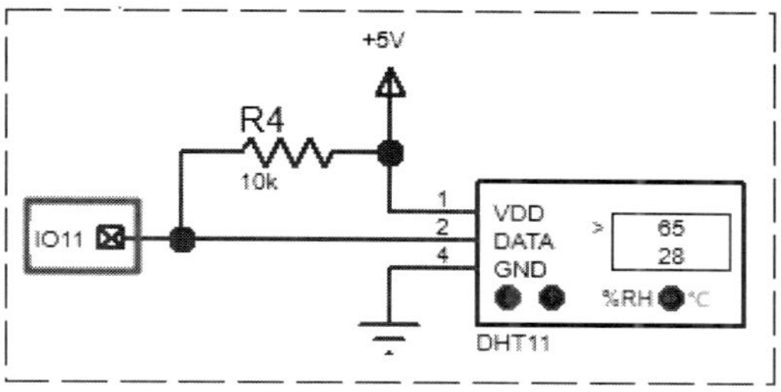

그림 3-177. DHT11 연결 포트 변경

21. Visual Designer 탭을 클릭하여 Project Tree에서 Main을 선택한다.

22. 그림 3-178과 같이 우클릭하여 New Sheet를 선택한다.

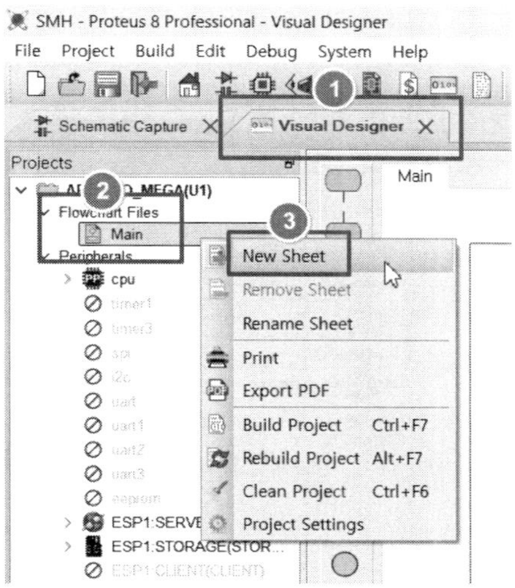

그림 3-178. New Sheet 선택

23. New Sheet가 등록되면 그림 3-179와 같이 우클릭하여 Rename을 선택한다.

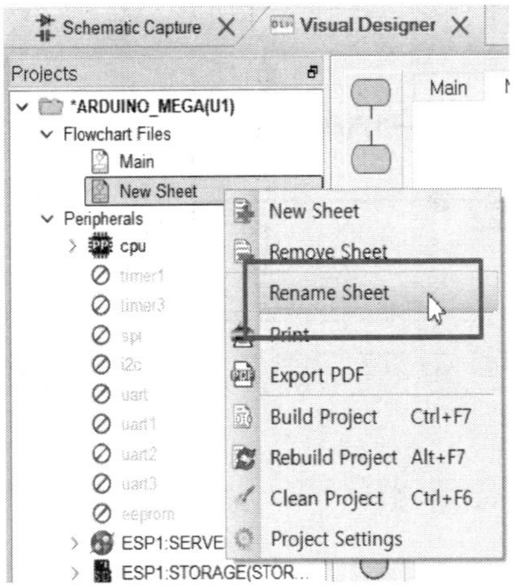

그림 3-179. Rename Sheet 선택

24. 그림 3-180과 같이 Temperature로 이름을 변경한다.

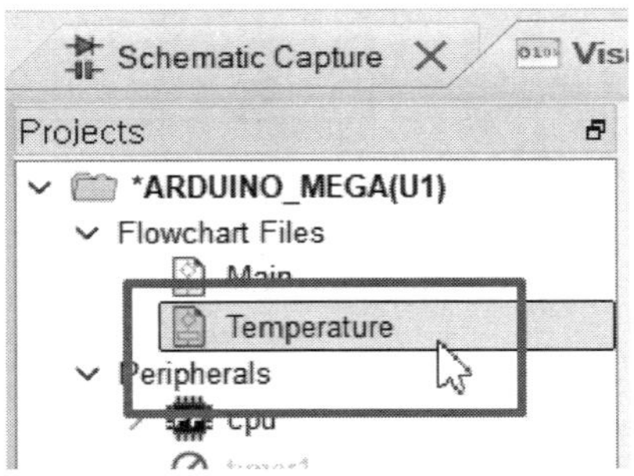

그림 3-180. Temperature로 이름 변경

25. 순서 22~24 방법을 참조하여 그림 3-181과 같이 Sheet를 추가하고 이름을 변경한다.

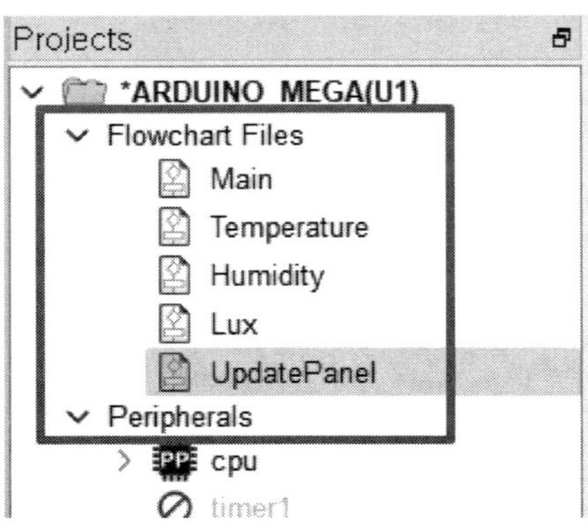

그림 3-181. Sheet 추가와 이름변경

26. 그림 3-182와 같이 추가된 탭을 확인할 수 있다.

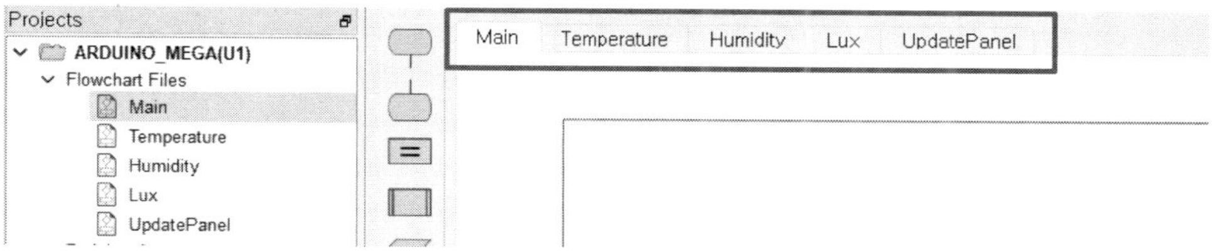

그림 3-182. 추가된 Sheet 탭

27. Temperature 탭을 선택하고 그림 3-183과 같이 Event Block을 배치한다.

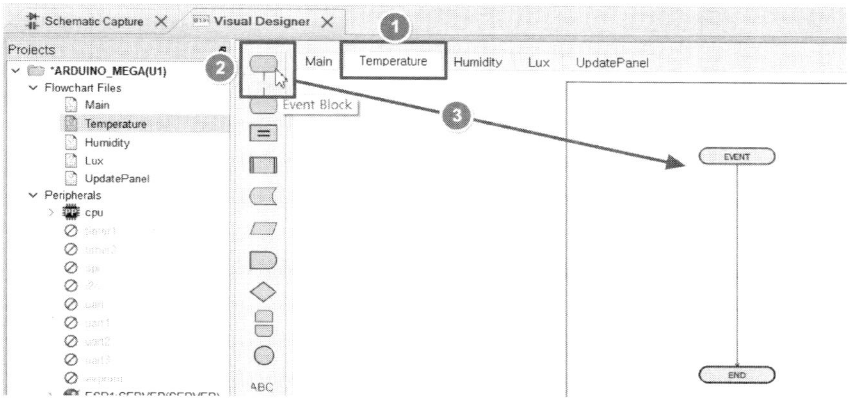

그림 3-183. Temperature 탭에 Event Block 배치

28. Event를 클릭하여 그림 3-184와 같이 이름을 변경하고 [OK]를 클릭한다.

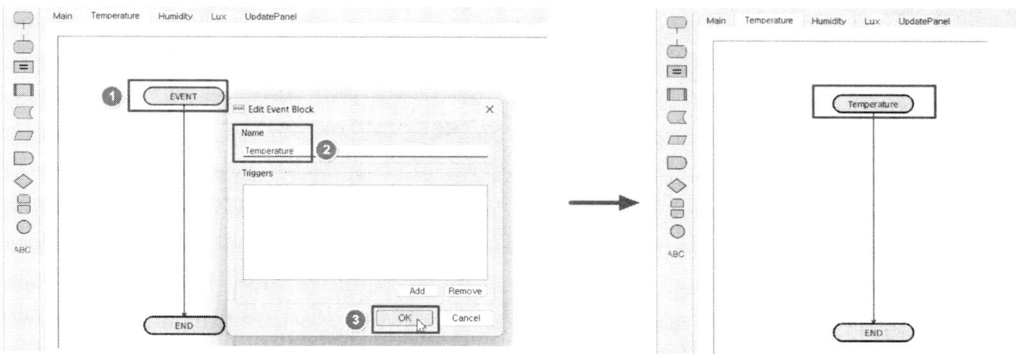

그림 3-184. Temperature로 이름변경

29. 그림 3-184와 같은 방법으로 Humidity, Lux, UpdatePanel 탭 각 각에 Event Block을 배치하고 그림 3-185와 같이 각각에 이름을 변경한다.

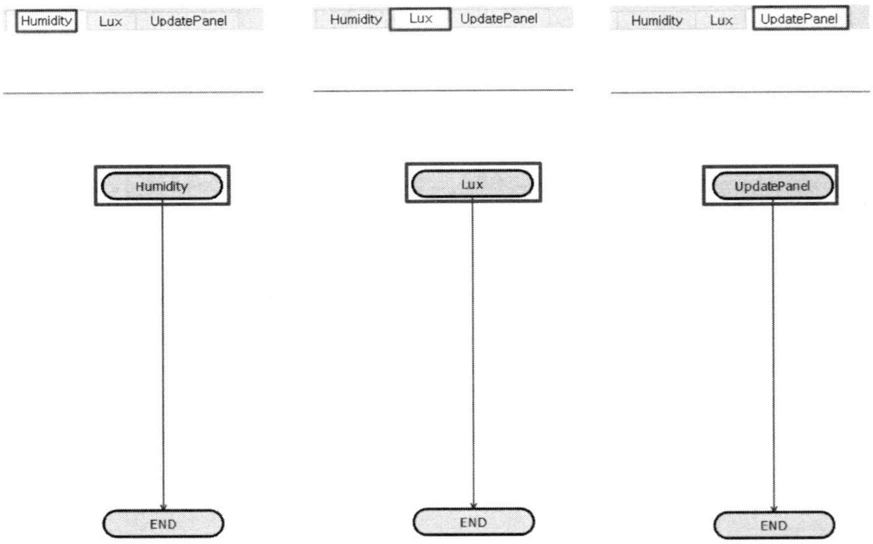

그림 3-185. Humidity, Lux, UpdatePanel

30. Main 탭을 선택하고 그림 3-186과 같이 Subroutine Call Block을 선택하여 LOOP Flowchart 위에 배치한다.

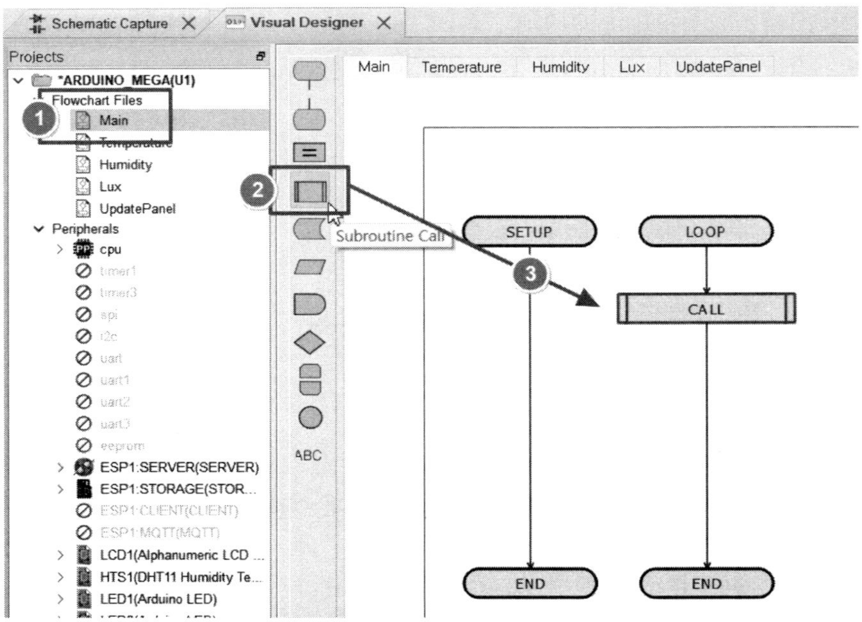

그림 3-186. Subroutine Call 블럭 배치

31. Flowchart에 배치된 CALL을 더블 클릭하면 그림 3-187과 같이 Edit Subroutine Call 창이 열린다.

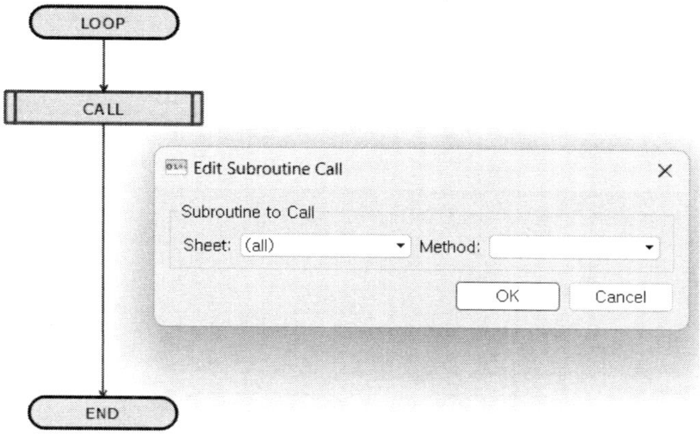

그림 3-187. Edit Subroutine Call 창

32. 그림 3-188과 같이 Sheet:(all)을 클릭하여 리스트에서 Temperature를 선택하면 Method가 Temperature로 표시된다. [OK]를 클릭하여 창을 닫는다.

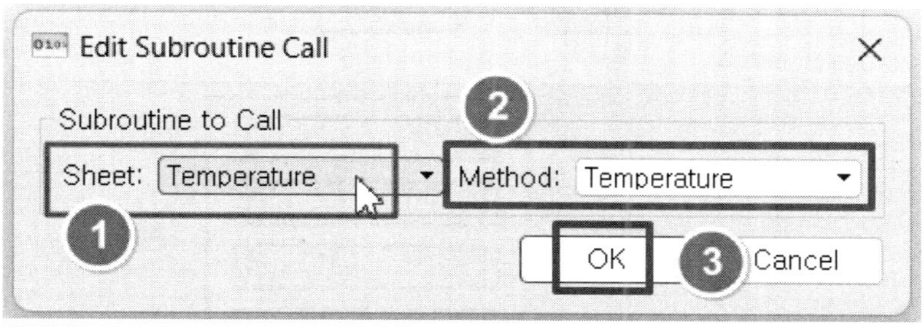

그림 3-188. Sheet: Temperature 선택

33. 그림 3-189와 같이 Subroutine 이름이 Temperature로 변경된다.

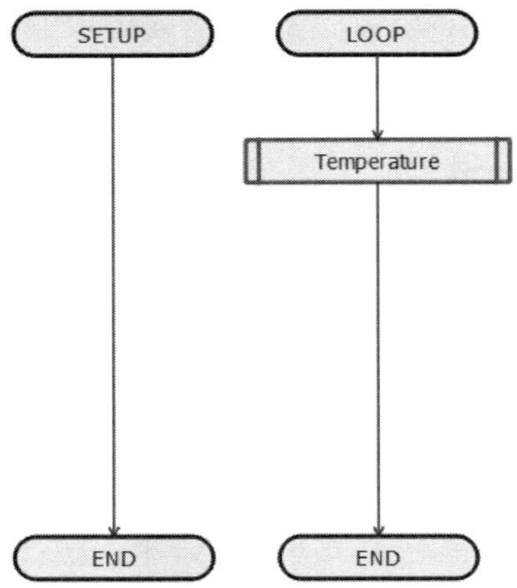

그림 3-189. Temperature로 변경된 Subroutine Call 이름

34. Subroutine Call Block을 등록하여 그림 3-190과 같이 이름을 모두 변경한다.

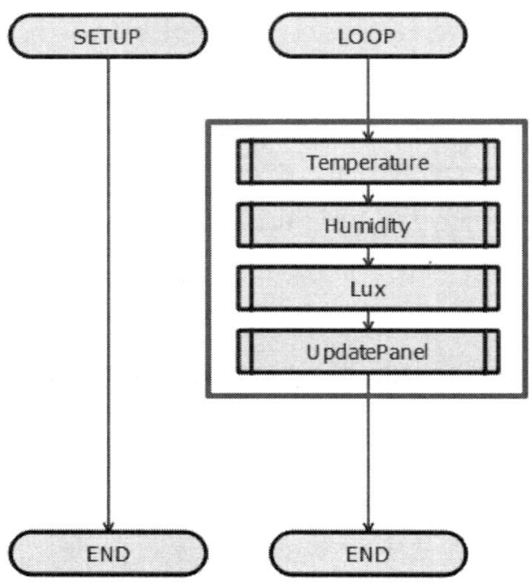

그림 3-190. Subroutine Call 이름 모두 변경

35. 기준 온도를 28℃로 설정하고 기준 온도보다 측정한 온도가 높으면 LED1(Blue)이 On 되고 기준 온도 이하일 경우에는 LED1(Blue)이 Off 상태가 되도록 코딩을 해보자.

36. Temperature 탭을 선택하고 그림 3-191과 같이 readTemperature를 Flowchart에 배치한다.

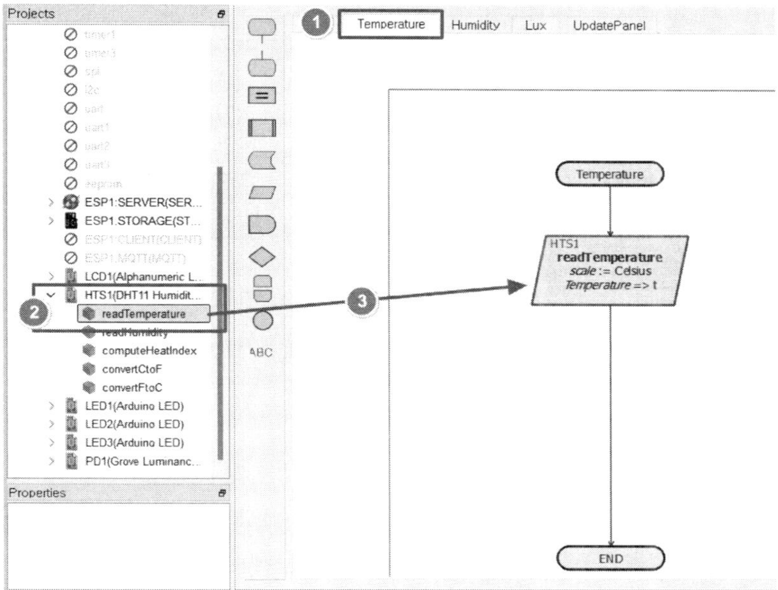

그림 3-191. readTemperature 배치

37. 그림 3-192와 같이 DECISION Block을 Flowchart에 배치한다.

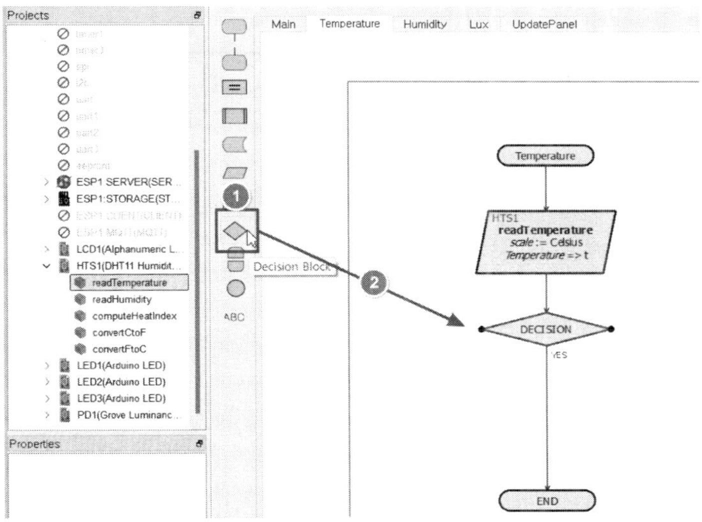

그림 3-192. DECISION Block 배치

38. 그림 3-193과 같이 LED1을 선택하여 on을 드래그 하여 Flowchart에 배치한다.

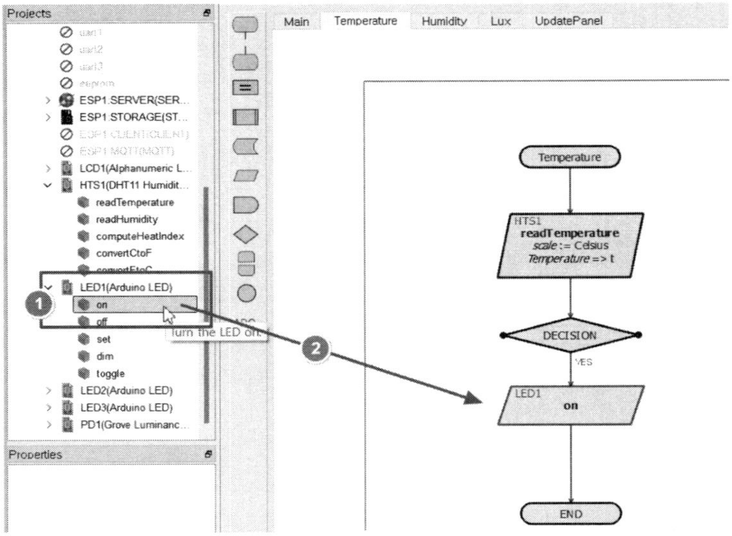

그림 3-193. LED1에 on 배치

39. LED1에 off를 드래그하여 그림 3-194와 같이 배치한다.

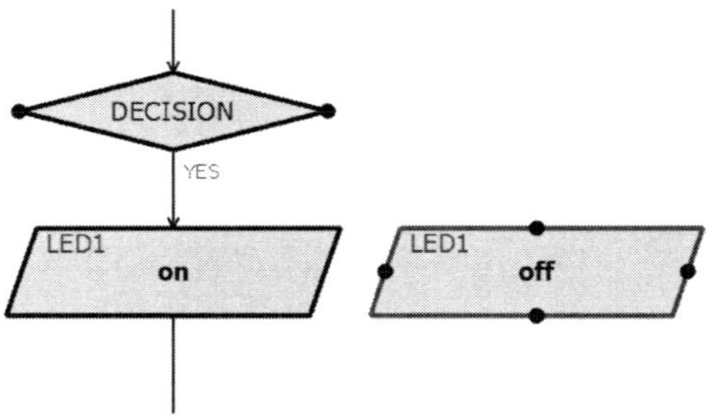

그림 3-194. LED1에 off 배치

40. 그림 3-195와 같이 LED on / off 동작 Flowchart를 완성한다.

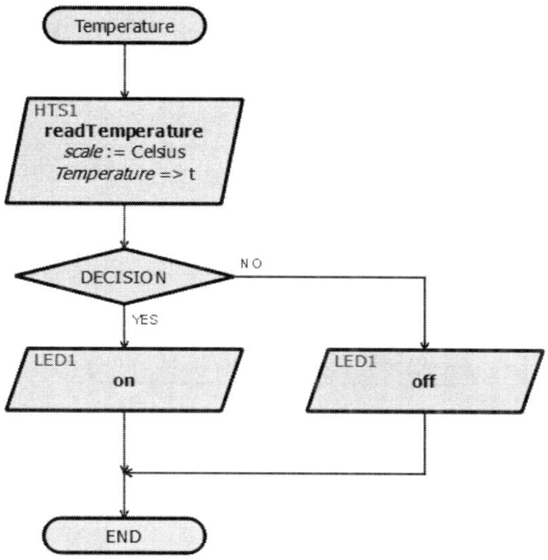

그림 3-195. LED on / off 동작 Flowchart

41. 그림 3-196과 같이 DECISION 속성 창을 열어서 Condition을 t〉28로 설정한다.

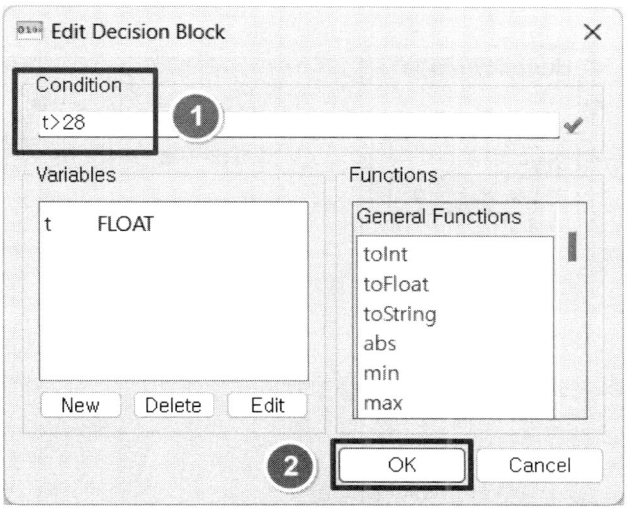

그림 3-196. Condition을 t〉28로 설정

※ DECISION은 조건에 부합 여부를 결정하는 역할을 한다. Condition에 설정한 t는 온도 값을 가지는 변수이다. 기준 온도를 28로 설정하고 t 값이 28보다 크면 LED를 on 하고, t 값이 28보다 작으면 LED를 off 한다. 측정된 온도 값을 t 값과 비교하여 LED on 또는 off를 결정한다고 생각하면 된다.

42. 그림 3-197과 같이 Flowchart를 완성한다.

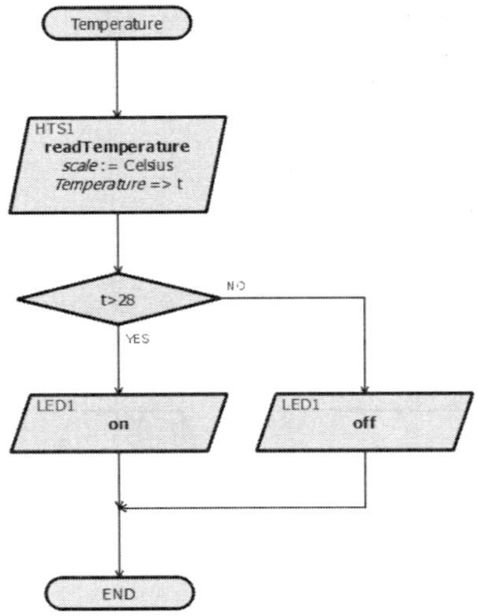

그림 3-197. Temperature 동작 설정 완료

43. 시뮬레이션을 실행하면 컴파일이 시작되고 일정 시간 이후에 그림 3-198과 같이 DHT11에 측정 모드를 온도 모드로 전환한다.

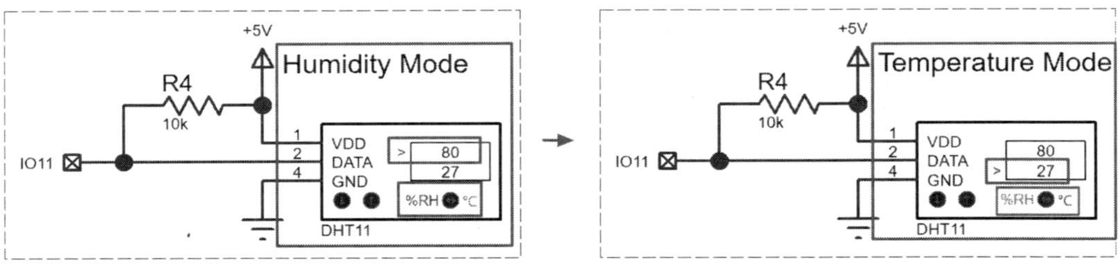

그림 3-198. DHT11 온도 모드 전환

44. 그림 3-199와 같이 DHT11 온도를 29로 변경하면 LED-GREEN이 ON이 된다.

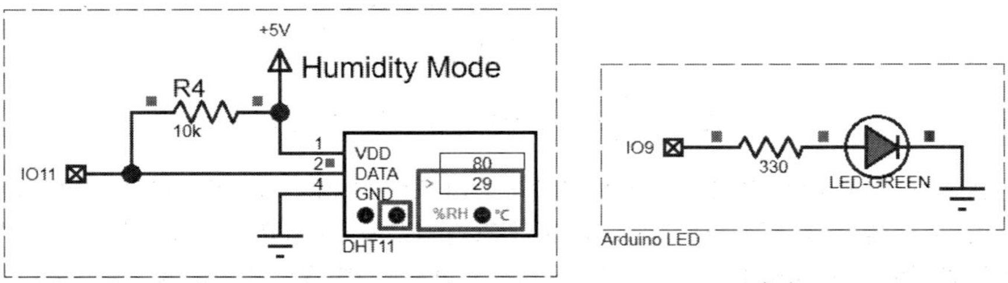

그림 3-199. DHT11 온도 29 변경 후 LED-GREEN ON

45. 시뮬레이션을 중지 한다.

46. Visual Designer 탭에 Main을 선택한 후 그림 3-200과 같이 Event Block를 배치한다.

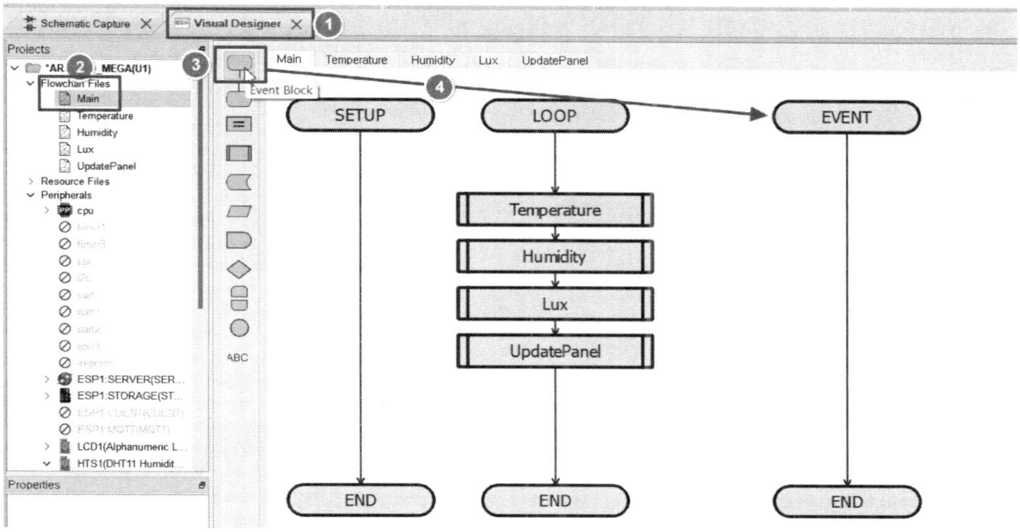

그림 3-200. Main 탭에 Event Block 배치

47. 측정된 온도를 lcd에 표시하기 위해 그림 3-201과 같이 배치된 Event Block 이름을 lcd로 변경한다.

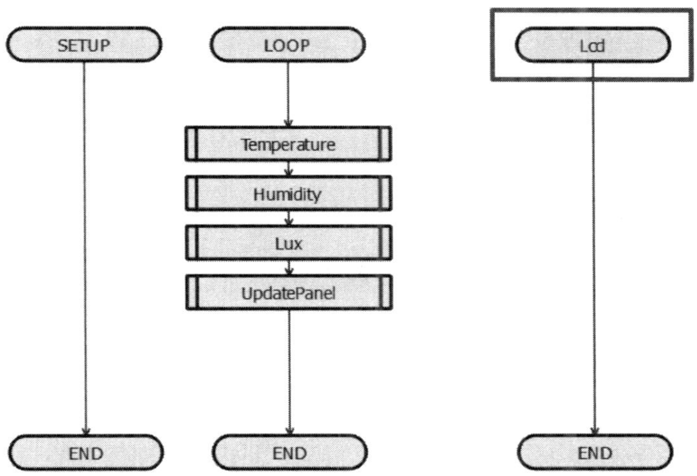

그림 3-201. Event Block 이름을 lcd로 변경

48. 그림 3-202와 같이 LCD1에 home을 Flowchart에 배치한다.

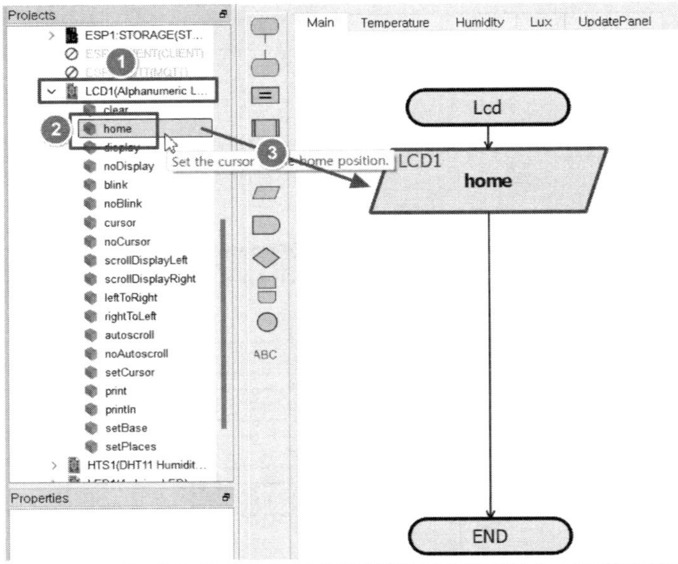

그림 3-202. LCD1에 home 배치

49. 그림 3-203과 같이 setCursor를 배치한다.

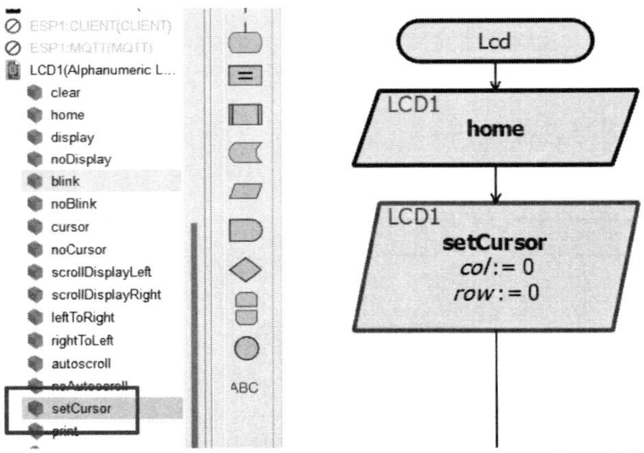

그림 3-203. setCursor 배치

50. 그림 3-204와 같이 print를 배치한다.

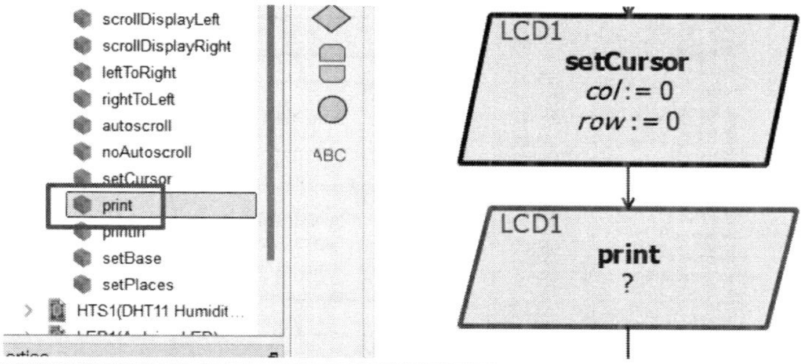

그림 3-204. print 배치

51. 배치된 print를 더블 클릭하여 그림 3-205와 같이 "Smart Home" 을 입력하고 [OK]를 클릭한다.

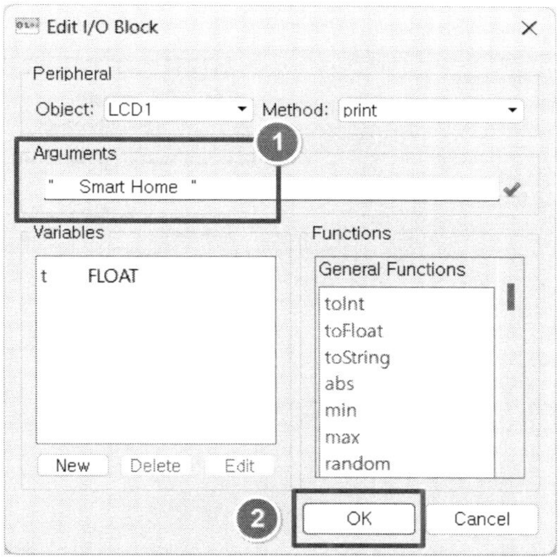

그림 3-205. "Smart Home" 입력

52. 그림 3-206과 같이 LCD에 표시할 문자가 표시된다.

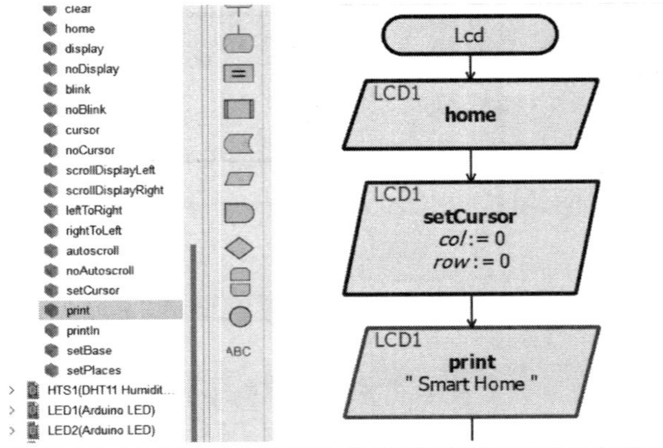

그림 3-206. LCD에 표시될 문자 표시

53. setCursor 를 배치하고 그림 3-207과 같이 row:=1로 설정한다.

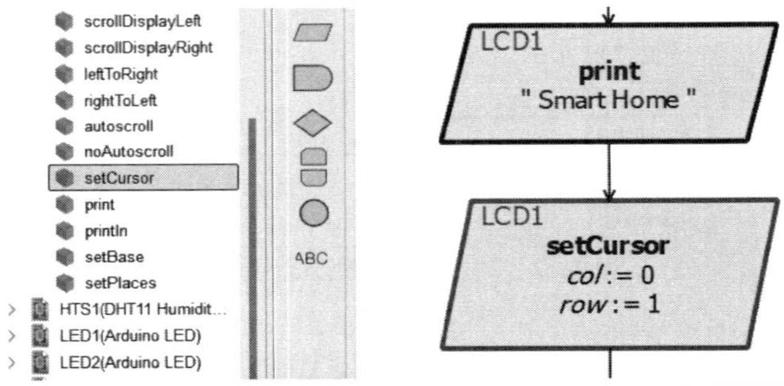

그림 3-207. row:=1로 설정

54. 그림 3-208과 같이 print를 배치한다.

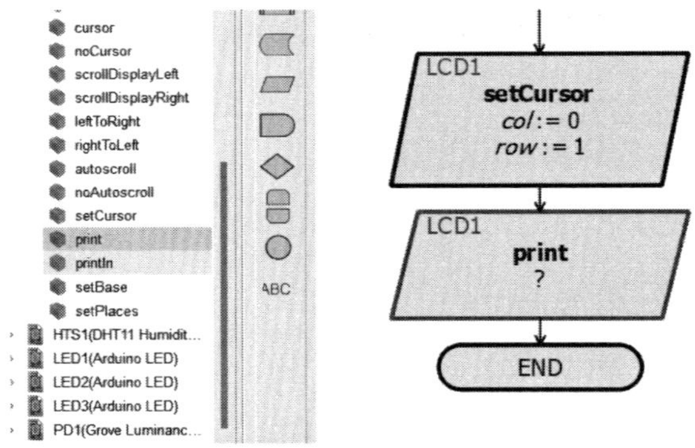

그림 3-208. print 배치

55. 배치된 print를 더블 클릭하여 그림 3-209와 같이 "T:",t 를 입력하고 [OK]를 클릭한다. T는 LCD에 표시되는 온도를 표시하는 문자이며 t는 온도 값을 가지는 변수이다.(이 후 설명되는 내용에서 생략한 h는 습도 값, Lux는 조도 값을 가지는 변수이다.)

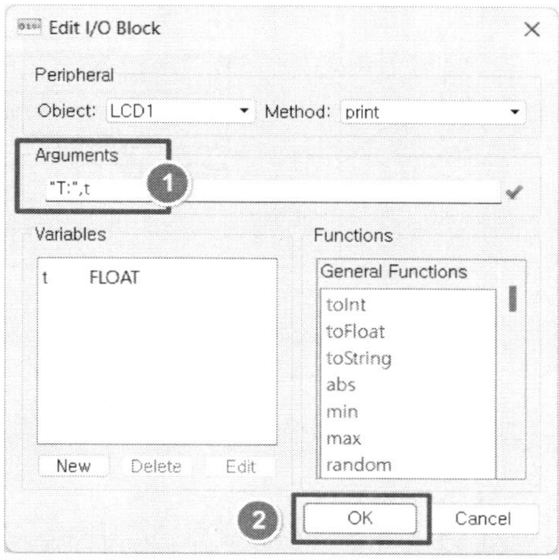

그림 3-209. 온도 표시 문자 입력

56. 그림 3-210과 같이 LCD에 표시될 문자가 표시된다.

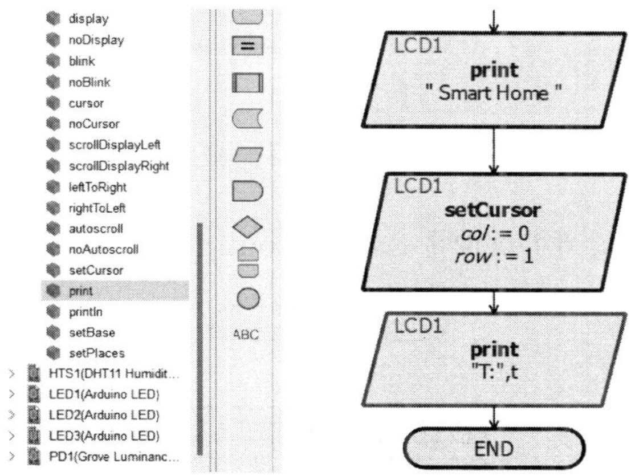

그림 3-210. LCD에 표시될 온도 문자 표시

57. 그림 3-211과 같이 Subroutine Call을 Flowchart를 배치한다.

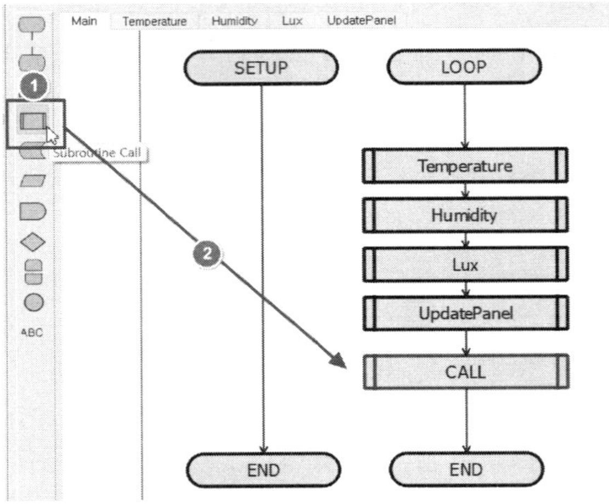

그림 3-211. Subroutine Call 배치

58. CALL을 더블 클릭하여 그림 3-212와 같이 Method: 에 Lcd를 선택하고 [OK]를 선택한다.

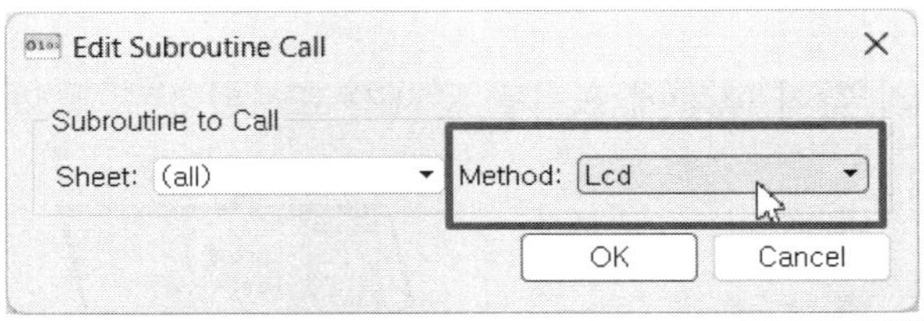

그림 3-212. Method: Lcd 설정

59. 그림 3-213과 같이 LOOP에 Lcd Subroutine이 설정된다.

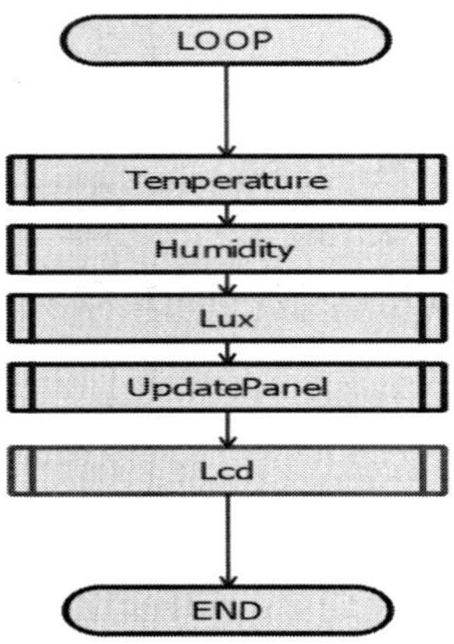

그림 3-213. Lcd Subroutine 배치 완료

60. 그림 3-214와 같이 Lcd에 온도를 표시하기 위한 코딩이 완료되어야 한다.

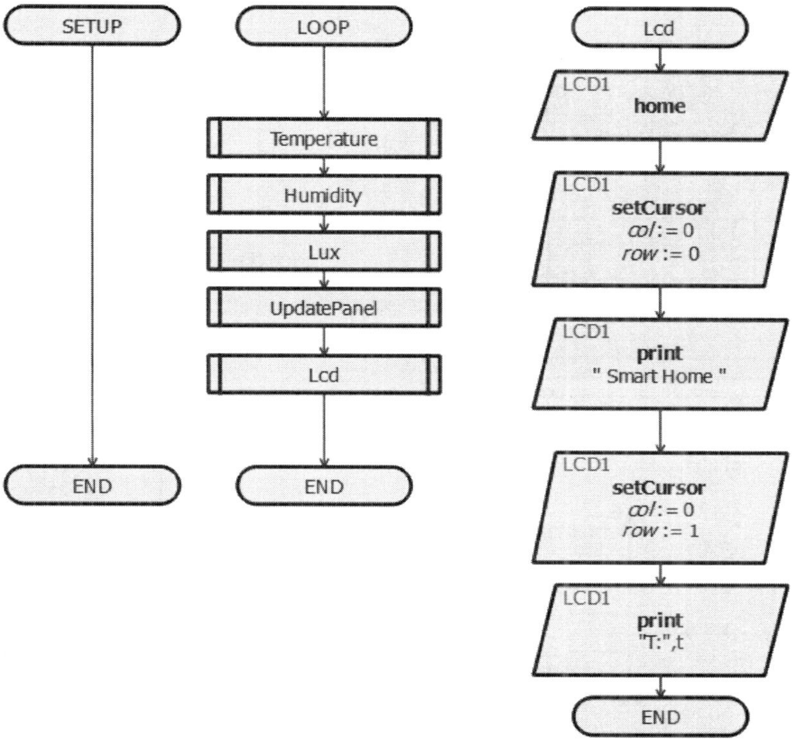

그림 3-214. Lcd에 온도 표시를 위한 코딩

61. 시뮬레이션을 실행하면 컴파일이 진행되고 이 후에 그림 3-215와 같이 현재 온도가 Lcd에 표시된다.

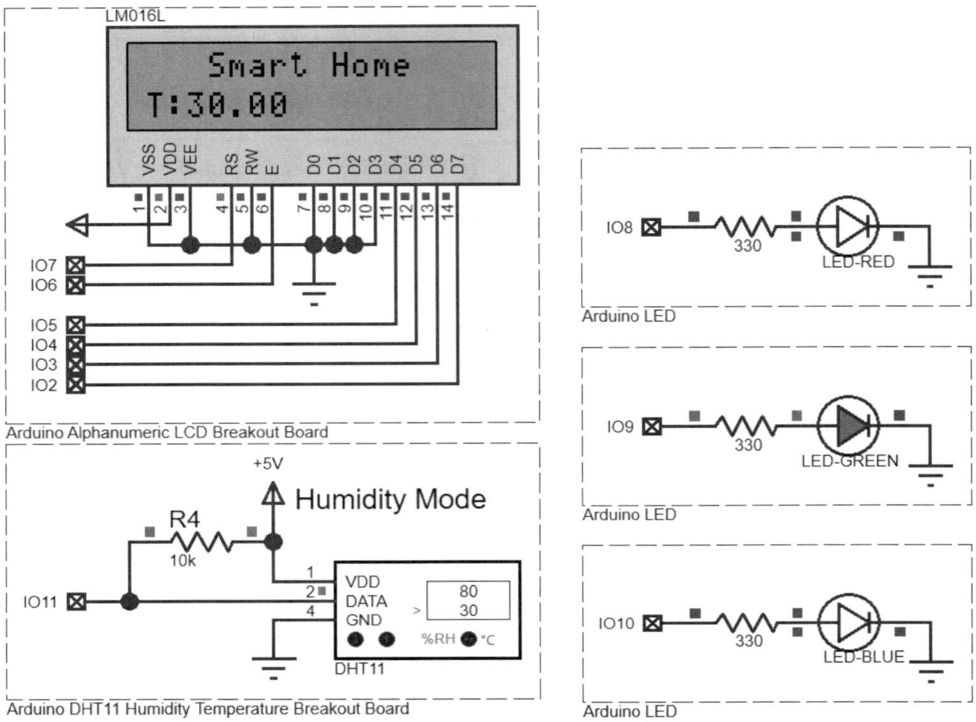

그림 3-215. Lcd에 표시되는 현재 온도

62. 이후 설명될 내용에는 습도 값과 조도 값을 Lcd에 표시해야 되는데 그림 3-215에 표시된 온도 값이 T:30.00으로 표시된 것을 확인할 수 있을 것이다. 이럴 경우 습도 값과 조도 값을 Lcd에 한 번에 표시할 수 없기때문에 측정한 값을 표시할 때 소수점 이하 자릿수를 조절할 필요가 있다.

63. 시뮬레이션을 중지하고 그림 3-216과 같이 Lcd1에 setPlace를 선택하여 SETUP에 배치한다.

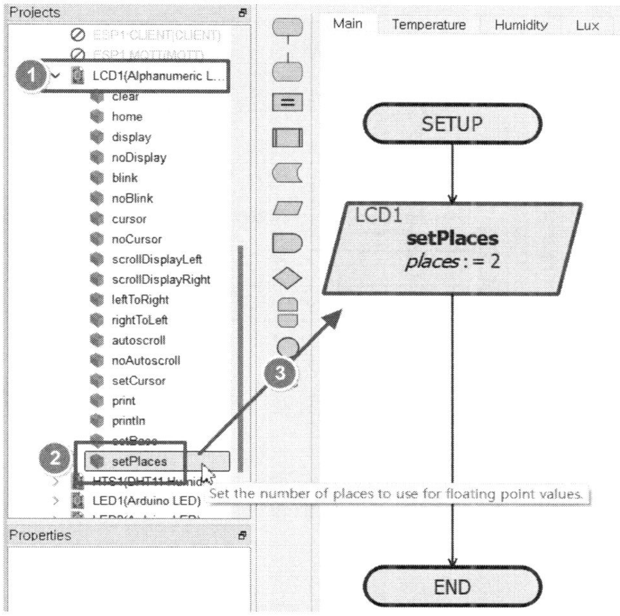

그림 3-216. setPlace 배치

64. setPlace 속성 창을 열어서 그림 3-217과 같이 소수점 자릿수를 0으로 설정하고 [OK]를 클릭한다.

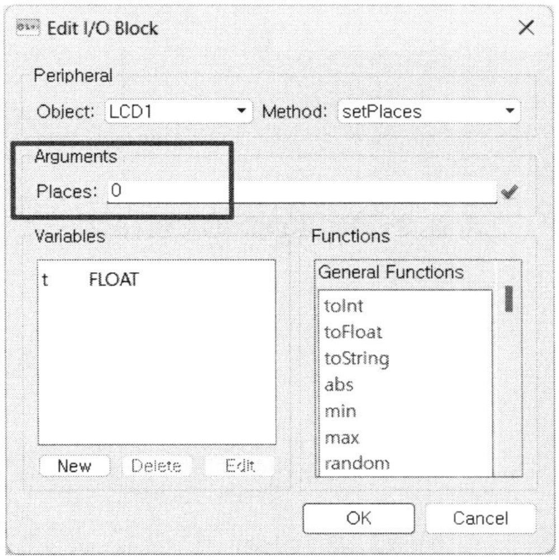

그림 3-217. 소수점 자릿수 설정

65. 시뮬레이션을 실행해서 LCD에 표시되는 온도값을 확인해 보면 그림 3-218과 같이 온도값이소수점 이하는 표시되지 않는 것을 확인할 수 있다.

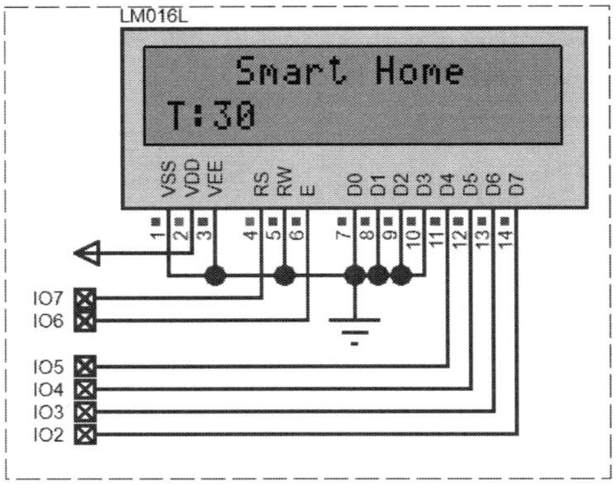

그림 3-218. 소수점 이하가 생략된 온도값 표시

66. 시뮬레이션을 중지하고 Humidity 탭에 그림 3-219와 같이 readHumidity를 배치한다.

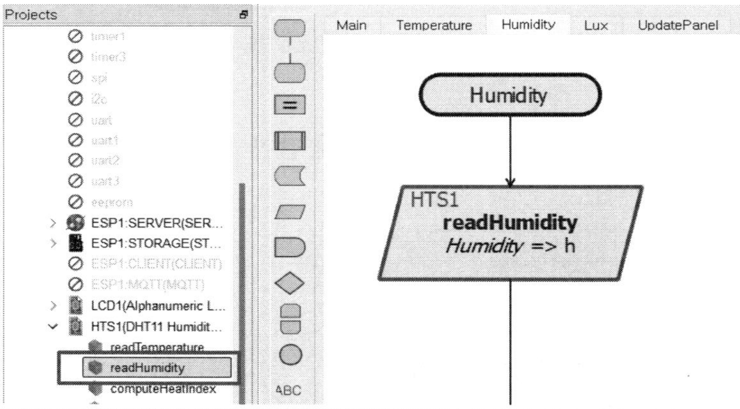

그림 3-219. readHumidity 배치

67. 그림 3-220과 같이 Humidity 코드를 완성한다. (기준 습도를 60으로 설정)

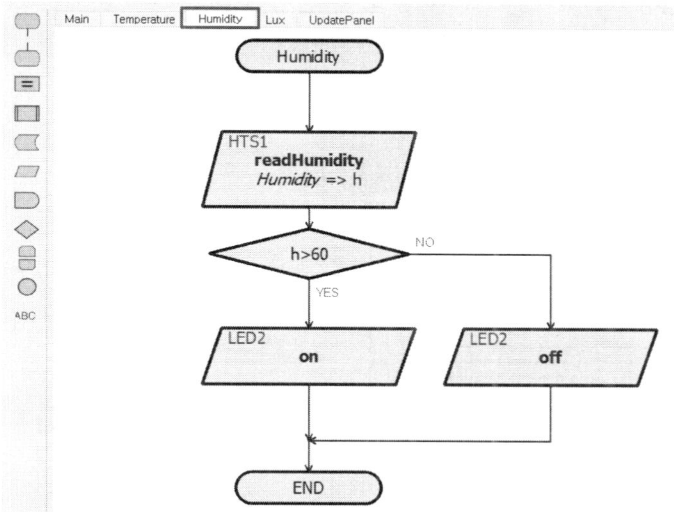

그림 3-220. Humidity Flowchart 완료

68. Main 탭을 선택하여 Lcd에 setCursor와 print를 추가하여 그림 3-221과 같이 Flowchart를 생성한다.

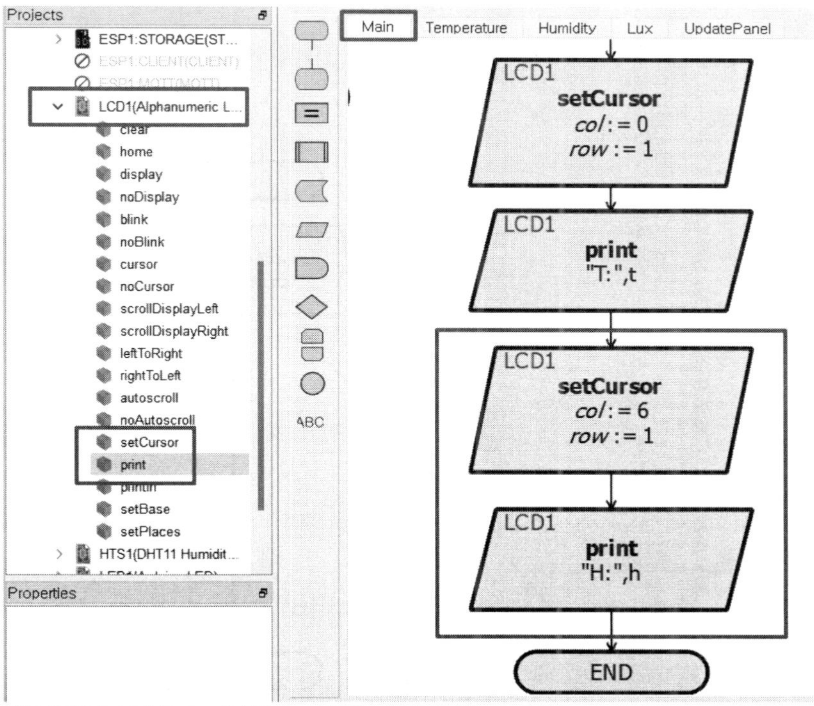

그림 3-221. Humidity 값을 표시하기 위한 코드 작성 완료

69. 시뮬레이션을 실행하면 그림 3-222와 같이 현재 온도와 습도가 Lcd에 표시되는 것을 확인할 수 있고, 온도와 습도가 설정된 값 보다 높아서 LED-GREEN과 LED-Blue가 ON 된 것을 확인할 수 있다.

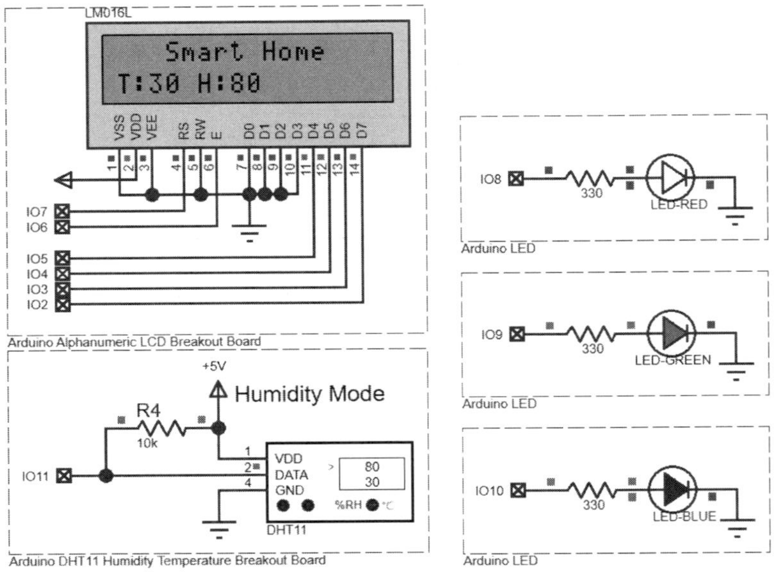

그림 3-222. Lcd에 표시된 온도와 습도

70. 시뮬레이션을 중지하고 Lux 탭에 그림 3-223과 같이 readLuminance를 배치한다.

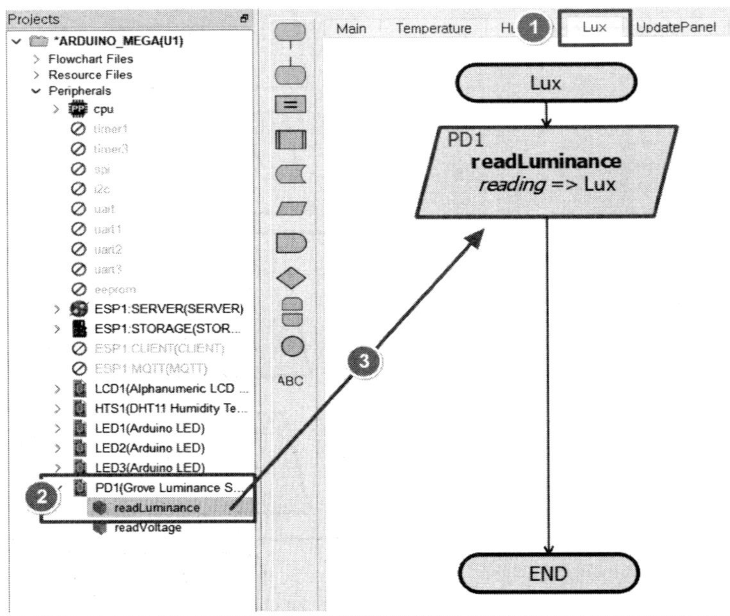

그림 3-223. readLuminance 배치

71. 그림 3-224와 같이 Lux 탭에 코드를 완성한다.

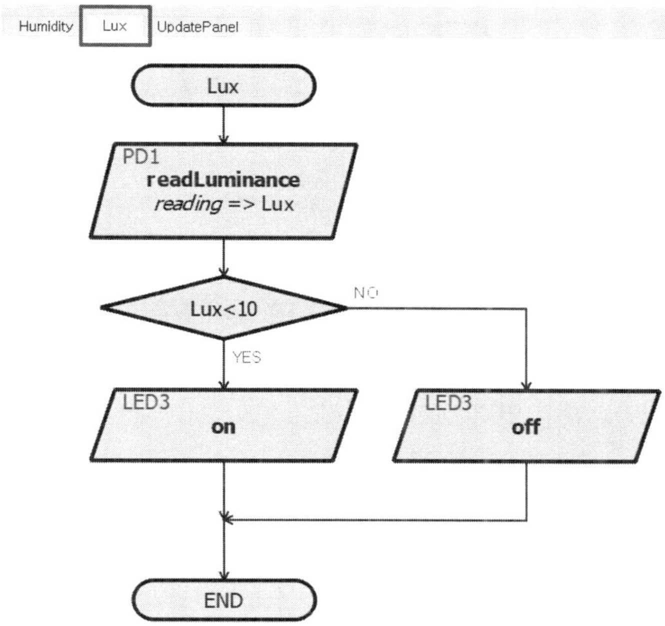

그림 3-224. Lux Flowchart 완료

72. Main 탭으로 이동하여 그림 3-225와 같이 Block 연결 선 위에 마우스를 위치시킨다.

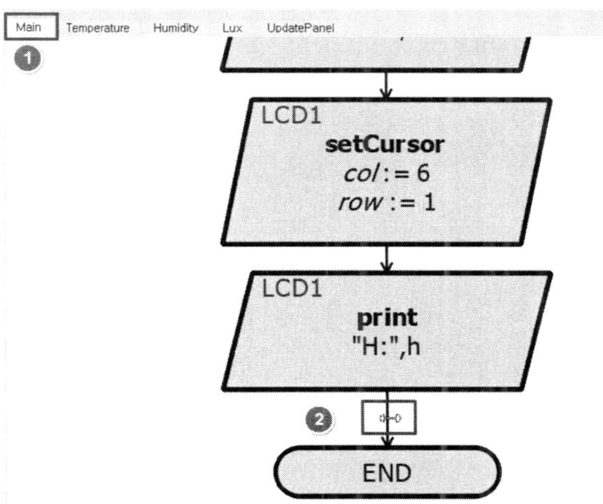

그림 3-225. Block 연결 선 위로 마우스 이동

73. 마우스를 우클릭하면 그림 3-226과 같이 보조 메뉴에서 Split를 선택한다.

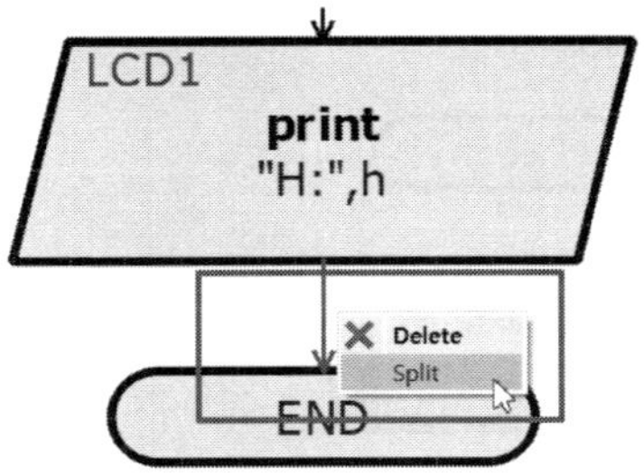

그림 3-226. 우클릭 후 Split 선택

74. 그림 3-227과 같이 연결 선이 분리된다.

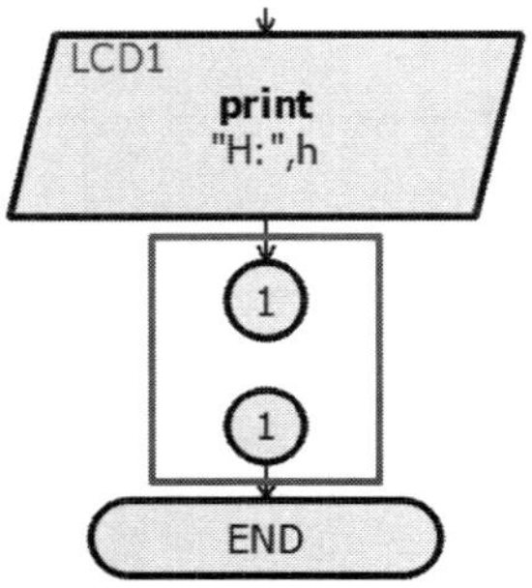

그림 3-227. Split 실행

※ Split을 실행한 이유는 Lux 동작을 구현하기에는 Lcd Flowchart 작성 영역이 부족하기 때문에 Flowchart를 분기 시키는 것이다.

73. 그림 3-228과 같이 분기점을 이동시키고 Lux 값을 표시하기 위한 Lcd 동작을 구현한다.

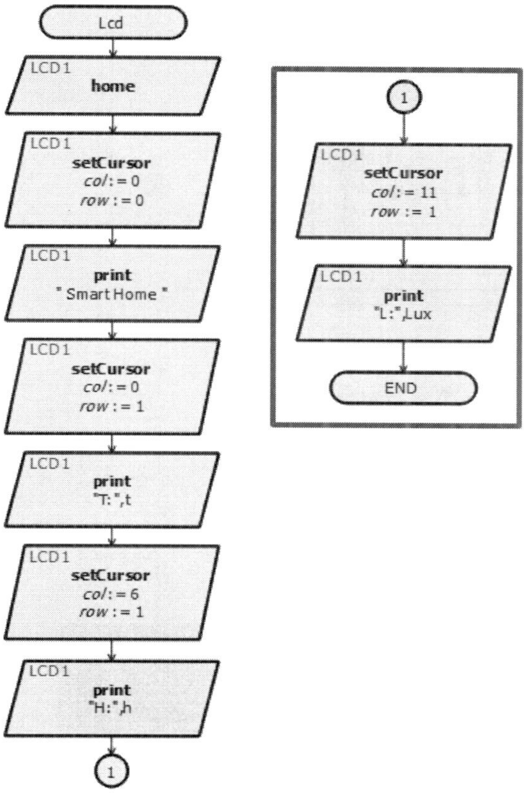

그림 3-228. 분기 후 LCD 동작 구현 완료

76. 시뮬레이션을 실행하면 그림 3-229와 같이 Lux 동작을 확인할 수 있다. (LED-RED, ON)

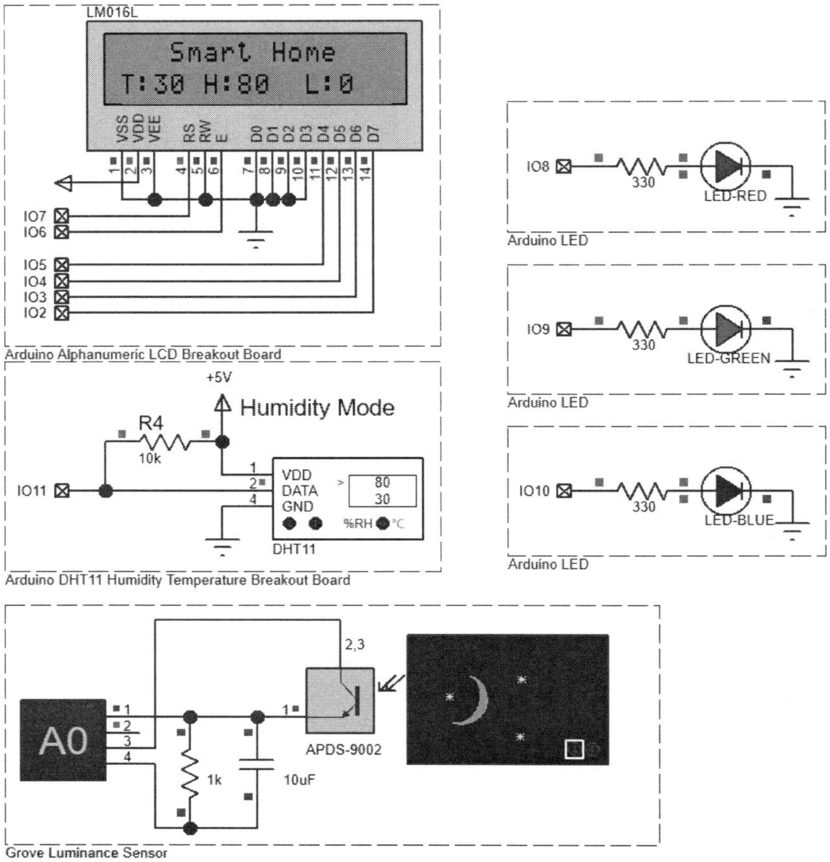

그림 3-229. Lux 동작

77. 시뮬레이션을 중지하고, 그림 3-230과 같이 회로도에 LED 위치를 변경하면 동작을 쉽게 확인할 수 있다. (LED-GREEN (온도) , LED-Blue (습도), LED-Red (조도) 순으로 변경 함)

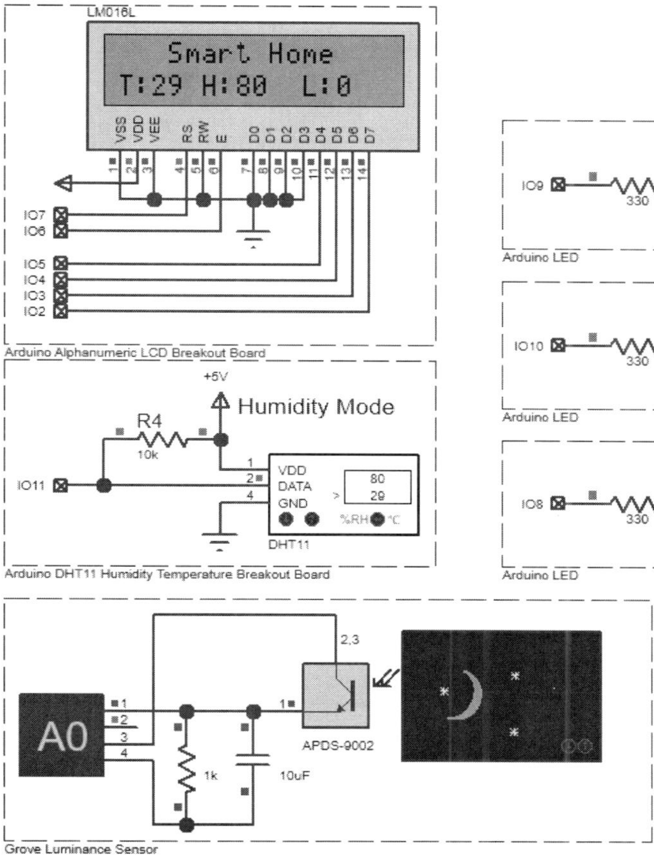

그림 3-230. LED회로 위치 변경

78. VFP 설정을 위해 그림 3-231과 같이 Visual Designer 탭에 메뉴에서 Project-Add IoT Control을 선택하여 Category: Buttons, Theme: Modern을 선택하여 Login 버튼을 추가한다.

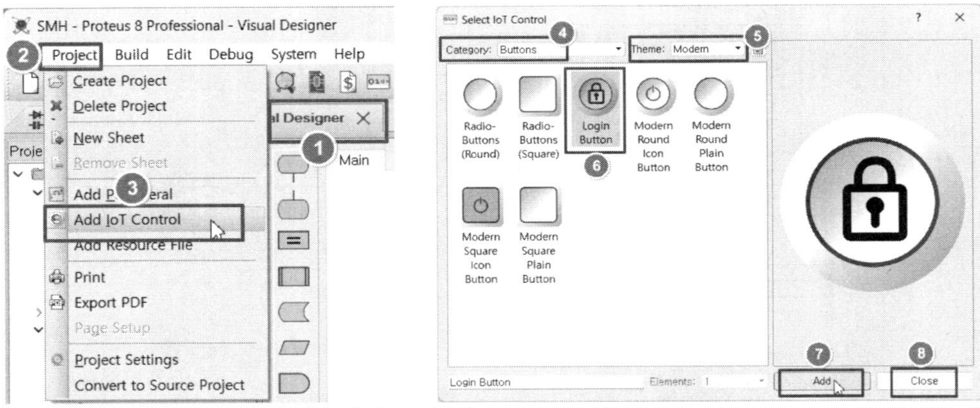

그림 3-231. Project - Add IoT Control 선택, Login Button 추가

79. 그림 3-232와 같이 IoT Control Panel 생성되고 Iotlogin1(Login) 버튼이 추가 된다.

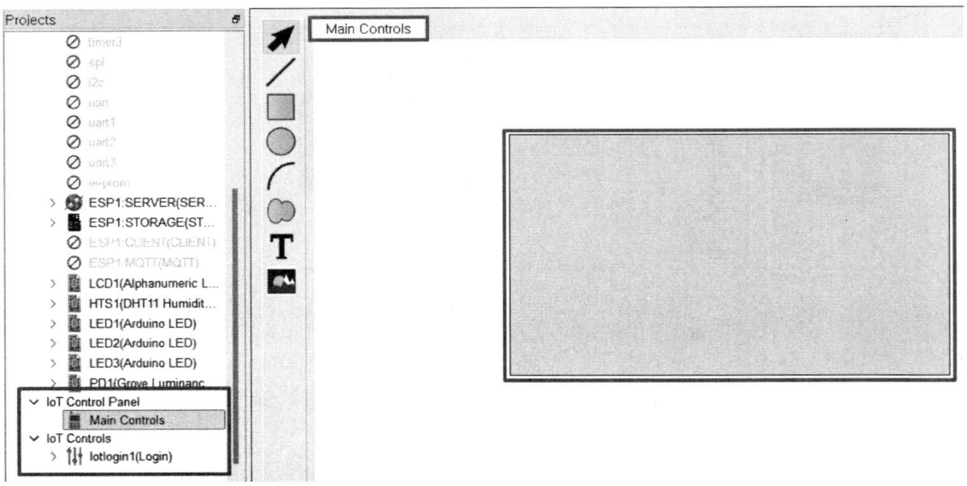

그림 3-232. Main Controls 생성과 Iotlogin 버튼 추가

80. 그림 3-233과 같이 Main Controls를 우클릭해서 Panel Settings를 선택한다.

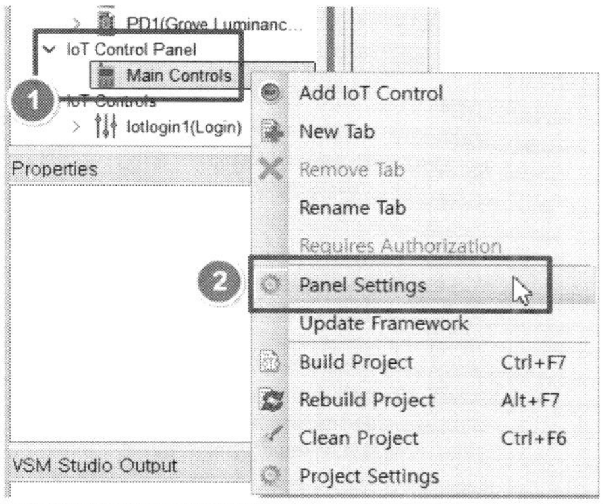

그림 3-233. Panel Settings 선택

81. 그림 3-234와 같이 Page Title과 Enable access control을 설정하고 [OK]를 클릭한다.

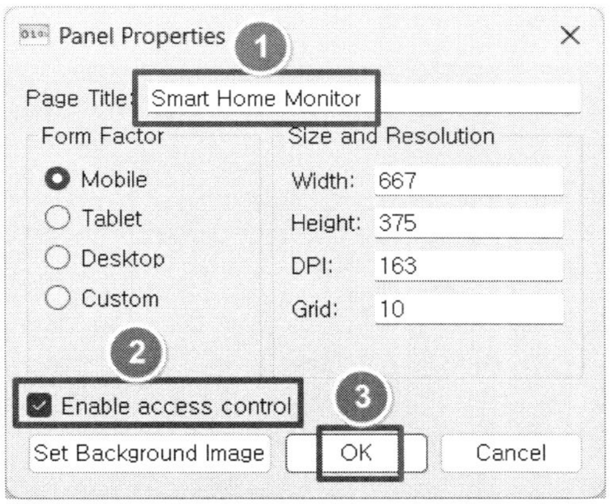

그림 3-234. Page Title과 Enable access control 설정

82. 그림 3-235와 같이 Text Placement Mode를 선택하고 VFP 위로 이동한다.

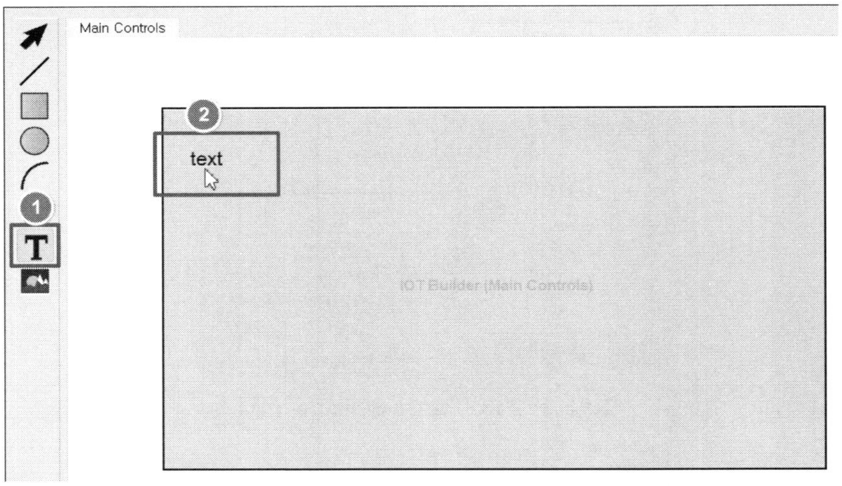

그림 3-235. Text Placement Mode 선택 후 VFP 위로 이동

83. VFP 위로 이동 후 마우스를 클릭하면 그림 3-236과 같이 속성 창이 활성화 된다.

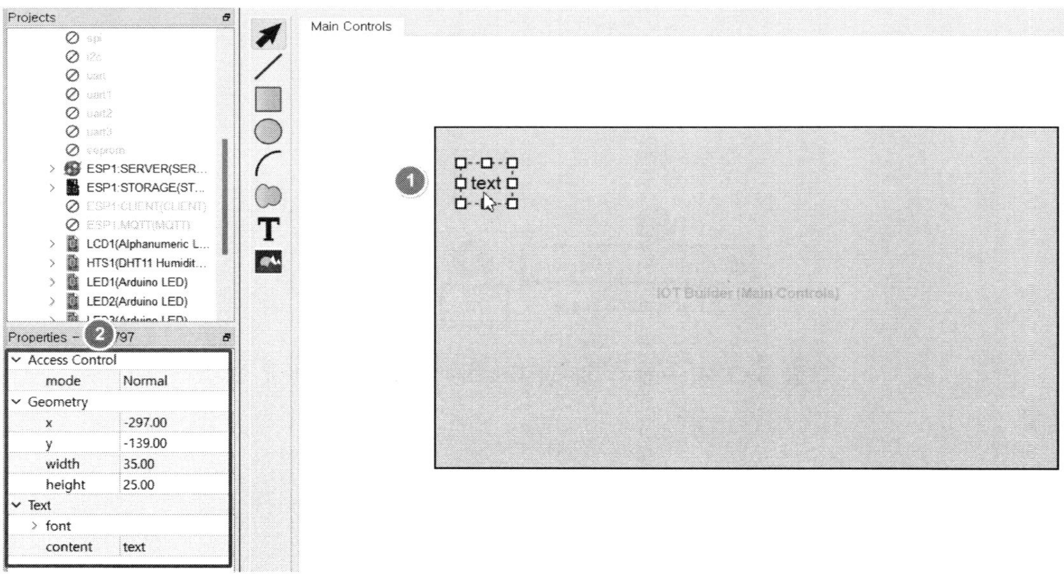

그림 3-236. Text 속성 창 활성화

84. 그림 3-237과 같이 속성 창에서 content에 text를 클릭한다.

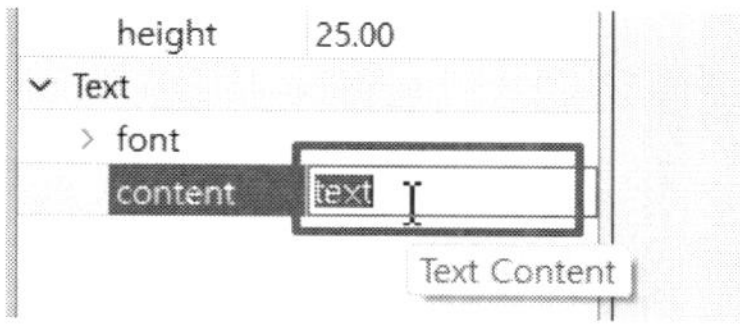

그림 3-237. content에 text 클릭

85. 그림 3-338과 같이 text에 "**스마트 홈 모니터**"를 입력하면 VFP에 입력한 글자가 표시된다.

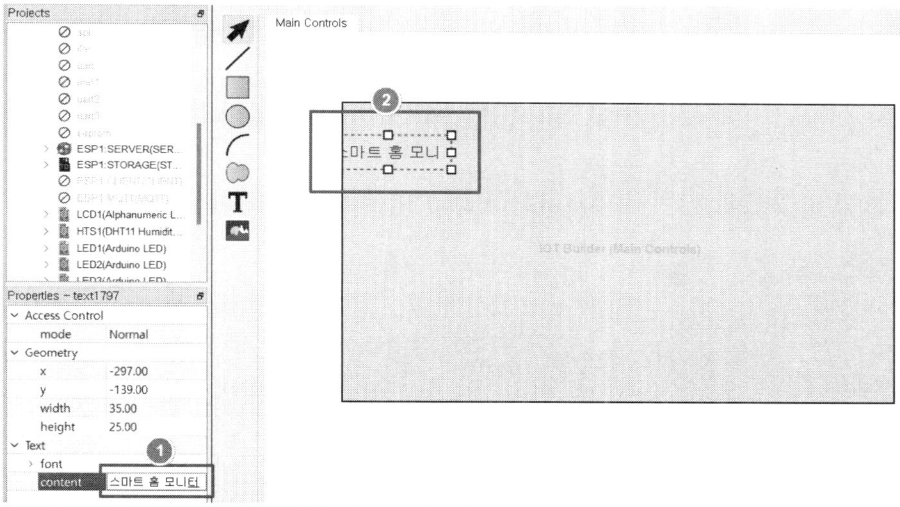

그림 3-238. content에 스마트 홈 모니터 입력

86. 그림 3-239와 같이 이동한다.

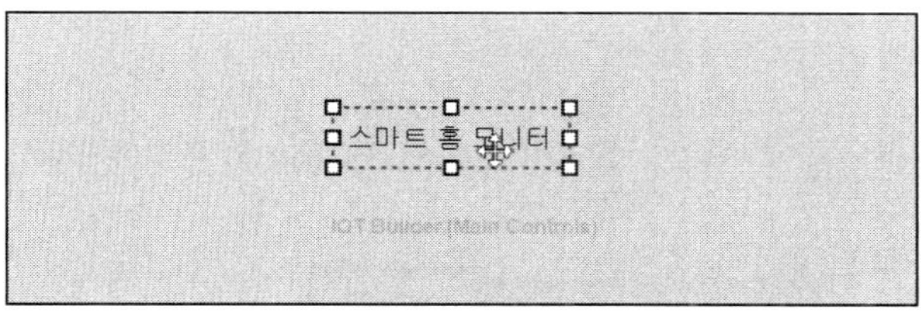

그림 3-239. 텍스트 이동

87. 그림 3-240과 같이 속성 창에서 font를 선택하여 size를 50으로 입력하고 키보드에 엔터키를 누른다.

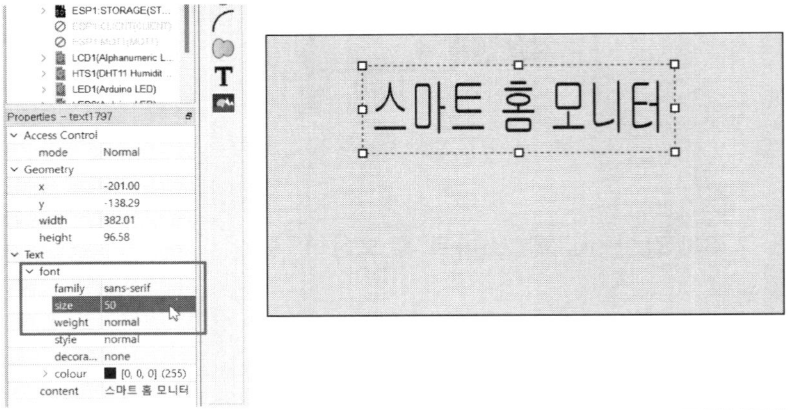

그림 3-240. font size 조절

88. 그림 3-241과 같이 Iotlogin1(Login) 버튼을 VFP에 배치한다.

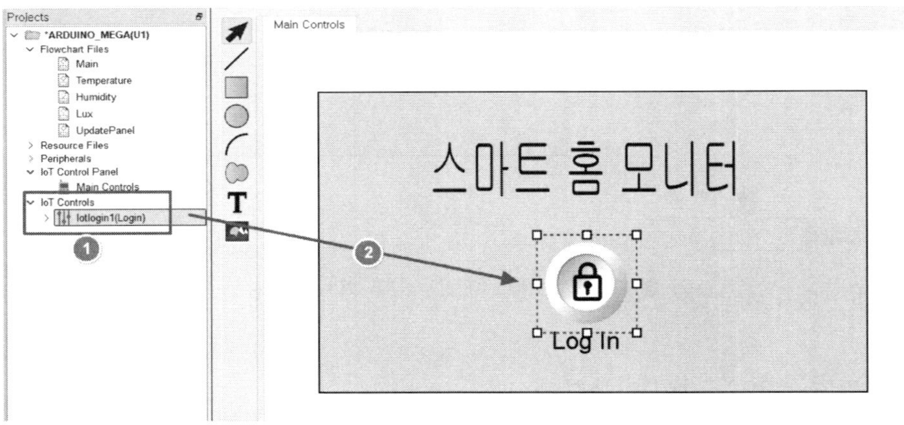

그림 3-241. VFP에 Iotlogin1(Login) 버튼 배치

89. 그림 3-242와 같이 패스워드를 " smarthome " 으로 변경한다.

그림 3-242. password 변경

90. **Log In**, **Log Out**을 그림 3-243와 같이 **로그인**, **로그아웃**으로 변경한다.

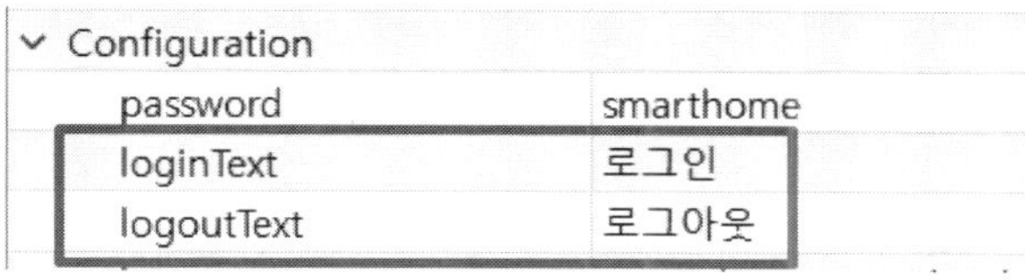

그림 3-243. Log In, Log Out 텍스트 변경

91. 시뮬레이션을 실행하면 그림 3-244와 같이 변경된 내용을 확인할 수 있다.

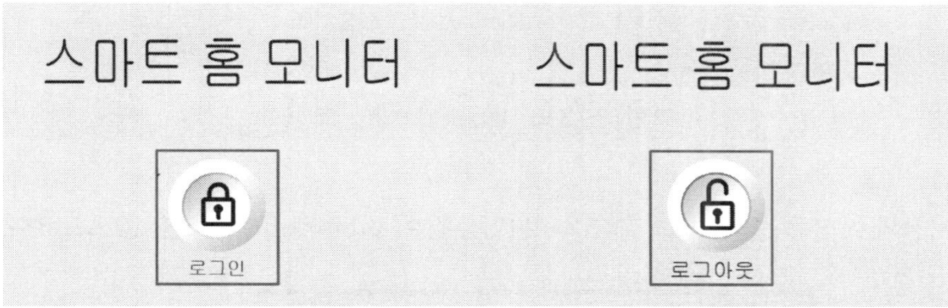

그림 3-244. 변경된 로그인, 로그아웃 텍스트

92. 시뮬레이션을 중지하고 그림 3-245와 같이 버튼과 텍스트 간격을 30으로 변경한다.

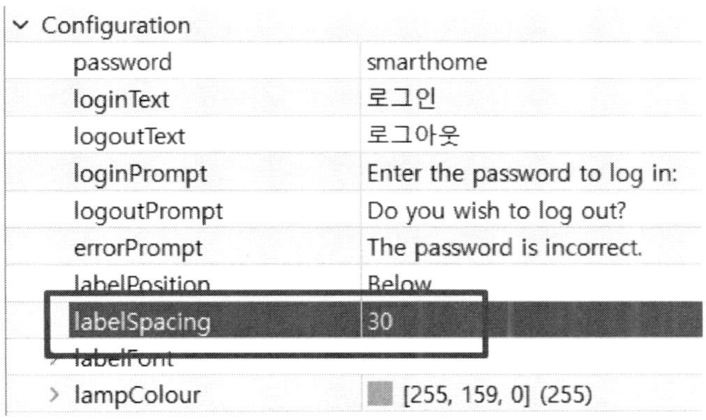

그림 2-245. labelSpacing : 30

93. 시뮬레이션을 실행해보면 그림 3-246과 같이 버튼과 텍스트 간격이 조정된 것을 확인할 수 있다. 로그인은 간격 10, 로그아웃은 간격 30 이다.

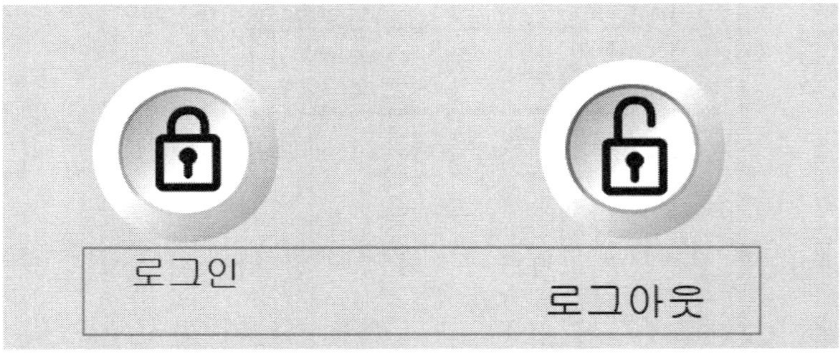

(a) labelSpacing : 10 (b) labelSpacing : 30

그림 3-246. labelSpacing 조정

94. 시뮬레이션을 중지하고 그림 3-247과 같이 labelFont size를 40으로 변경한다.

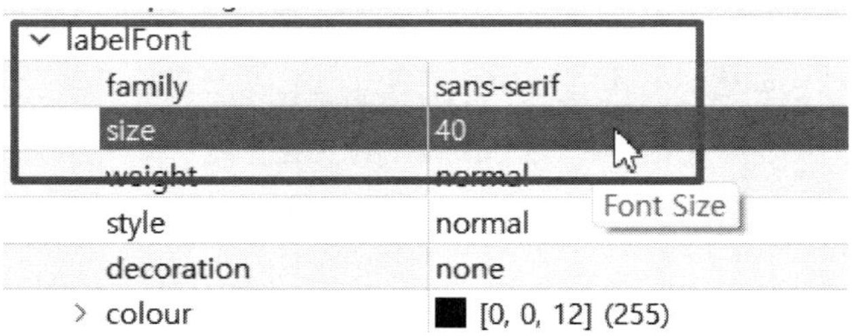

그림 3-247. labelFont size 변경

95. 그림 3-248과 같이 텍스트 크기가 변경된 것을 확인할 수 있다.

그림 3-248. 변경된 텍스트 크기

96. 시뮬레이션을 실행하여 로그인 버튼을 클릭하면 그림 3-249와 같이 로그인 창에 표시된 패스워드입력 안내가 영문으로 표시되는 것을 확인할 수 있다. 시뮬레이션을 중지한다.

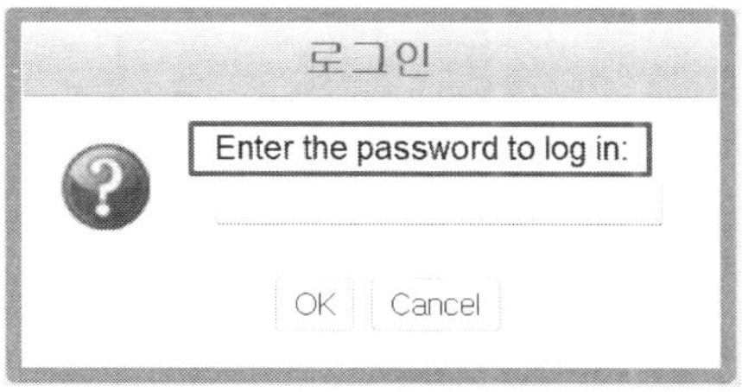

그림 3-249. 영문으로 표시된 패스워드 입력 안내

97. 그림 3-250과 같이 loginPrompt 메시지를 " **패스워드를 입력하세요.** " 로 변경한다.

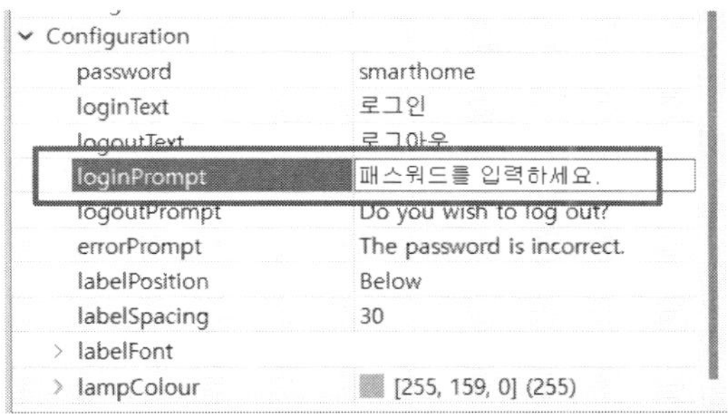

그림 3-250. loginPrompt를 한글로 변경

98. 시뮬레이션을 실행하고 로그인 버튼을 클릭하면 그림 3-251과 같이 메시지가 한글로 변경된 것을 확인할 수 있다.

그림 3-251. 변경된 loginPrompt 메시지

99. 시뮬레이션을 중지하고 그림 3-252와 같이 logoutPrompt를 " **로그아웃 하시겠습니까?** " 메시지 로 변경한다.

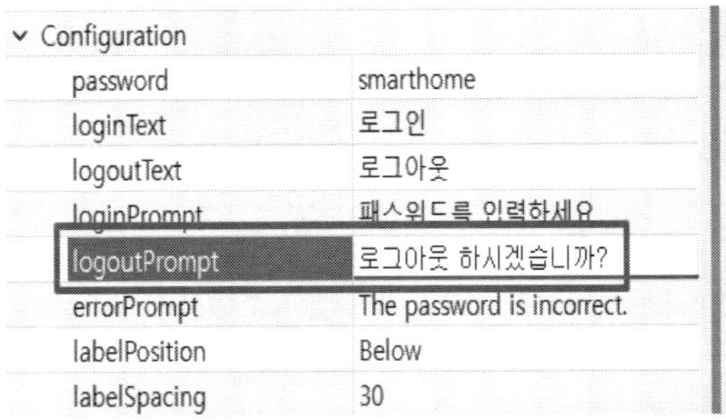

그림 3-252. loginPrompt를 한글로 변경

100. 시뮬레이션을 실행하여 로그아웃 버튼을 클릭하면 그림 3-253과 같이 변경된 logoutPrompt 메시지를 확인할 수 있다.

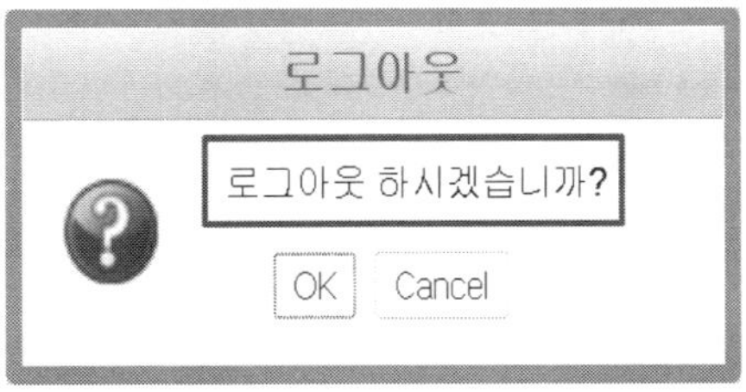

그림 2-253. 변경된 logoutPrompt 메시지

101. 시뮬레이션을 중지하고 그림 2-254와 같이 errorPrompt 메시지를 " **패스워드가 일치하지 않습니다.** " 메시지로 변경한다.

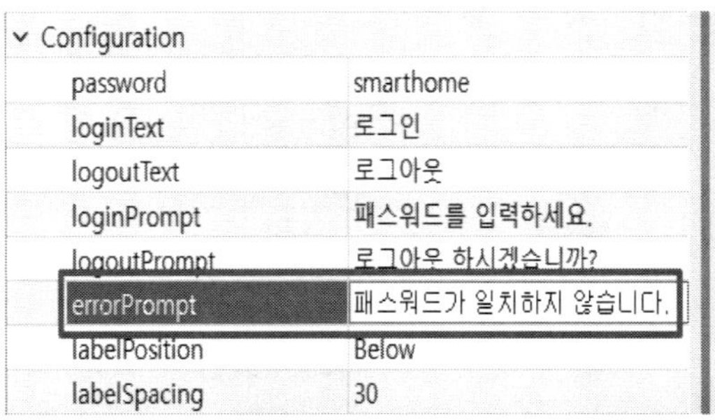

그림 3-254. errorPrompt를 한글로 변경

102. 시뮬레이션을 실행하여 패스워드를 "12345"로 입력하면 errorPrompt 메시지가 그림 3-255와 같이 변경된 것을 확인할 수 있다.

그림 2-255. 변경된 errorPrompt 메시지

103. 시뮬레이션을 중지하고 Iotlogin1(Login)을 클릭하여 그림 3-256과 같이 Flowchart에 배치한다.

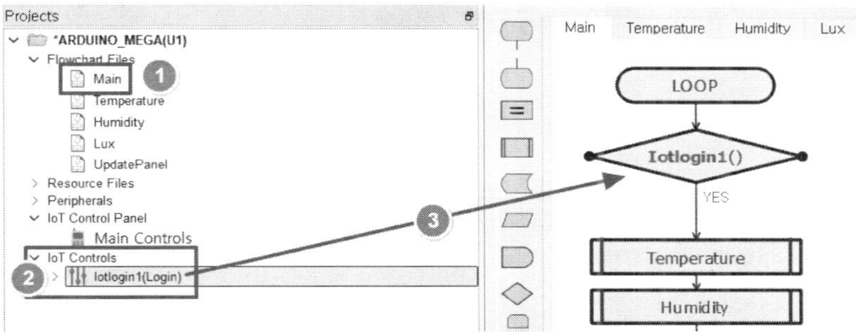

그림 3-256. Iotlogin1(Login) 배치

104. 그림 3-257과 같이 Flowchart를 완성한다.

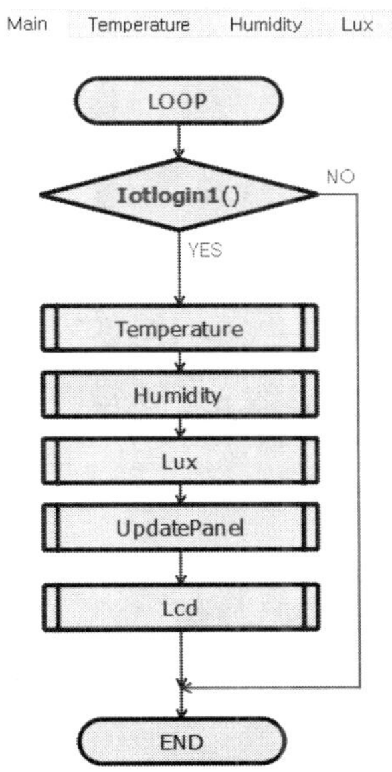

그림 3-257. Iotlogin1(Login) 배치 후 결선 완료

105. 시뮬레이션을 실행하면 로그인 버튼을 클릭하기 전에는 스마트 홈 모니터링 시스템이 작동하지 않는 것을 그림 3-258과 같이 확인할 수 있다.

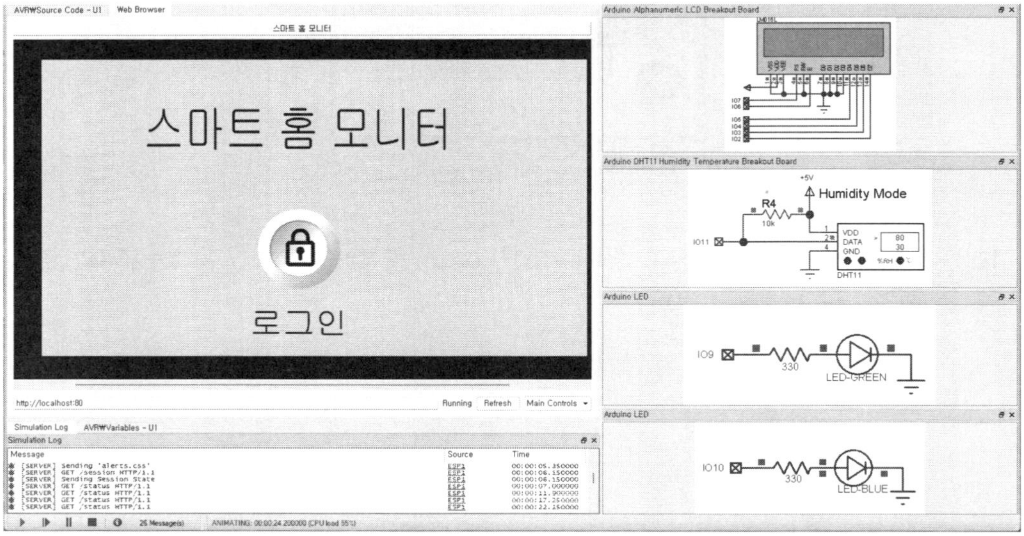

그림 3-258. 로그인 버튼 클릭 전 스마트 홈 모니터링 시스템

106. 로그인 버튼을 클릭하여 패스워드 입력 후 그림 3-259와 같이 동작하는 스마트 홈 모니터링 시스템을 확인할 수 있다.

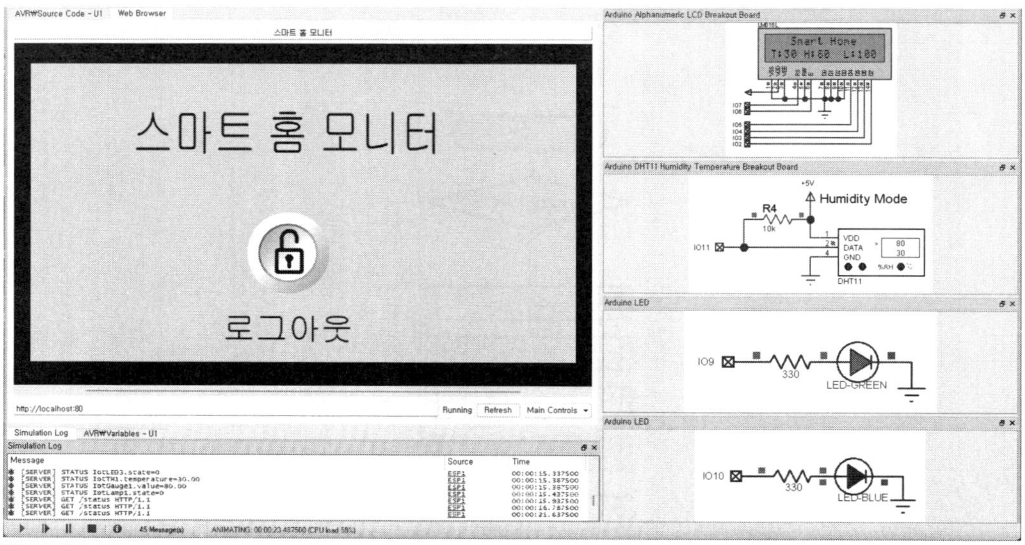

그림 3-259. 로그인 이후 동작하는 스마트 홈 모니터링 시스템

107. 그림 3-259 동작 후 로그아웃을 실행하면 그림 3-260과 같이 이전 상태가 유지 되는 것을 확인할 수 있을 것이다.

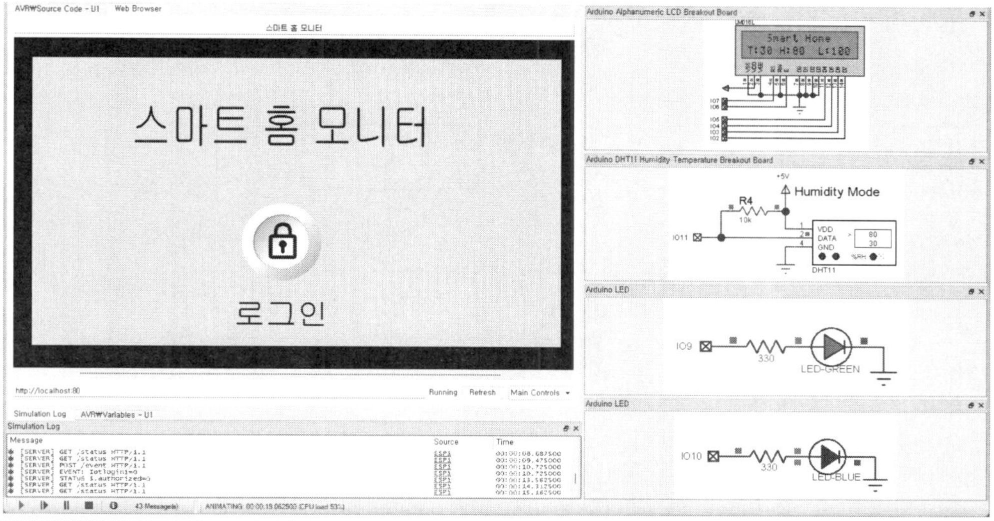

그림 3-260. 로그아웃 실행 후 이전 상태 유지

108. 시뮬레이션을 중지하고 LOOP Flowchart 그림 3-261과 같이 수정한다.

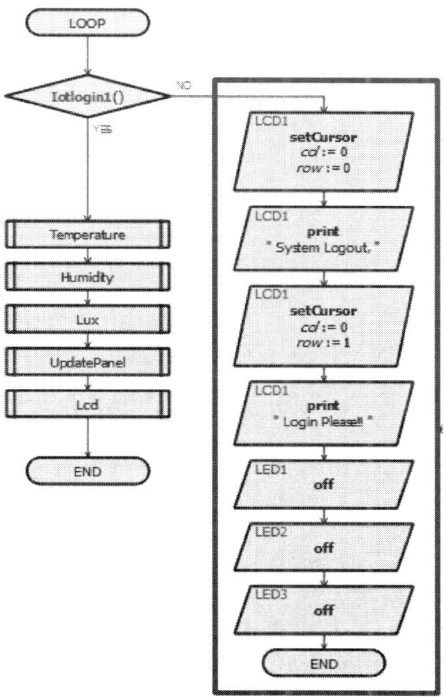

그림 3-261. LOOP Flowchart 수정

109. 수정한 LOOP에 배치한 LCD1에 입력할 문자와 회로 동작시 LCD에 표시되는 예시를 그림 3-262에 표시하였다.

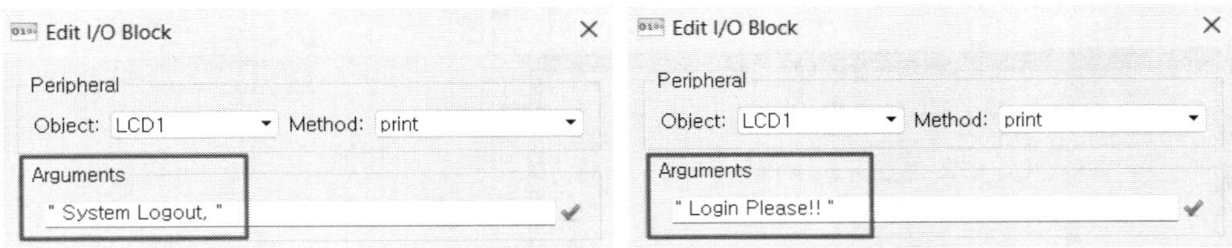

(a) col:=0 / row:=0 (b) col:=0 / row:=1

	S	y	s	t	e	m		L	o	g	o	u	t	,	
	L	o	g	i	n		P	l	e	a	s	e	!	!	

(c) 회로 동작시 LCD에 표시되는 문자 예시

그림 3-262. 입력할 문자와 회로 동작시 LCD에 표시되는 문자

110. 그림 3-263과 같이 LCD1에 clear를 Flowchart에 배치한다.

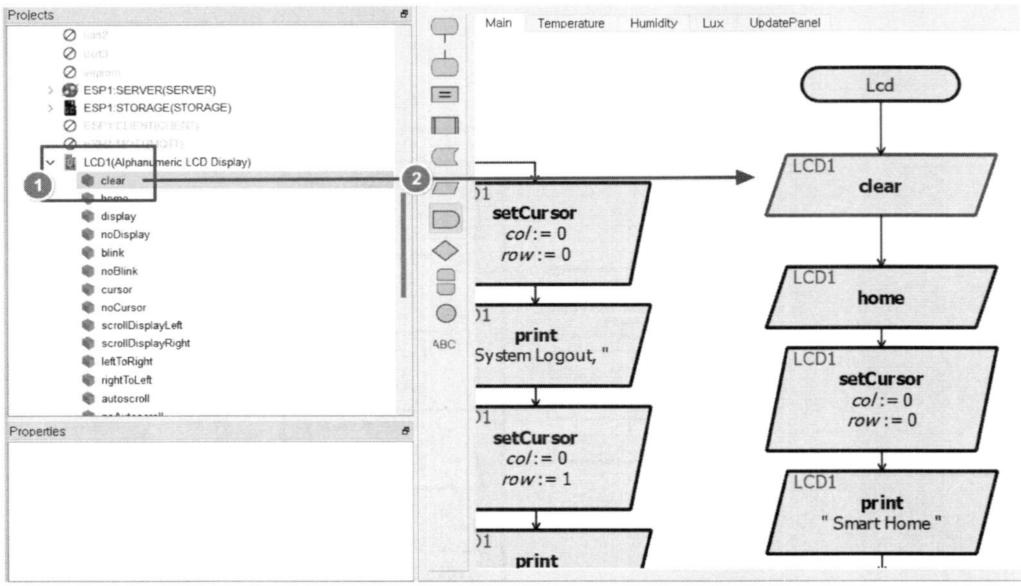

그림 3-263. clear Flowchart에 배치

111. 그림 3-264와 같이 Time Delay 선택하여 Flowchart에 배치한다.

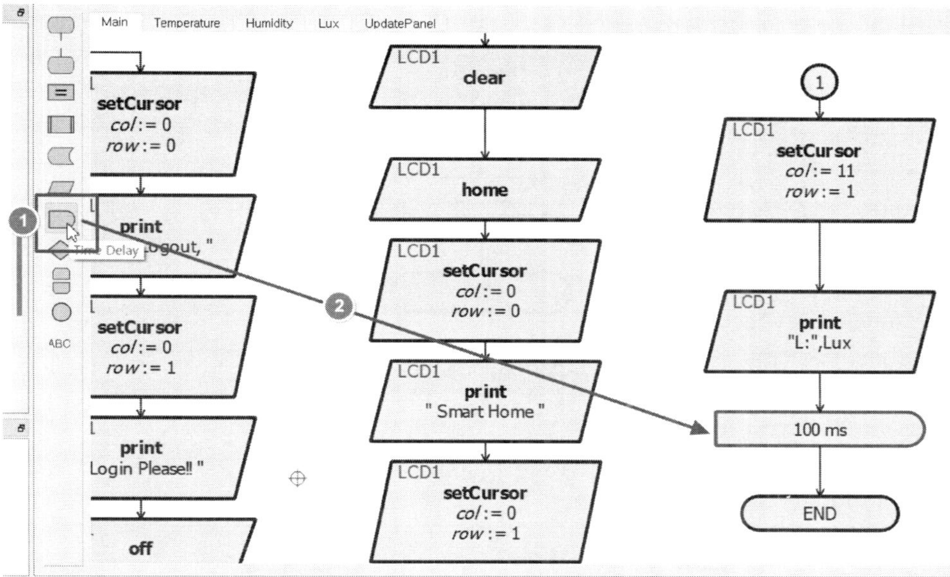

그림 3-264. Time Delay 배치

112. Time Delay 속성창을 열어 그림 3-265와 같이 1000ms로 설정하고 [OK]를 클릭한다.

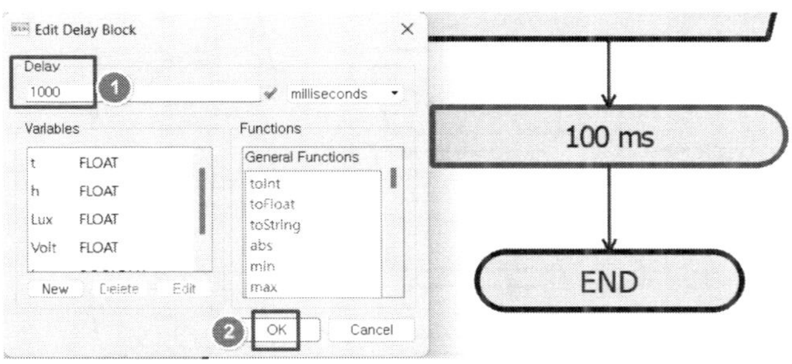

그림 3-265. Time Delay 시간 설정

113. 그림 3-266과 같이 시간 지연 설정이 적용된다.

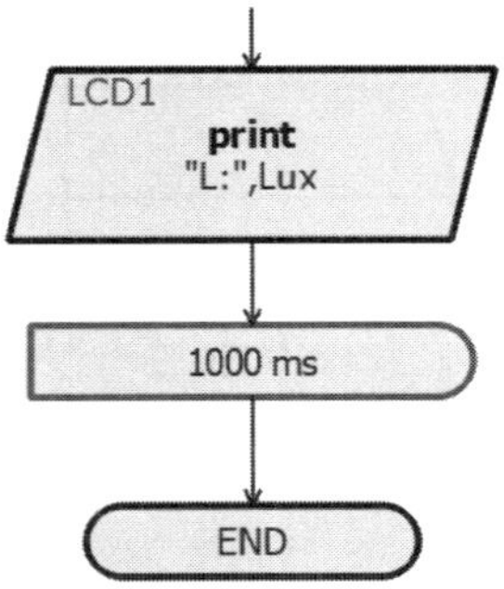

그림 3-266. Time Delay 설정 완료

114. 그림 3-267은 Main에 작성한 Flowchart 이다.

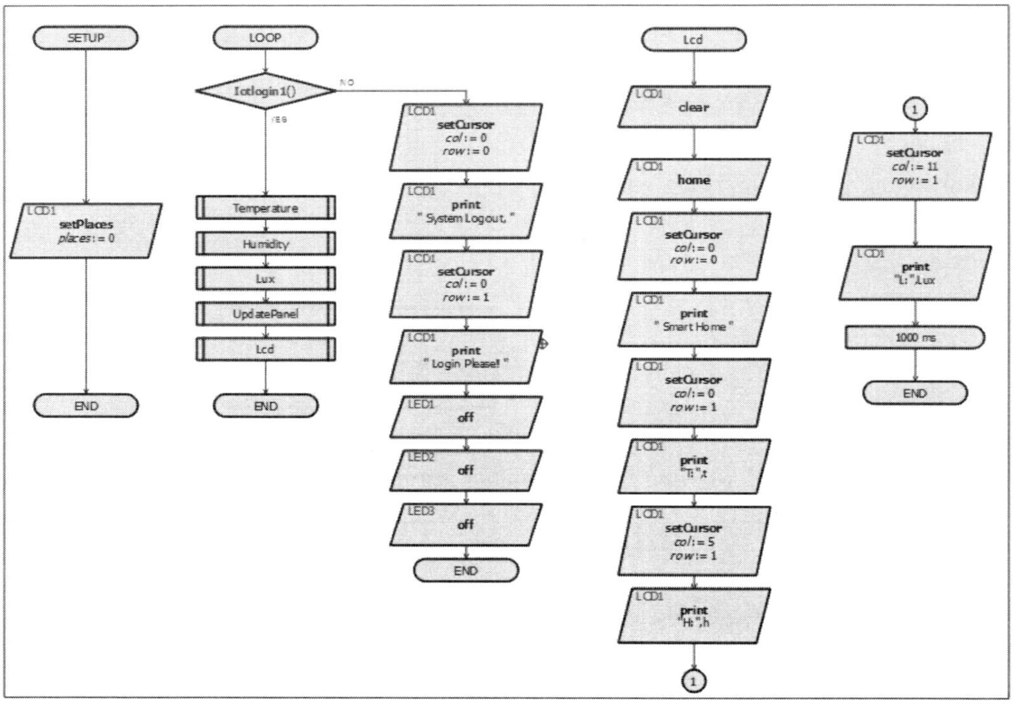

그림 3-267. Main Flowchart

115. Main Contols 위에서 마우스를 우클릭하여 그림 3-268과 같이 New Tab을 선택한다.

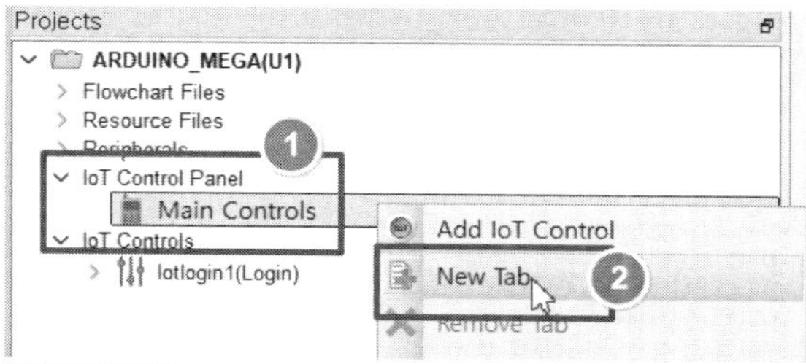

그림 3-268. New Tab 선택

116. 그림 3-269와 같이 이름을 IoT Device 로 입력한다.

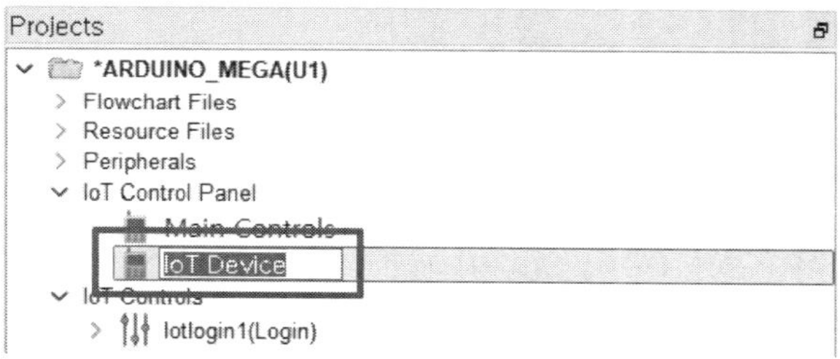

그림 3-269. IoT Device로 Tap 이름 변경

117. 그림 3-270과 같이 Project - Add IoT control 메뉴를 클릭한다.

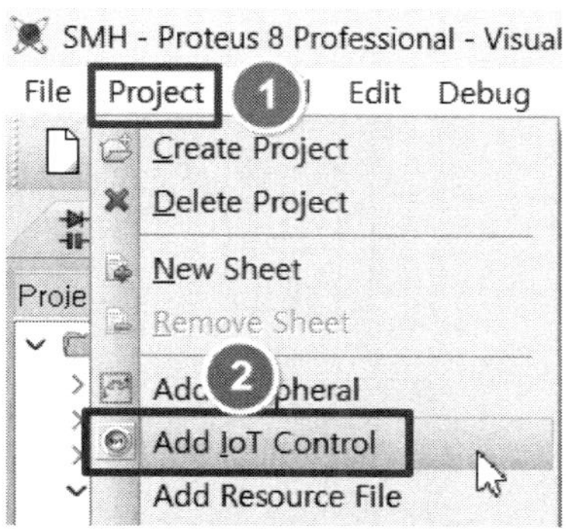

그림 3-270. Project - Add IoT control 선택

118. 그림 3-271과 같이 Category: Display Contorls, Theme: Generic을 선택한다.

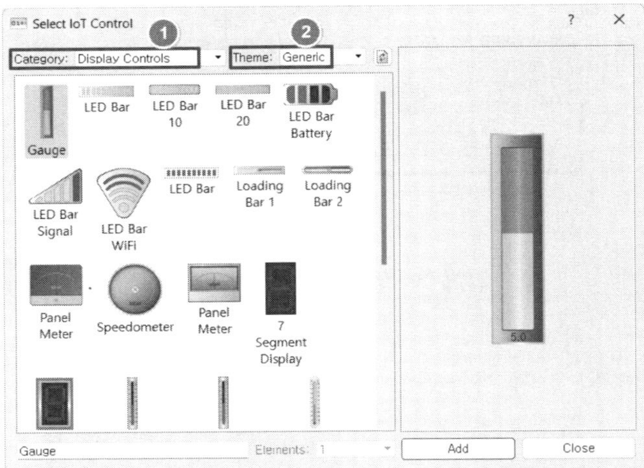

그림 3-271. Category: Display Contorls, Theme: Generic 선택

119. 그림 3-272와 같이 Temperature를 표시할 VFP용 온도계를 선택하고 [Add]를 클릭한다.

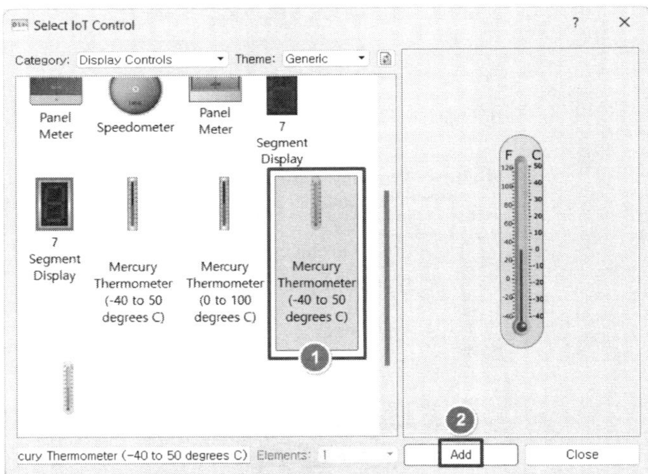

그림 3-272. Mercuru Themometer (-40 to 50 degree C)선택

120. 그림 3-273과 같이 Humidity를 표시할 VFP용 습도계를 선택하고 [Add]를 클릭한다.

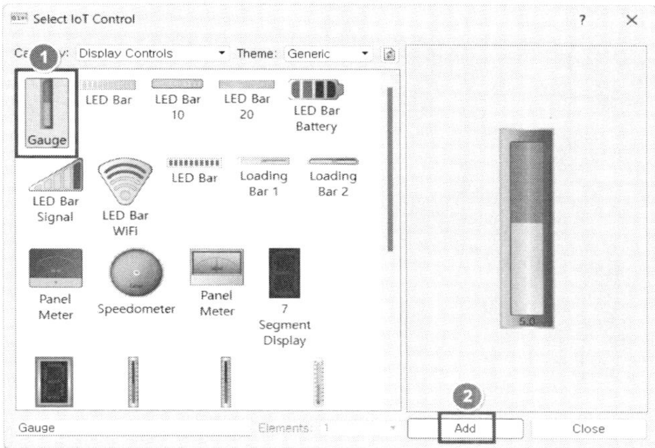

그림 3-273. Gauge 선택

121. 그림 3-274와 같이 Category: Indicators , Theme : Modern을 선택한다.

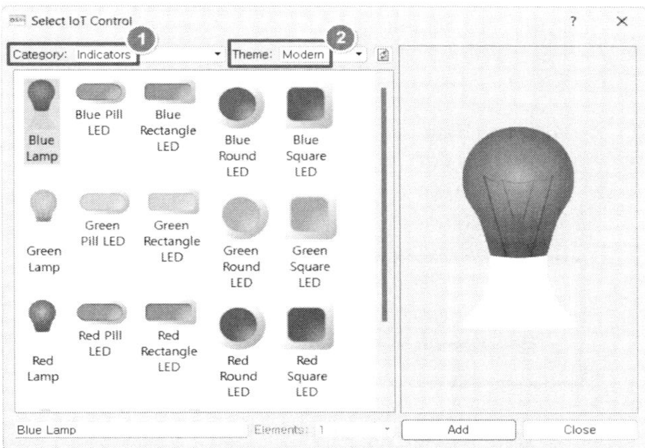

그림 3-274. Category: Indicators , Theme : Modern 선택

122. 그림 3-275와 같이 Lux를 표시할 VFP용 Lamp를 선택하고 [Add]를 클릭한 후 [Close]를 클릭한다.

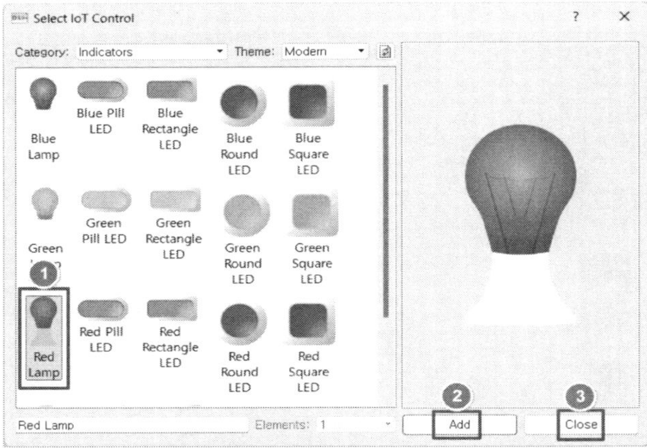

그림 3-275. Red Lamp 선택

123. 그림 3-276과 같이 3개의 VFP 연동 IoT Control Library가 등록된다.

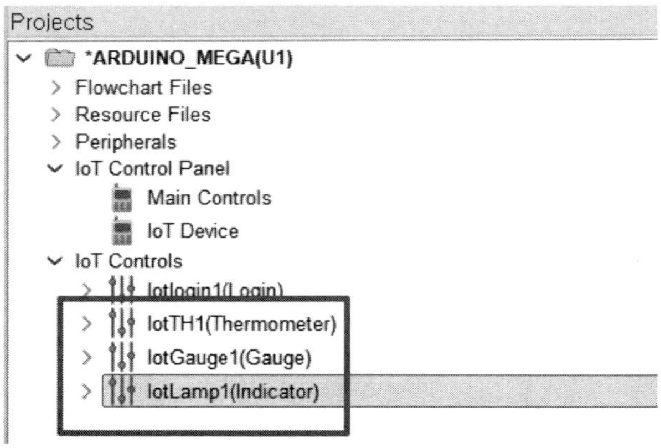

그림 3-276. VFP 연동 IoT Control Library

124. 그림 3-277과 같이 IotTH1(Thermometer)를 클릭하여 IoT Device VFP에 배치한다.

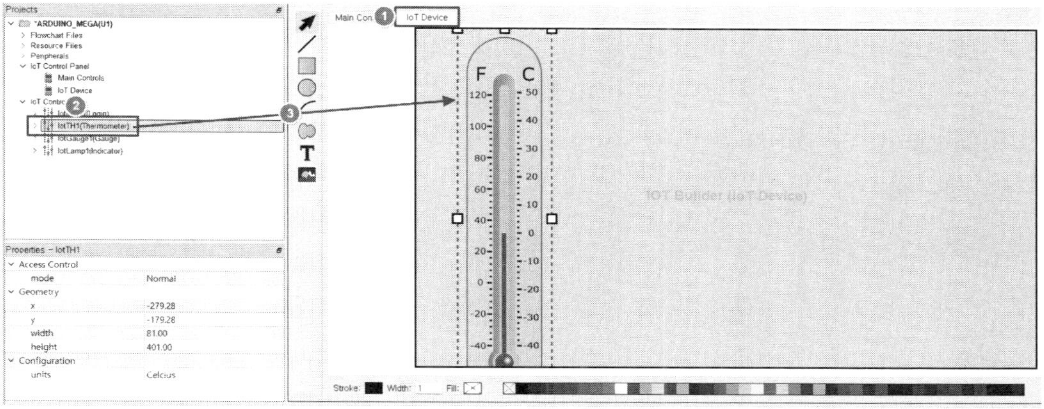

그림 3-277. IotTH1(Thermometer) 배치

125. 그림 3-278과 같이 좌표와 크기를 설정한다.

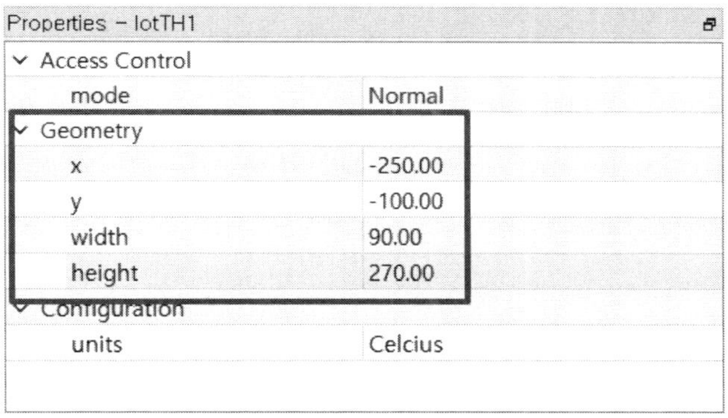

그림 3-278. IotTH1(Thermometer) 배치 좌표와 크기 설정

126. 그림 3-279와 같이 IoTGauge1(Gauge)를 클릭하여 IoT Device VFP에 배치 한다.

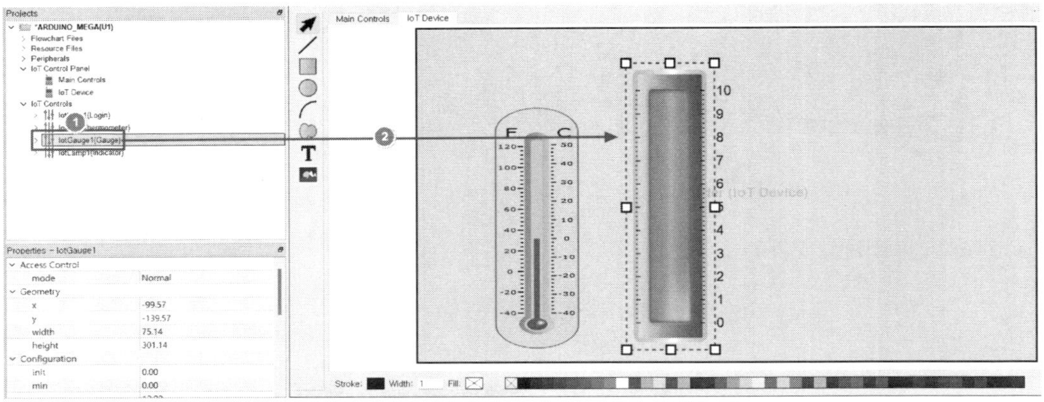

그림 3-279. IoTGauge1(Gauge) 배치

127. 그림 3-280과 같이 좌표와 크기를 설정한다.

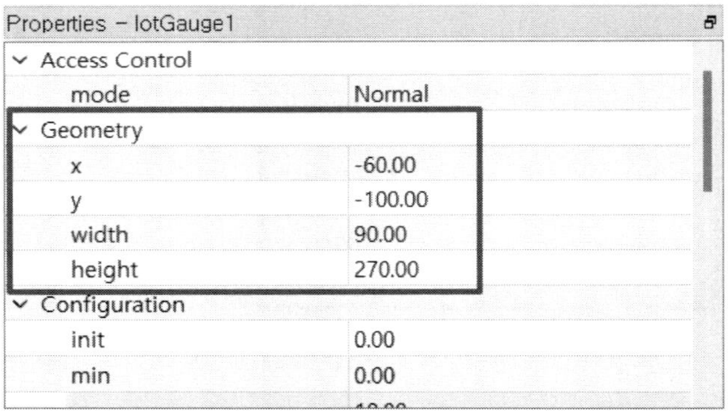
Properties – IotGauge1

Access Control	
mode	Normal
Geometry	
x	-60.00
y	-100.00
width	90.00
height	270.00
Configuration	
init	0.00
min	0.00

그림 3-280. IoTGauge1(Gauge) 배치 좌표와 크기 설정

128. 그림 3-281과 같이 IotLamp(Indicator)를 클릭하여 IoT Device VFP에 배치 한다.

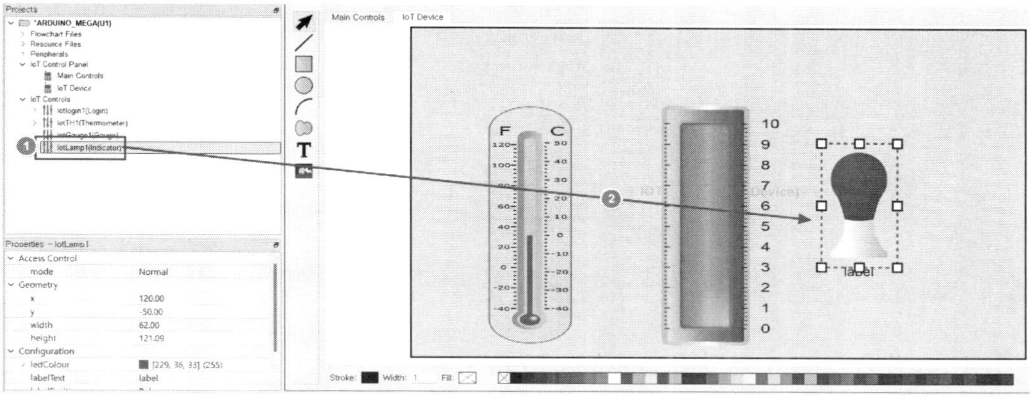

그림 3-281. IotLamp(Indicator) 배치

129. 그림 3-282와 같이 좌표와 크기를 설정하고 labelText는 **삭제한다.**

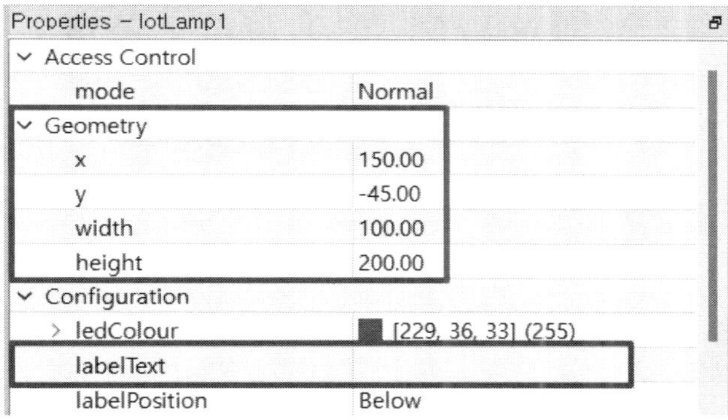

그림 3-282. IoTLamp(Indicator) 배치 좌표와 크기

130. 그림 3-283과 같이 Project - Add IoT control 메뉴를 클릭한다.

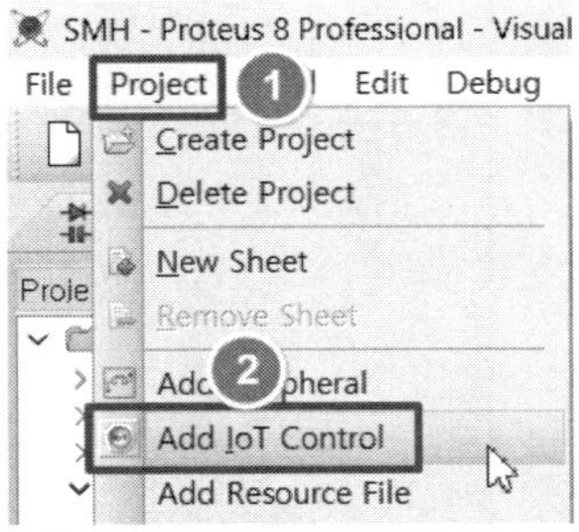

그림 3-283. Project - Add IoT control 선택

131. 그림 3-284와 같이 Category: Indicators , Theme : Generic을 선택한다.

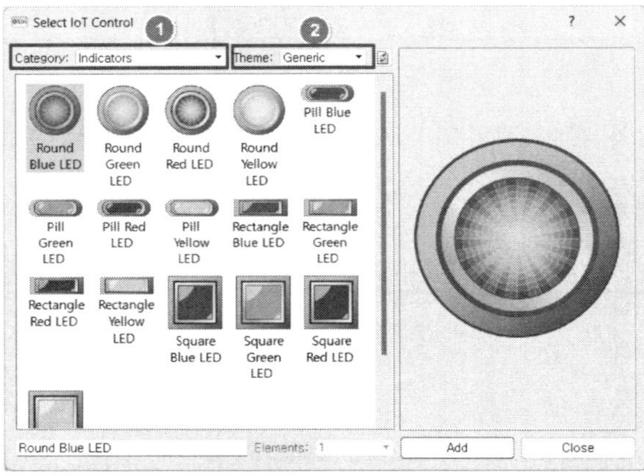

그림 3-284. Category: Indicators , Theme : Generic 선택

132. 그림 3-285와 같이 Round Green LED를 선택하고 [Add]를 클릭한다.

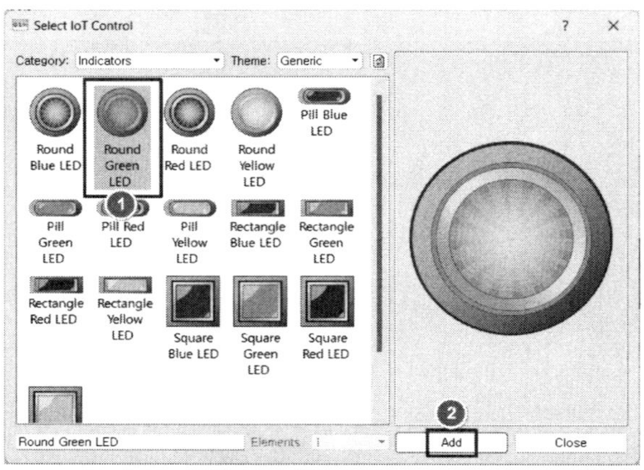

그림 3-285. Temperature 동작 표시용 Round Green LED

133. 그림 3-286과 같이 Round Blue LED를 선택하고 [Add]를 클릭한다.

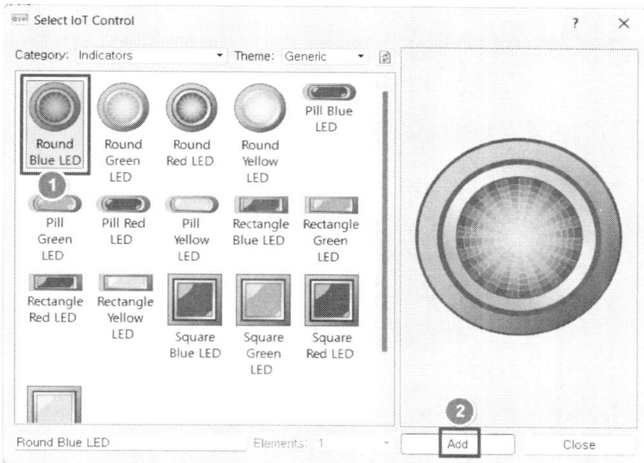

그림 3-286. Humidity 동작 표시용 Round Blue LED

134. 그림 3-287과 같이 Round Red LED 선택하고 [Add]를 클릭한 후 [Close]를 클릭한다.

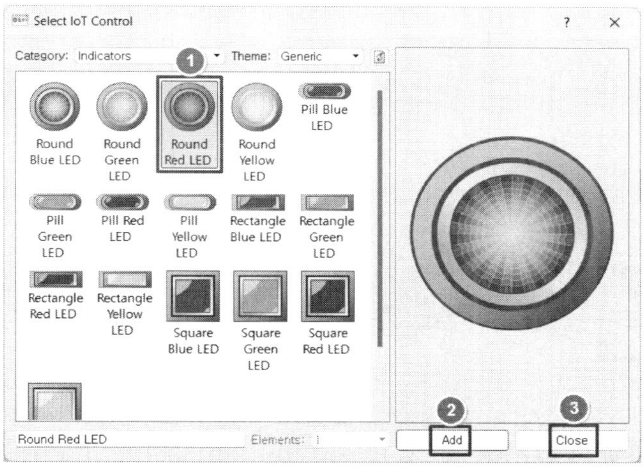

그림 3-287. Lux 동작 표시용 Round Red LED

135. 그림 3-288과 같이 IoT Controls에 3개의 IoTLED가 등록된다.

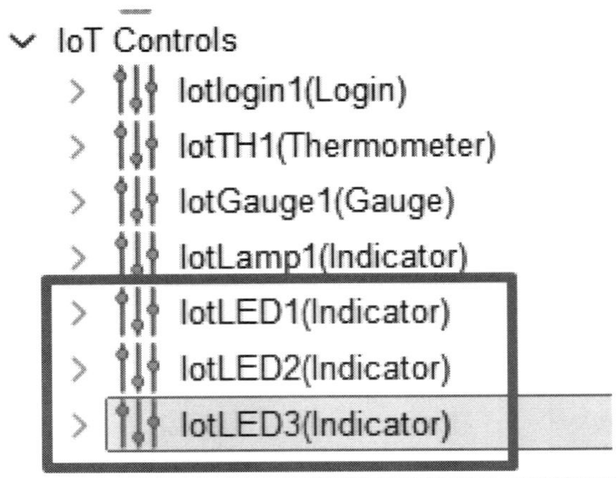

그림 3-288. IoT Controls에 등록된 IoTLED

136. 그림 3-289와 같이 IotLED1(Indicator)를 VFP에 배치한다.

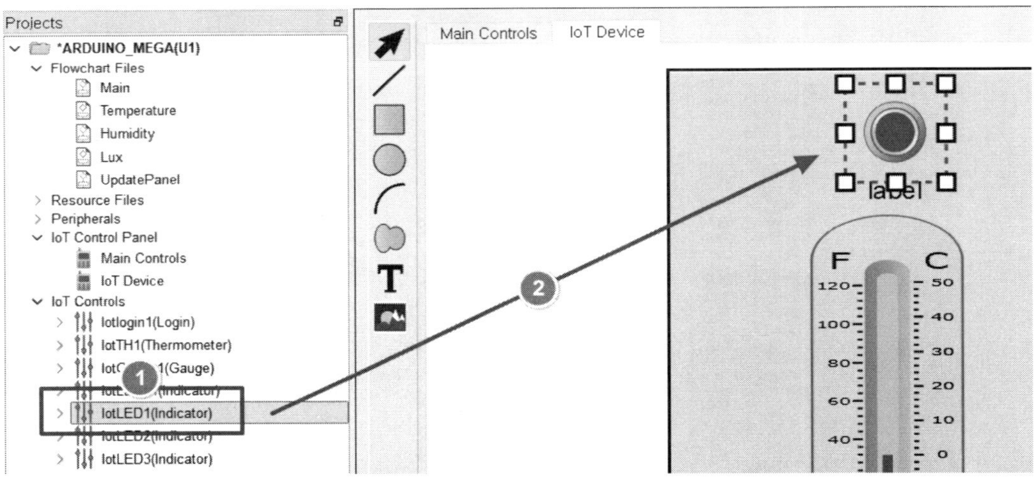

그림 3-289. IotLED1(Indicator) VFP 배치

137. 그림 3-290과 같이 IotLED1(Indicator)의 배치 좌표와 크기를 설정한다.

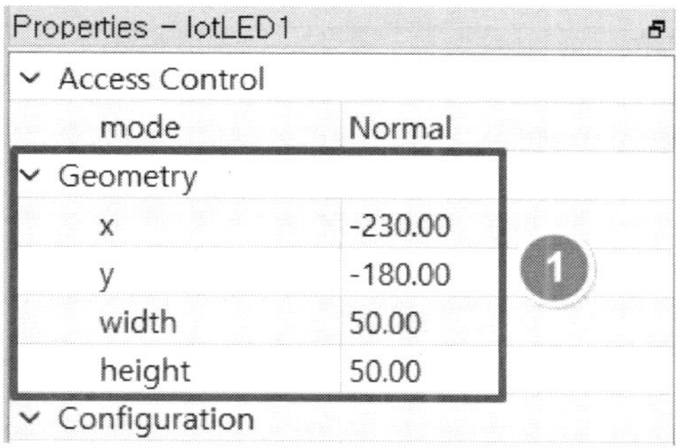

그림 3-290. IotLED1(Indicator) 배치 좌표와 크기

138. 그림 3-291과 같이 labelText를 **에어컨**으로 입력하고, labelFont에 size를 18로 설정한다.

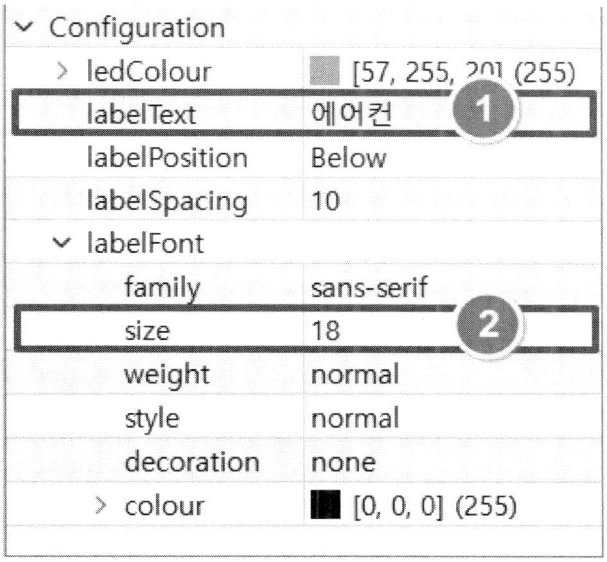

그림 3-291. labelText와 labelFont size 설정

139. 그림 3-292와 같이 IotLED1의 VFP 배치가 완료된다.

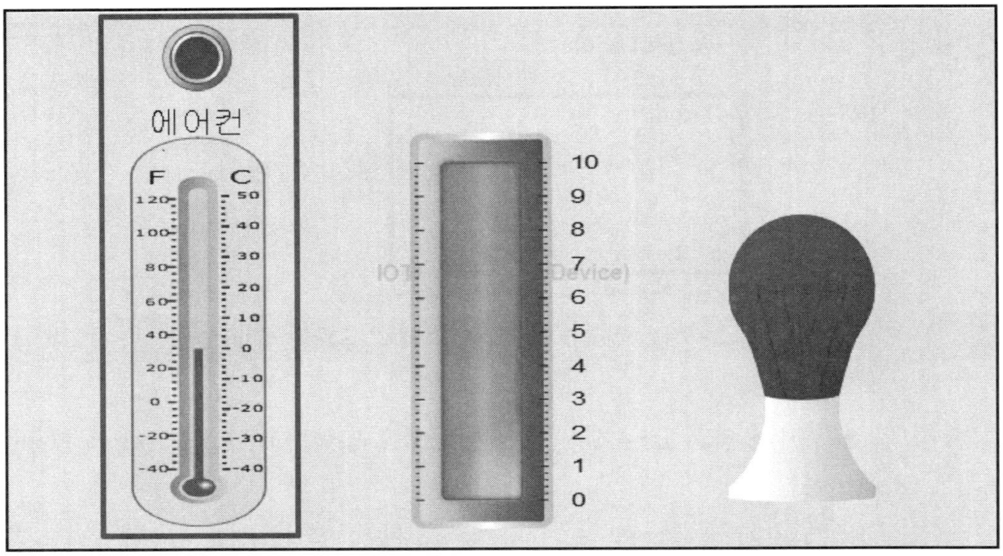

그림 3-292. IotLED1의 VFP 배치 완료

140. 그림 3-293과 같이 IotLED2(Indicator)를 VFP에 배치한다.

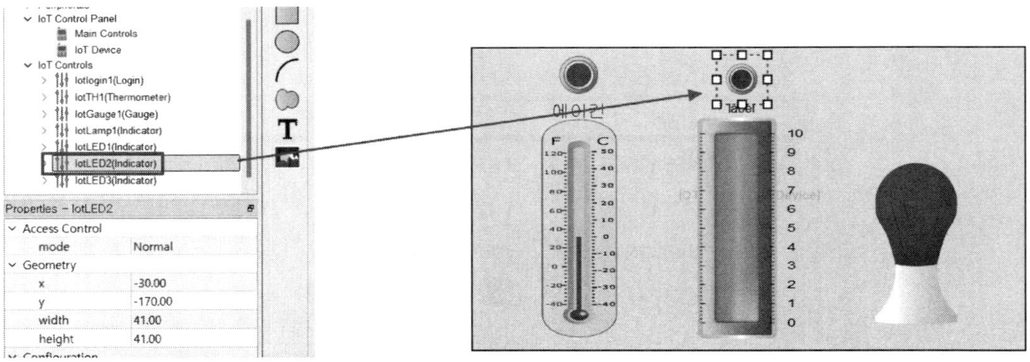

그림 3-293. IotLED2(Indicator) VFP 배치

141. 그림 3-294와 같이 IotLED2(Indicator)의 배치 좌표와 크기를 설정한다.

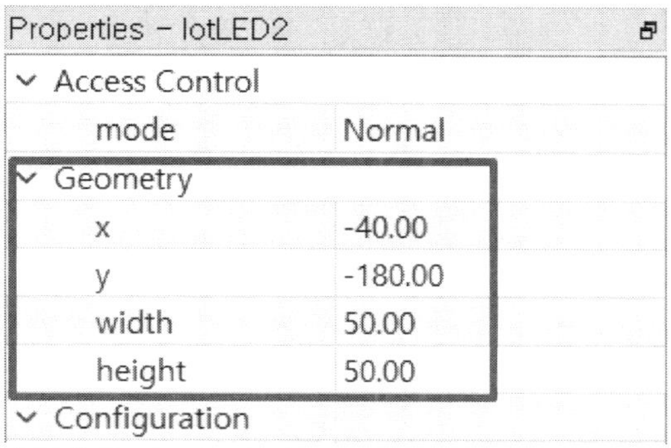

그림 3-294. IotLED2(Indicator) 배치 좌표와 크기

142. 그림 3-295와 같이 labelText를 **제습기**로 입력하고, labelFont에 size를 18로 설정한다.

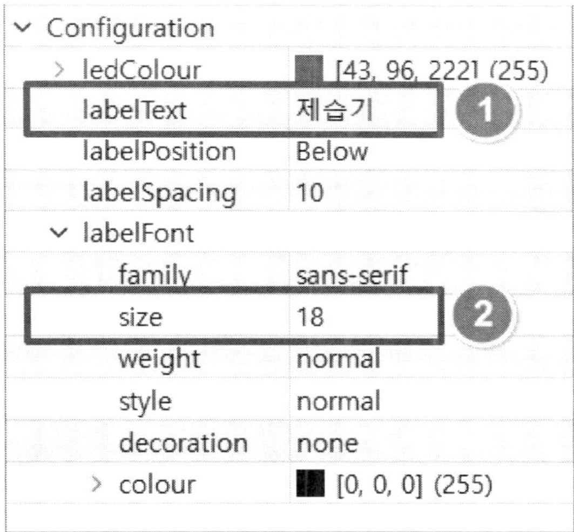

그림 3-295. labelText와 labelFont size 설정

143. 그림 3-296과 같이 IotLED2의 VFP 배치가 완료된다.

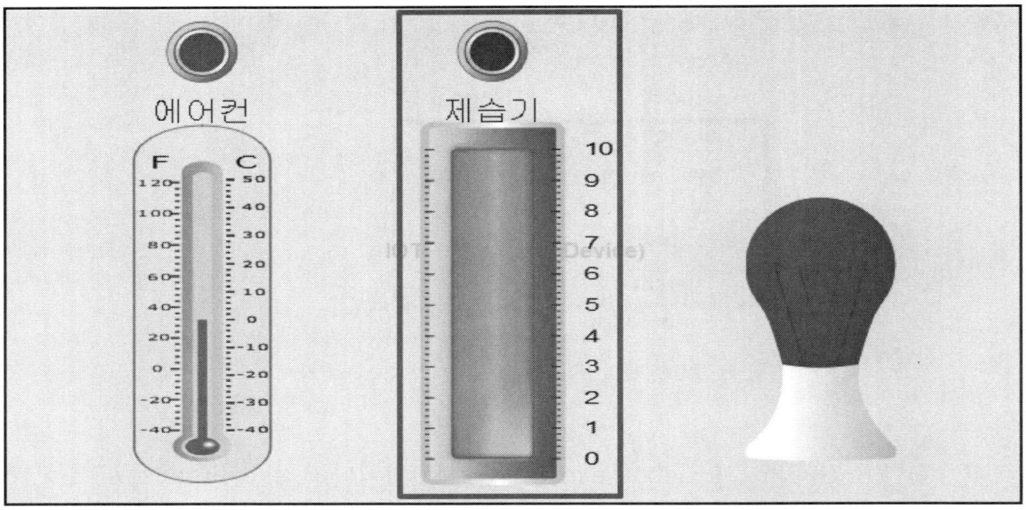

그림 3-296. IotLED2의 VFP 배치 완료

144. 그림 3-297과 같이 IotLED3(Indicator)를 VFP에 배치한다.

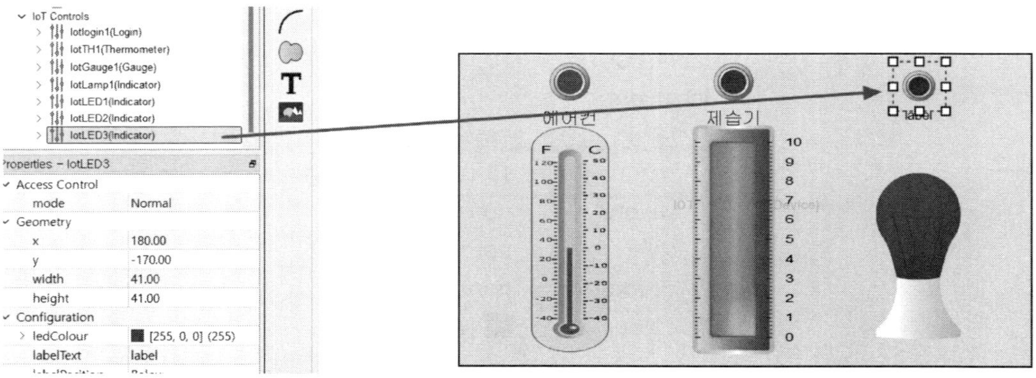

그림 3-297. IotLED3(Indicator) VFP 배치

145. 그림 3-298과 같이 IotLED3(Indicator)의 배치 좌표와 크기를 설정한다.

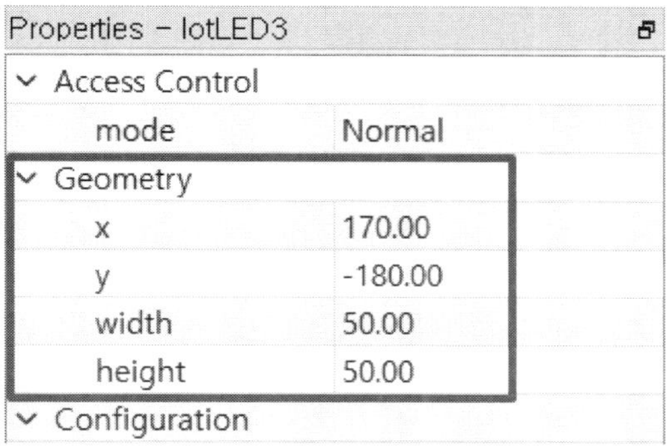

그림 3-298. IotLED3(Indicator) 배치 좌표와 크기

146. 그림 3-299와 같이 labelText를 **실내등**으로 입력하고, labelFont에 size를 18로 설정한다.

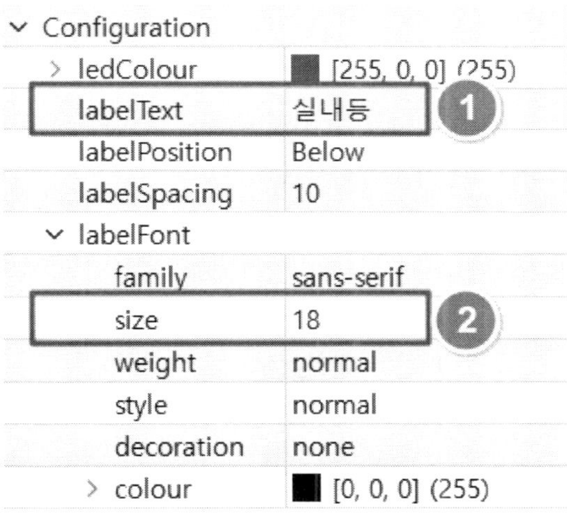

그림 3-299. labelText와 labelFont size 설정

147. 그림 3-300과 같이 IoTLED3의 VFP 배치가 완료된다.

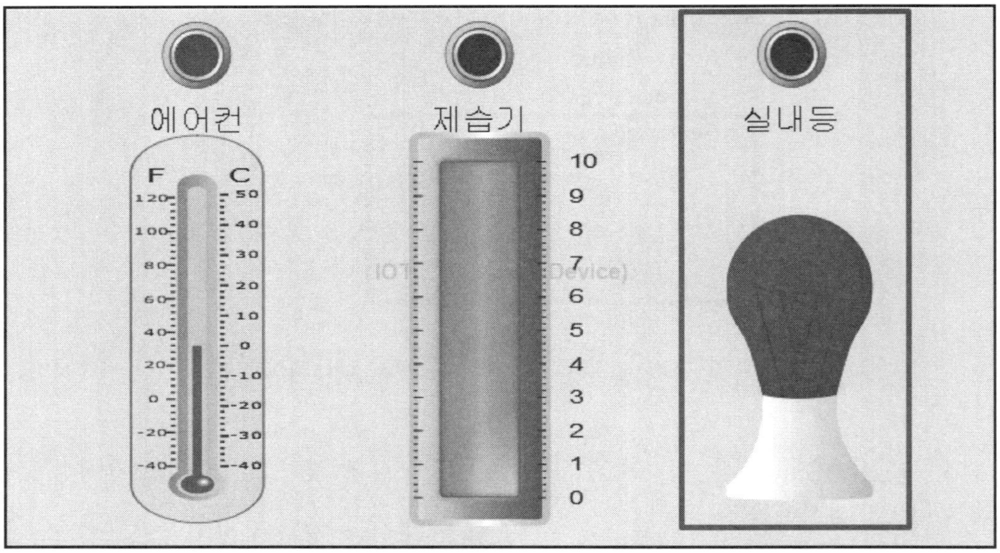

그림 3-300. IoTLED3의 VFP 배치 완료

※ VFP에 배치한 IoTLED1 ~ IoTLED3의 배치 좌표와 크기, labelFont size는 예시적인 사항이다. 사용자 본인이 VFP 크기를 고려하여 적절하게 설정하여도 된다.

148. 그림 3-301과 같이 IoT Control Panel의 IoT Device Tap에 배치가 완료된다.

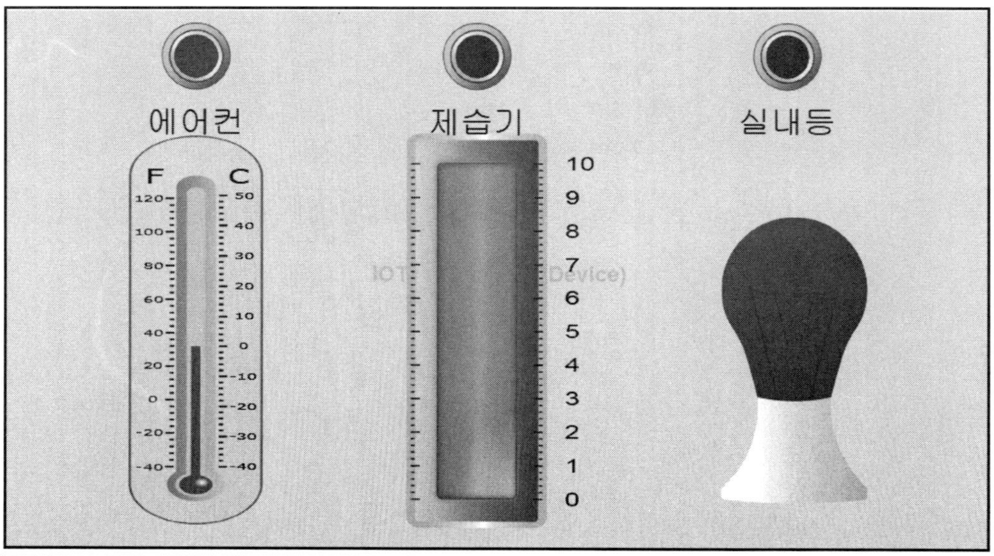

그림 3-301. IoT Device Tap 배치 완료

149. 시뮬레이션을 실행하여 그림 3-302와 같이 페이지 이동 버튼을 클릭한다.

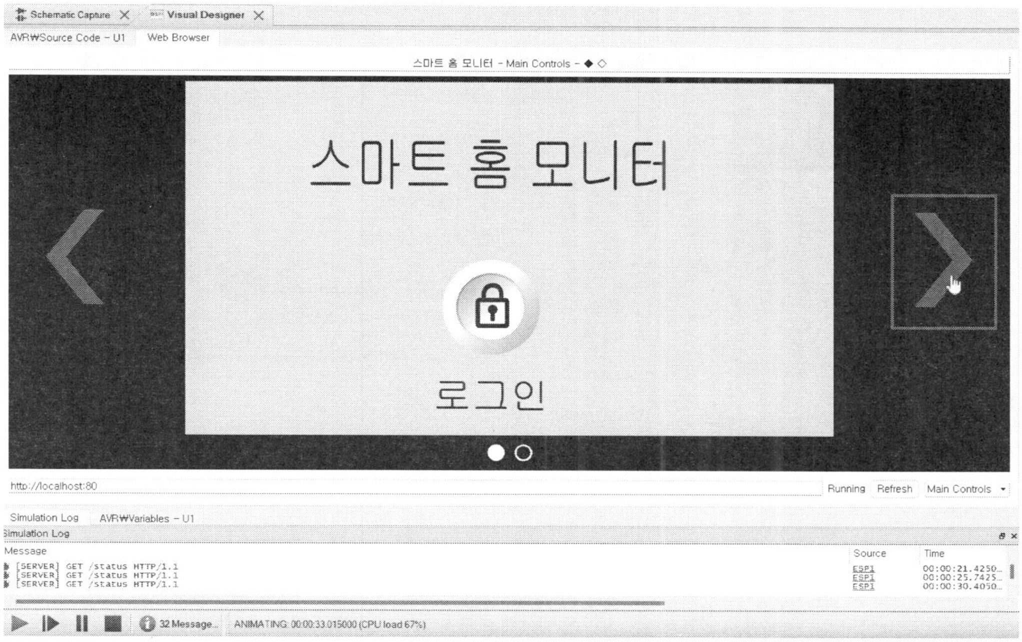

그림 3-302. 페이지 이동 버튼 클릭

150. 페이지 이동버튼을 클릭하면 그림 3-303과 같이 IoT Device가 표시된다.

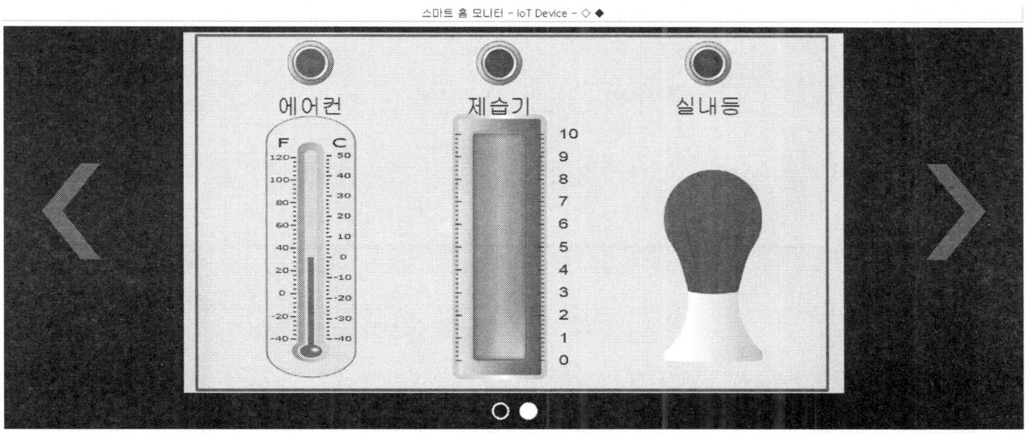

그림 3-303. IoT Device 페이지

151. 시뮬레이션을 중지하고 그림 3-304와 같이 IoT Device를 선택하고 마우스를 우클릭하여 보조 메뉴에서 Requires Authorization를 클릭한다.

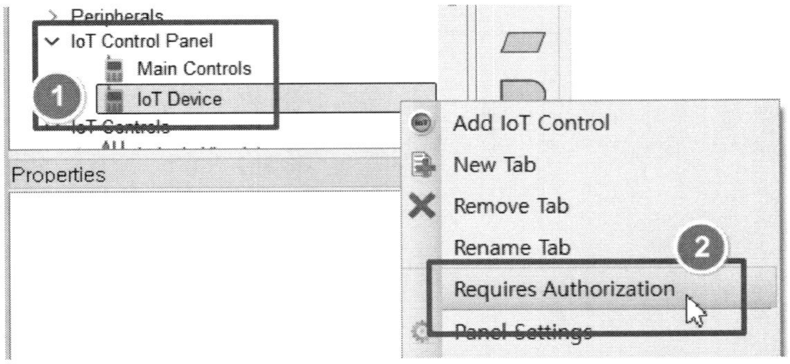

그림 3-304. Requires Authorization 선택

152. 그림 3-305와 같이 IoT Device에 잠김 아이콘이 표시된다.

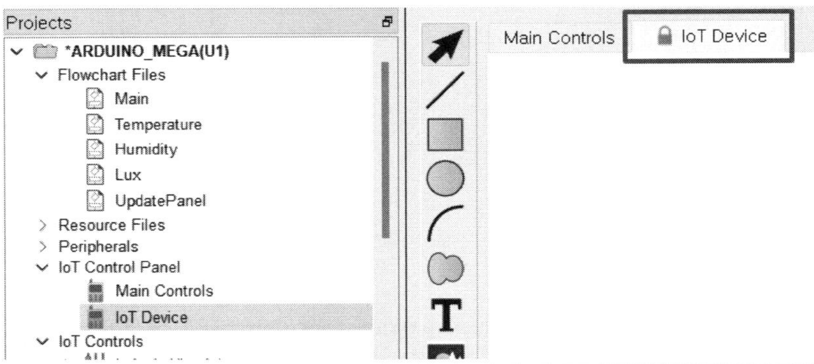

그림 3-305. IoT Device Tap 잠김 표시

153. 시뮬레이션을 실행하면 그림 3-306과 같이 접근할 수 없다는 표시가 표시된다.

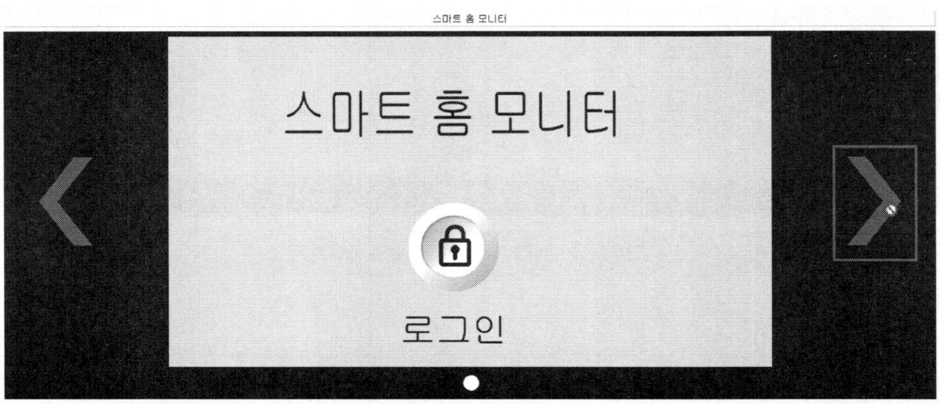

그림 3-306. 접근할 수 없음 표시

154. 시뮬레이션을 중지하고 그림 3-307과 같이 ESP1:SERVER((SERVER)에 waitForRequests를 선택한다.

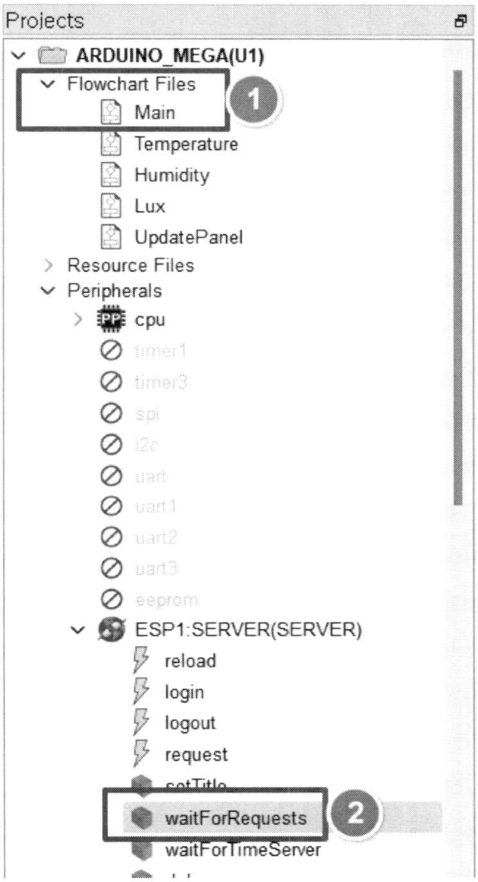

그림 3-307. ESP1:SERVER((SERVER)에 waitForRequests 선택

155. 그림 3-308과 같이 waitForRequests를 LOOP Flowchart에 배치한다.

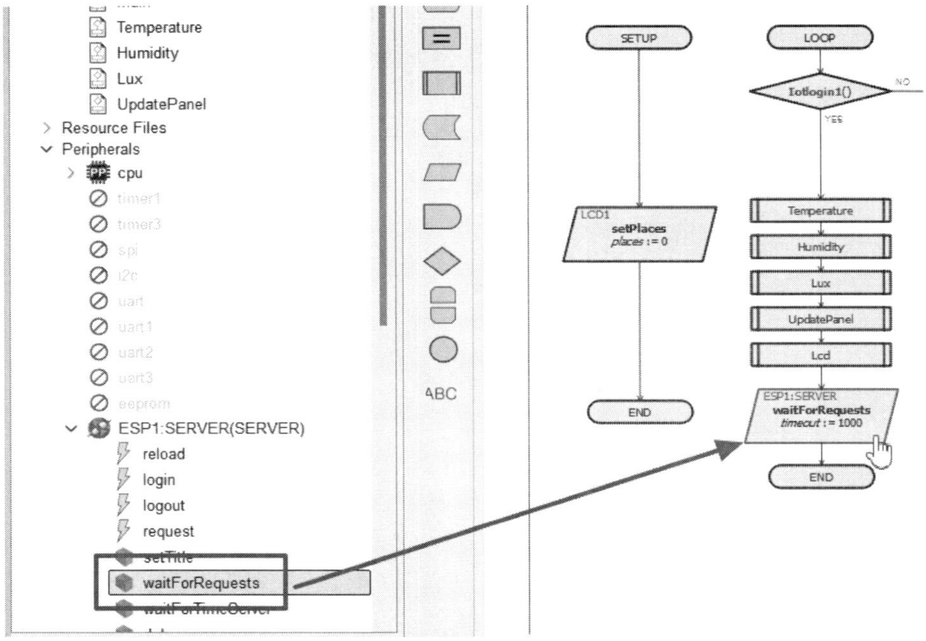

그림 3-308. LOOP Flowchart에 waitForRequests 배치

156. Temperature 동작을 IoT Device Tap에 적용하기 위해 그림 3-309와 같이 Temperature를 선택한다.

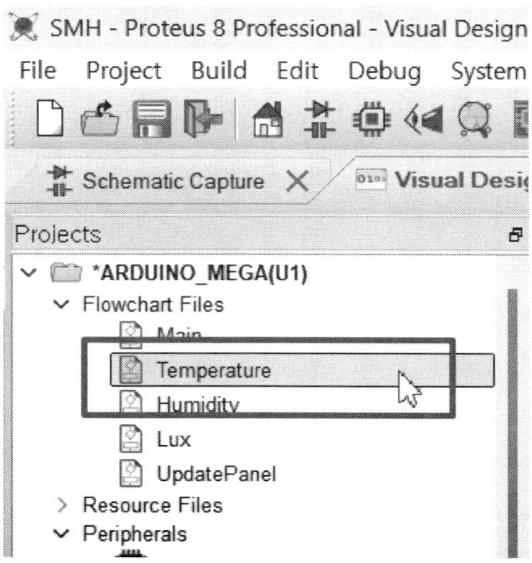

그림 3-309. Temperature 선택

157. Temperature 동작은 설정온도 28도보다 현재 온도가 높으면 LED-GREEN이 ON 되는 동작을 한다. LED-GREEN이 ON 되면 IoT Device Tap에 IotLED1이 ON 되도록 설정하기 위해 그림 3-310과 같이 IotLED1에 setState를 선택한다.

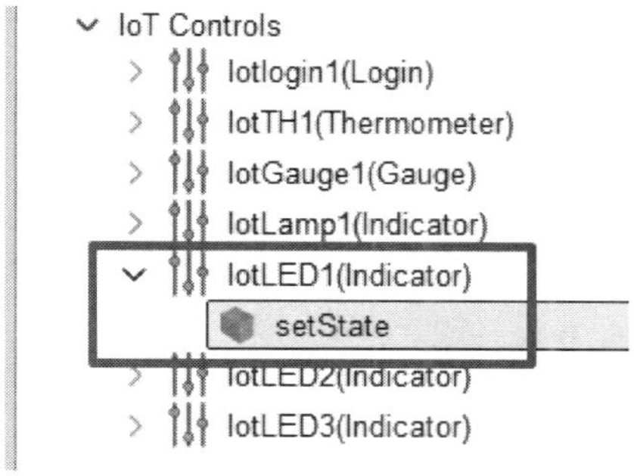

그림 3-310. setState 선택

158. 그림 3-311과 같이 setState를 Flowchart에 배치한다.

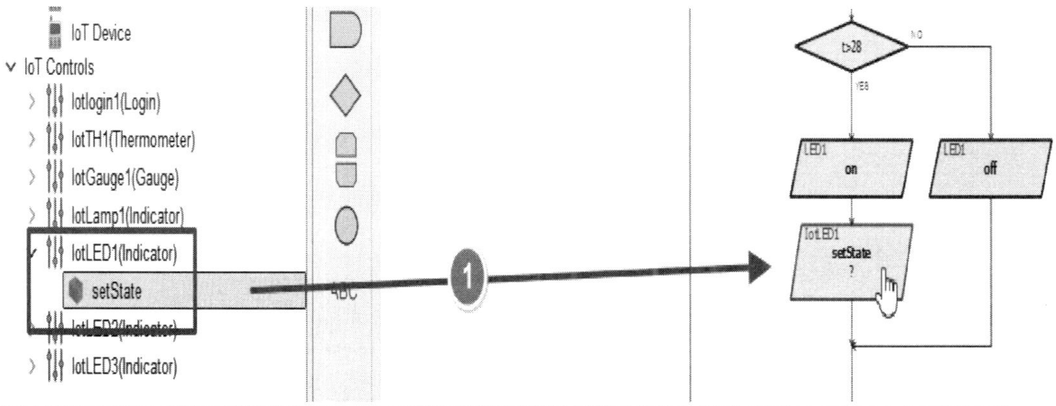

그림 3-311. setState 배치

159. 배치된 IotLED1을 더블 클릭하여 그림 3-312와 같이 Arquments를 TRUE로 입력하고 [OK]를 클릭한다.

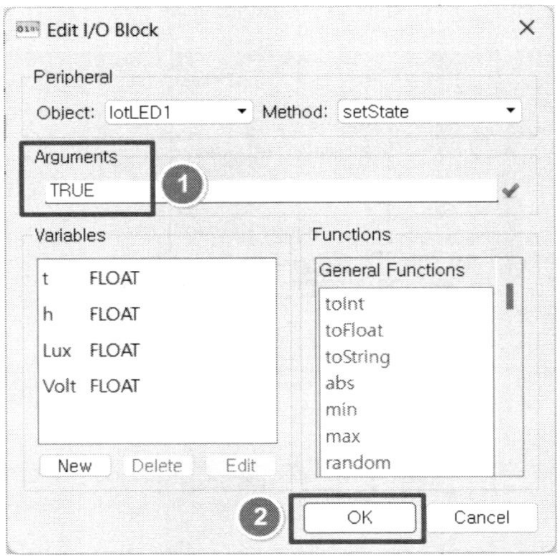

그림 3-312. Arquments를 TRUE로 설정

160. 그림 3-313과 같이 TRUE로 설정된다.

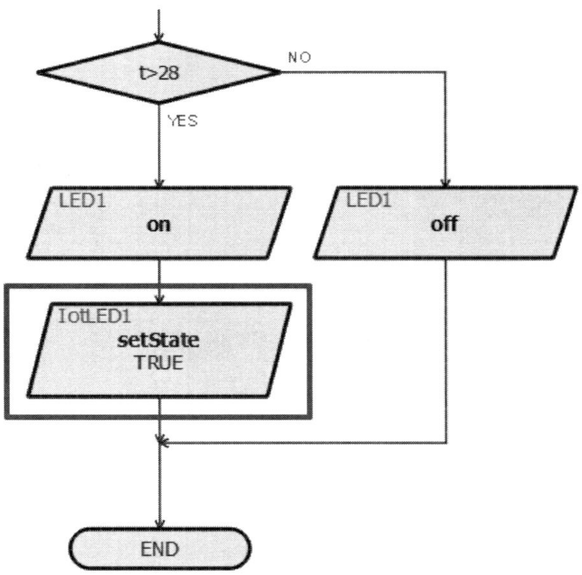

그림 3-313. IotLED1 ON 설정

161. 설정온도 28도보다 현재 온도가 낮으면 LED-GREEN은 OFF 된다. 그림 3-314와 같이 setState를 배치하고 FALSE로 설정하면 IoT Device Tap에 LED1도 OFF 된다.

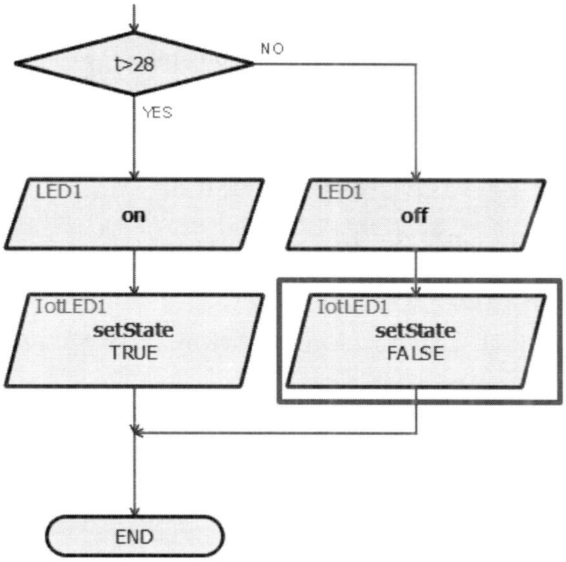

그림 3-314. IoTLED1 OFF 설정

※ 설정 온도보다 현재 온도가 높으면 IoT Device Tap에 에어컨 LED(GREEN) ON, 설정 온도보다 현재 온도가 낮으면 에어컨 LED(GREEN) OFF 상태가 되도록 프로그램한 것이다.

162. 그림 3-315와 같이 UpdatePanel을 선택한다.

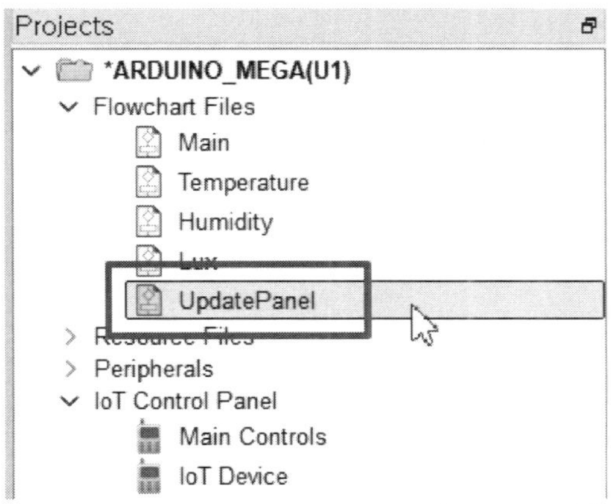

그림 3-315. UpdatePanel 선택

163. 그림 3-316과 같이 IotTH1(Thermometer)를 클릭하여 SetTemperature를 선택한다.

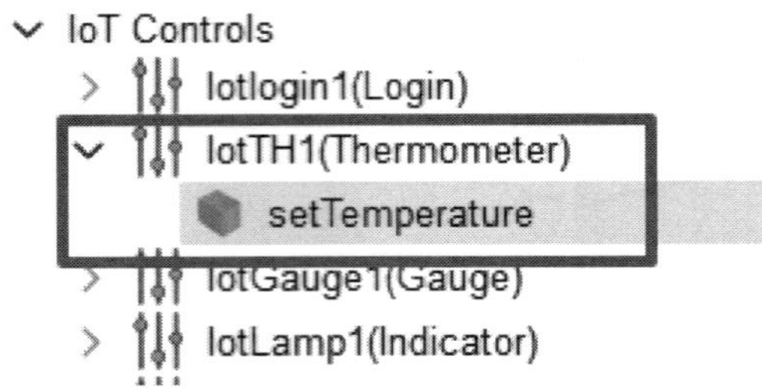

그림 3-316. SetTemperature 선택

164. 그림 3-317과 같이 UpdatePanel Flowchart에 배치한다.

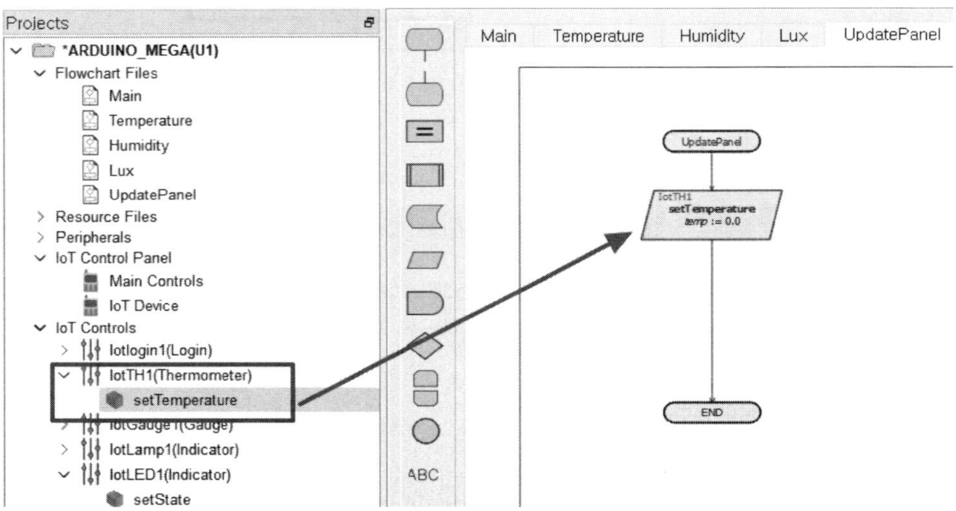

그림 3-317. setTemperature 배치

165. 배치된 setTemperature를 더블 클릭하여 그림 3-318과 같이 Arqument에 Temp란에 t 를 입력하고 [OK]를 클릭한다.

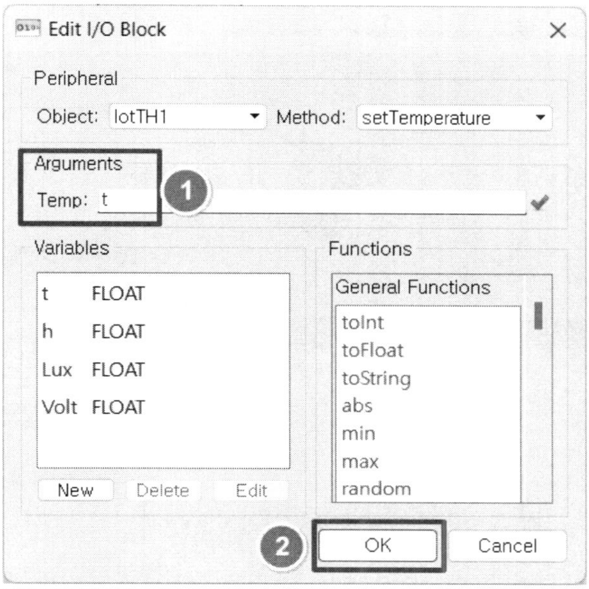

그림 3-318. Temp란에 t 입력

166. 그림 3-319와 같이 설정이 완료된다.

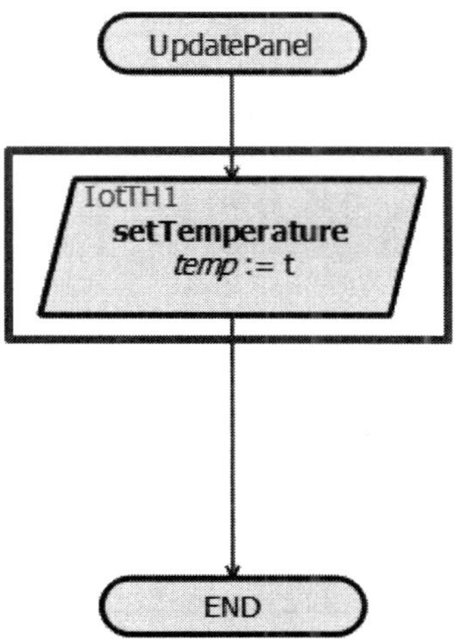

그림 3-319. temp:= t 설정

167. 시뮬레이션을 실행하여 로그인 후에 DHT11에 온도를 29도로 변경하면 그림 3-320과 같이 에어컨 LED가 ON 되는 것을 확인할 수 있다.

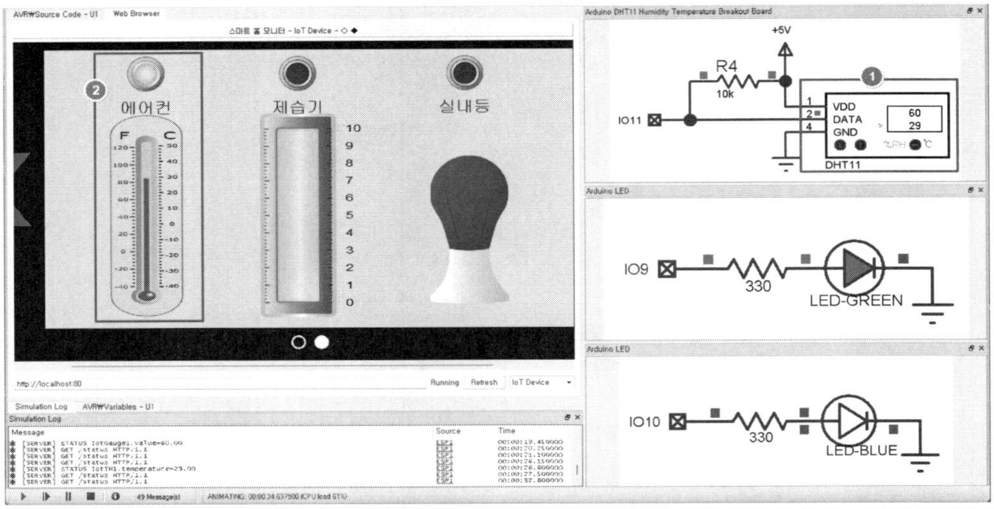

그림 3-320. 온도 29도 설정시 에어컨 LED ON

168. 시뮬레이션을 중지하고 UpdatePanel을 선택한 후 그림 3-321과 같이 IotGauge1 (Gauge)에 setValue를 선택한다.

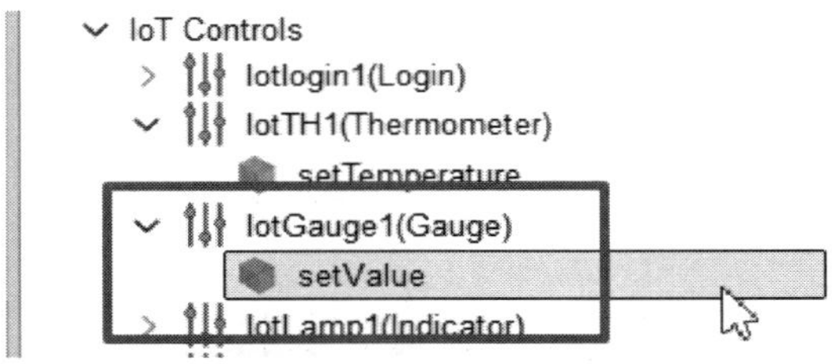

그림 3-321. setValue 선택

169. 그림 3-322와 같이 UpdatePanel Flowchart에 배치한다.

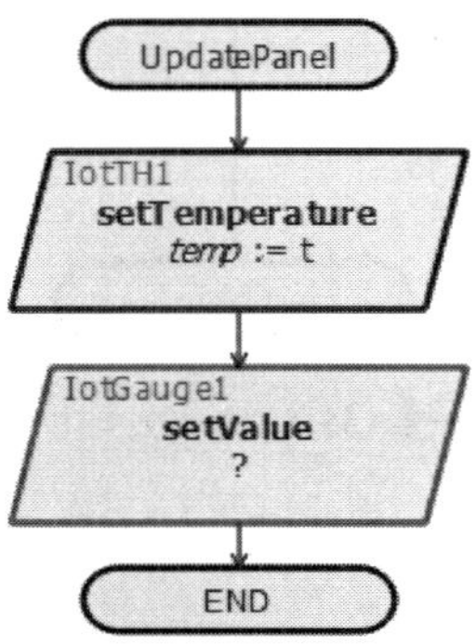

그림 3-322. setValue 배치

170. setValue를 더블 클릭하여 그림 3-323과 같이 Arquments를 h로 설정한다.

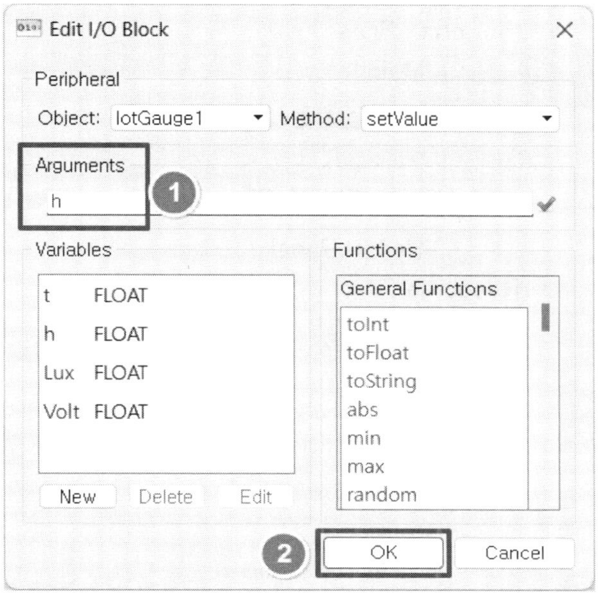

그림 3-323. Arquments를 h로 입력

171. 그림 3-324와 같이 설정이 완료된다.

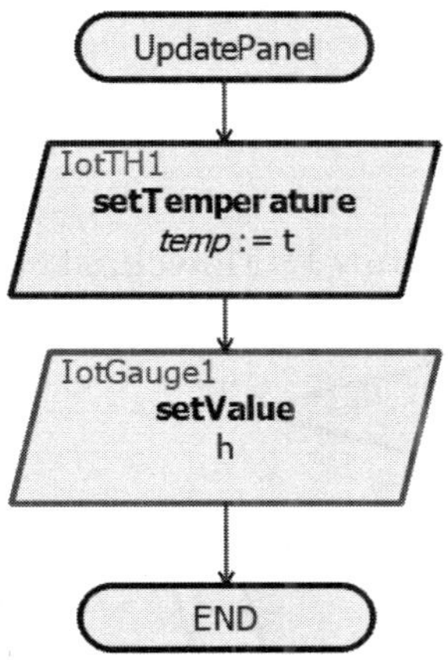

그림 3-324. Arquments를 h로 설정 완료

172. 그림 3-325과 같이 Humidity를 선택한다.

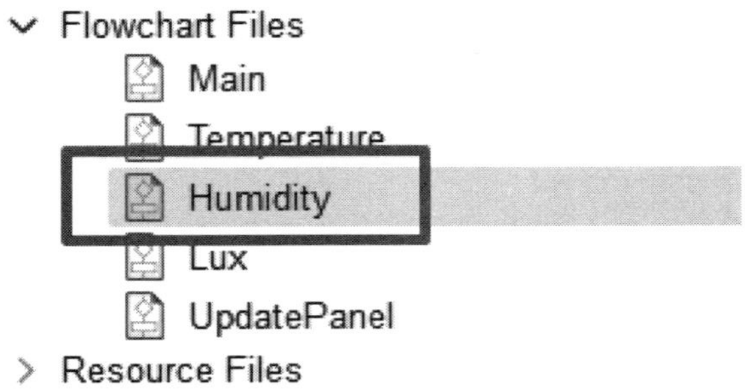

그림 3-325. Humidity 선택

173. 그림 3-326과 같이 IotLED2(Indicator)에 setaState를 선택한다.

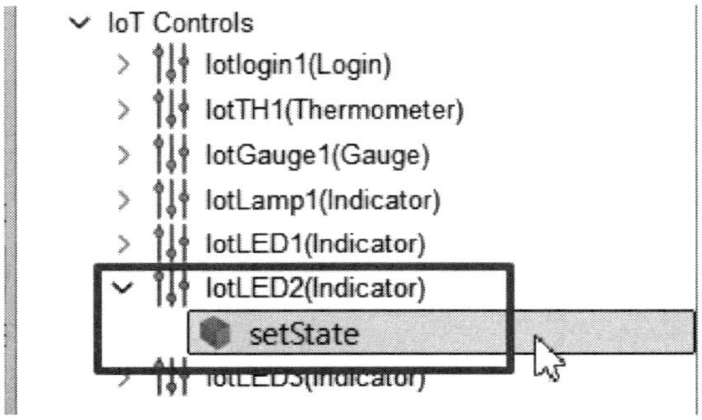

그림 3-326. setState 선택

174. 그림 3-327과 같이 setState를 Flowchart에 배치한다.

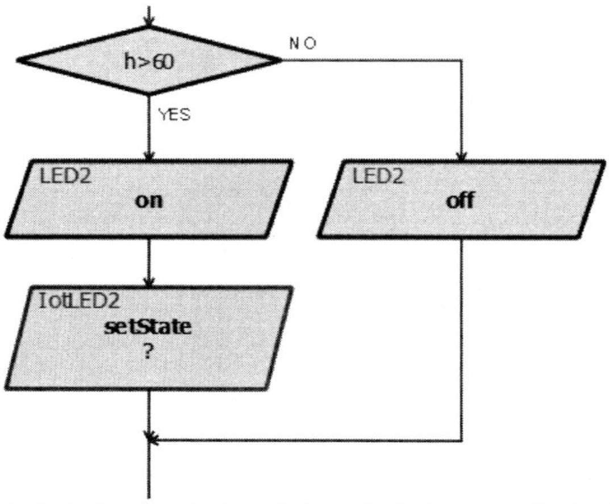

그림 3-327. IotLED2(Indicator)에 setState 배치

175. 그림 3-328과 같이 속성 창을 열어서 Arquments를 TRUE로 설정하고 [OK]를 클릭한다.

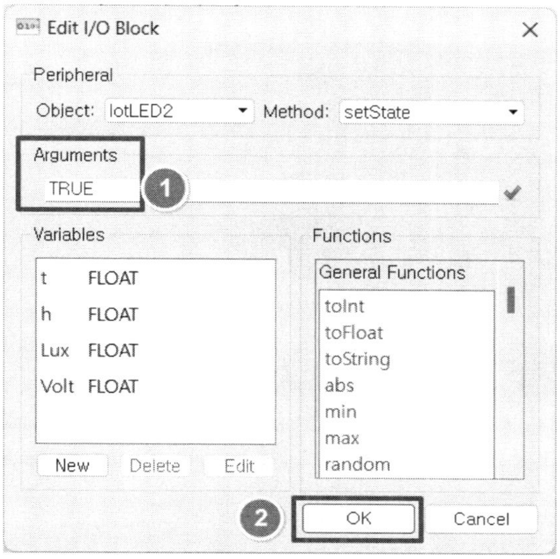

그림 3-328. Arquments를 TRUE로 설정

176. 그림 3-329와 같이 Humidity의 Flowchart를 완성한다.

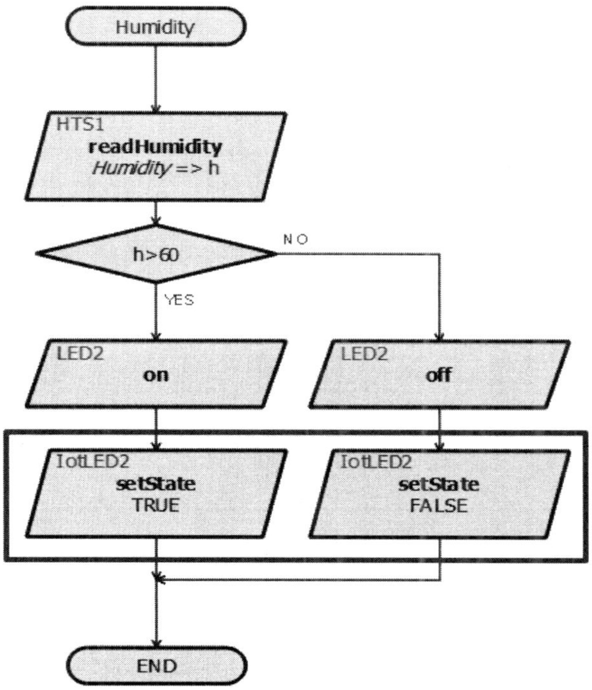

그림 3-329. Humidity의 Flowchart 완성

177. 시뮬레이션을 실해하여 DHT11에 습도를 61%로 설정하면 그림 3-330과 같이 제습기 LED가 ON 되는 것을 확인할 수 있다.

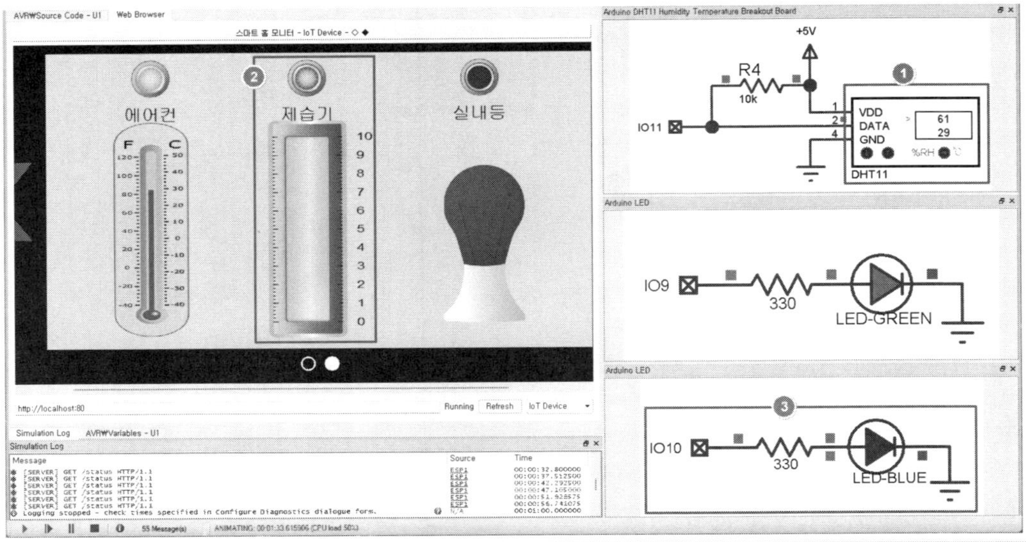

그림 3-330. 제습기 LED ON

178. 시뮬레이션을 중지한다. 제습기 LED는 ON 되었지만 Gauge 변화가 없기 때문에 그림 3-331과 같이 Gauge를 클릭한다.

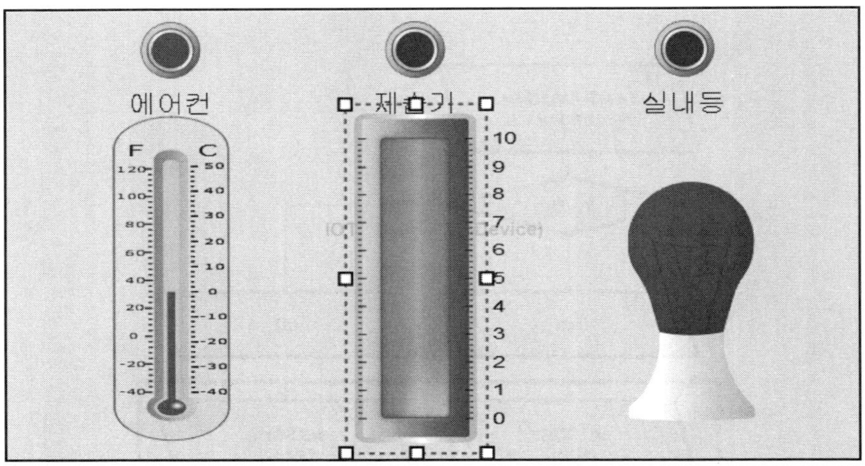

그림 3-331. Gauge 선택

※ DHT11에서 측정한 습도는 항상 Gauge에 표시되고, 기준 습도 60%를 넘으면 제습기 LED가 ON 되고 Gauge 또한 변화가 되어야 한다. 하지만 IotGauge1(Gauge)속성을 설정하지 않았기 때문에 습도 변화를 확인할 수 없는 것이다. 속성 창에서 습도가 없는 경우와 습도가 있는 경우를 색으로 표시하는데 수정 없이 기본 값을 그대로 적용하였기 때문이다.

179. VFP IoT Device를 선택하여 그림 3-332와 같이 IotGauge1 속성 창에 emptyColour를 클릭한다.

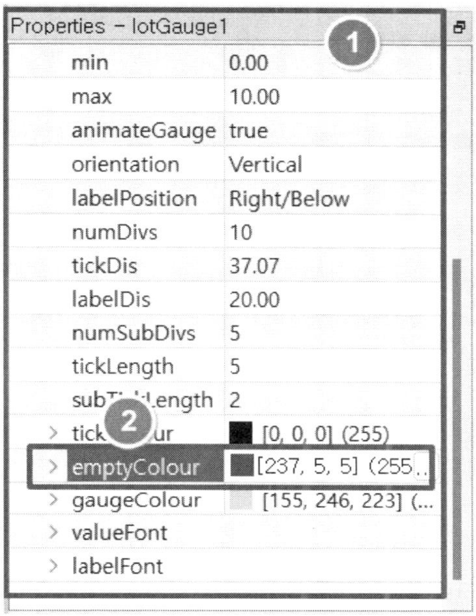

그림 3-332. IotGauge1 속성 창에 emptyColour 선택

180. 그림 3-333와 같이 색 설정 버튼을 클릭한다.

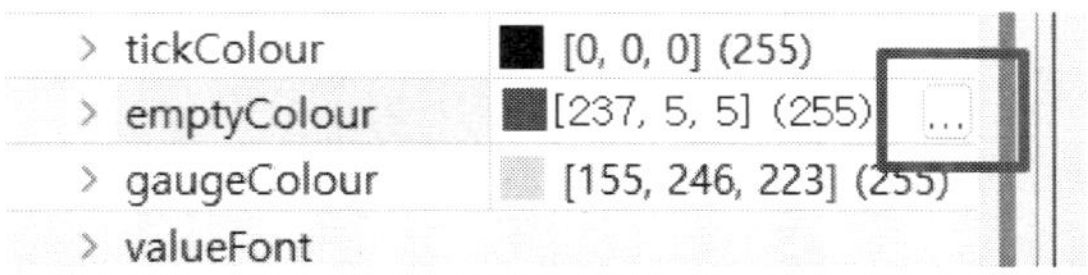

그림 3-333. emptyColour 색 설정 버튼 클릭

181. 그림 3-334와 같이 사용자 정의 색상에서 흰색을 선택하고 [확인]을 클릭한다.

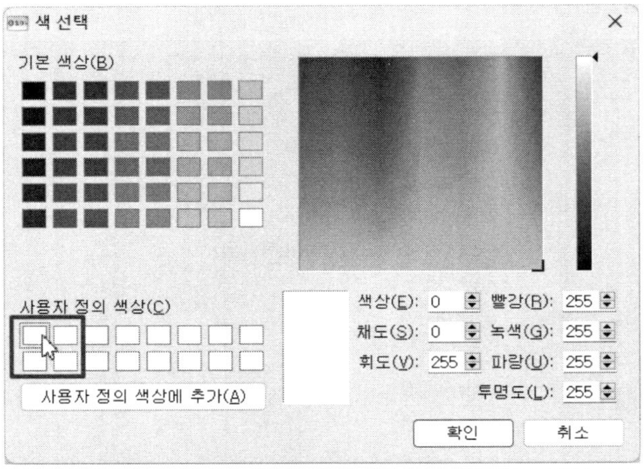

그림 3-334. 사용자 정의 색상에서 흰색 선택

182. 그림 3-335와 같이 emptyColour에 색이 흰색으로 변하고 IoT Device Tap에 Gauge 색도 흰색으로 변경된다.

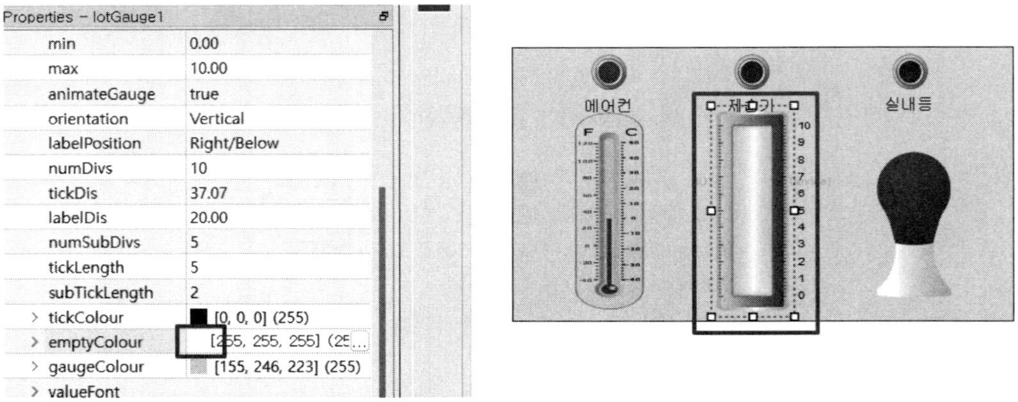

그림 3-335. IotGauge1에 emptyColour 색 설정 완료

183. 그림 3-336과 같이 IotGauge1 속성 창에 gaugeColour를 선택한다.

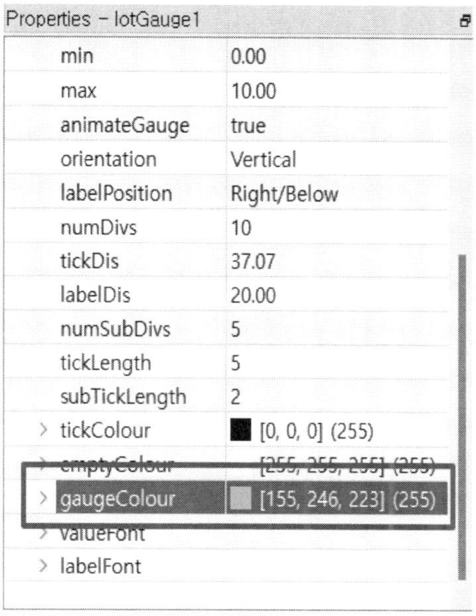

그림 3-336. IotGauge1 속성 창에 gaugeColour 선택

184. 그림 3-337과 같이 색 설정 버튼을 클릭한다.

그림 3-337. gauge 색 설정 버튼 클릭

185. 그림 3-338과 같이 사용자 정의 색상에서 흰색을 선택하고 [확인]을 클릭한다.

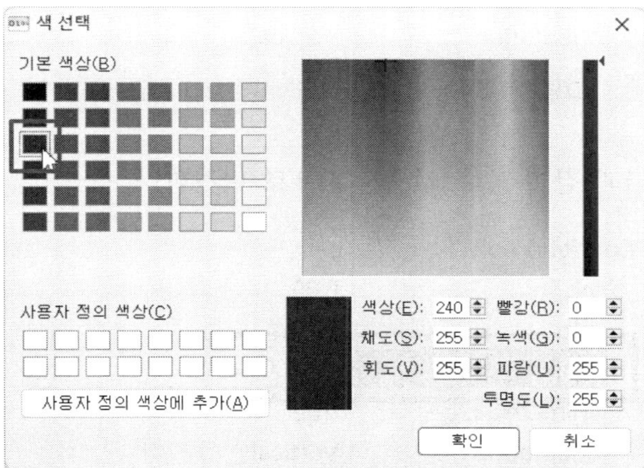

그림 3-338. 색 선택 창에서 Blue 선택

186. 시뮬레이션을 실행하면 그림 3-339와 같이 Gauge 색상이 변경된 것을 확인할 수 있다.

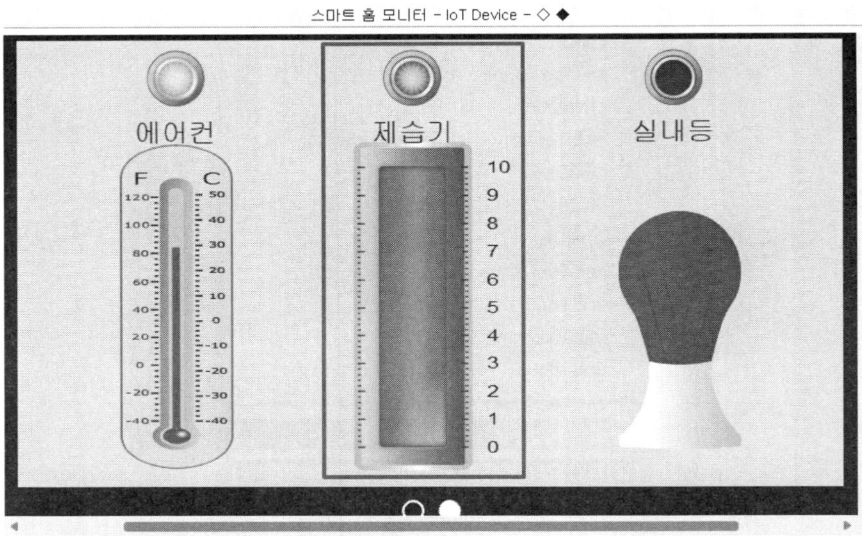

그림 3-339. 변경된 Gauge 색

187. 현재 측정된 습도는 61%인데 Gauge에 표시된 제습량은 10을 초과하여 Full로 표시되는데 이 또한 속성 값을 변경하지 않았기 때문이다. 그림 3-340과 같이 속성 창에서 Configuration에 max 값을 클릭한다.

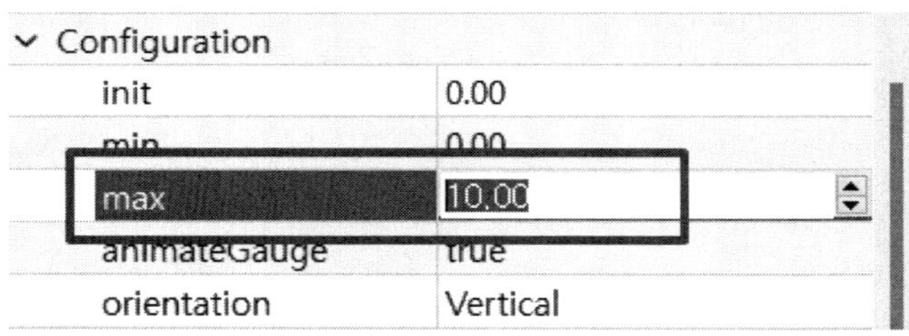

그림 3-340. Configuration에 max 값 클릭

188. 그림 3-341과 같이 max 값을 100으로 변경한다.

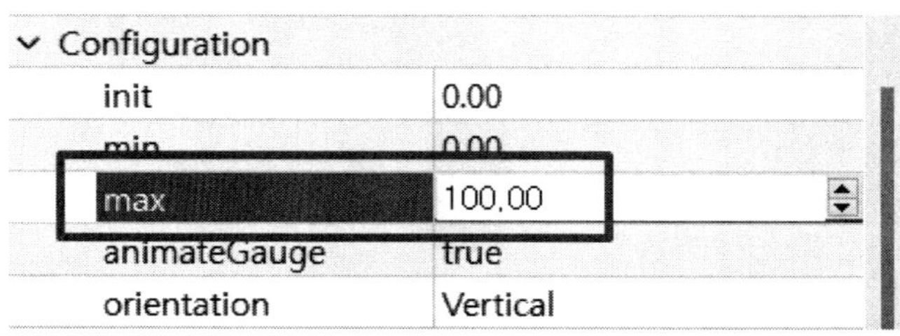

그림 3-341. Configuration에 max 값 변경

189. 시뮬레이션을 실행하면 그림 3-342와 같이 Gauge 눈금이 변경되었고 측정량 표시도 정확하게 표시되는 것을 확인할 수 있다.

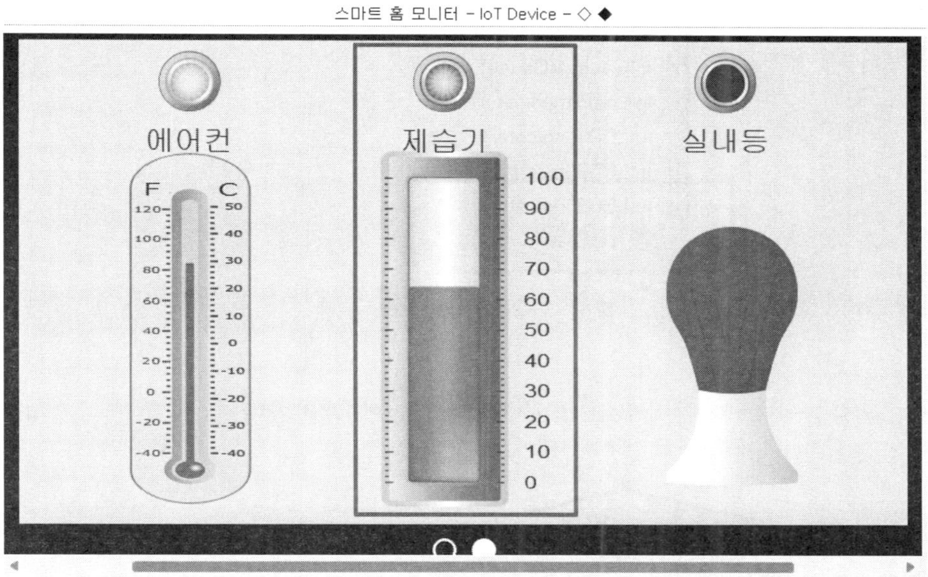

그림 3-342. Gauge 속성 변경 완료

190. 시뮬레이션을 중지하고 그림 3-343과 같이 Lux를 선택한다.

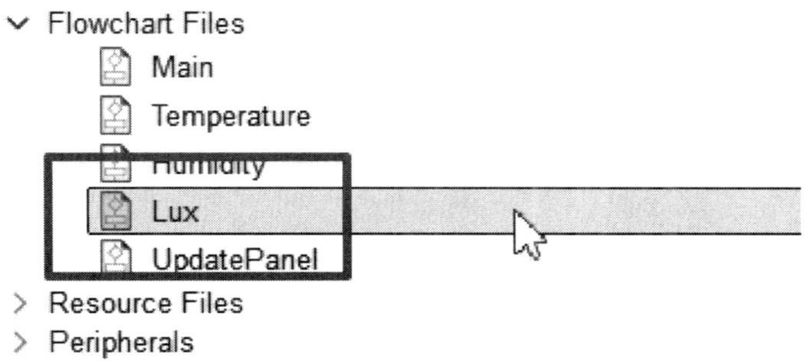

그림 3-343. Lux 선택

191. 그림 3-344와 같이 IotLED3(Indicator)에 setState를 선택한다.

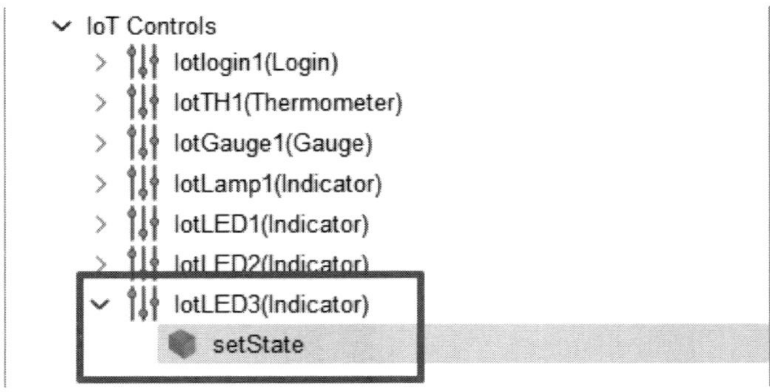

그림 3-344. setState 선택

192. 그림 3-345와 같이 setState Flowchart에 배치한다.

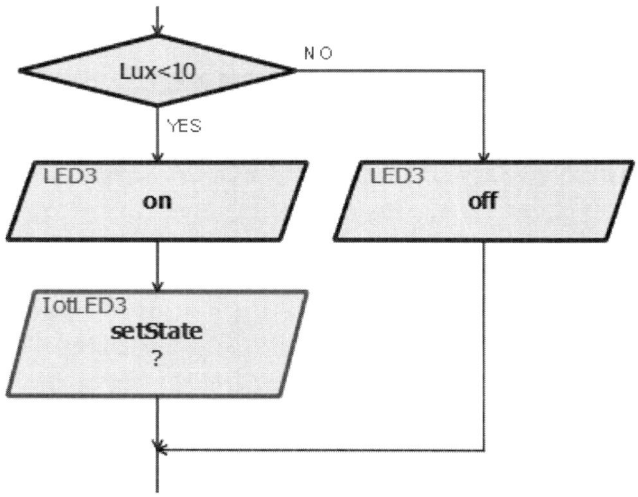

그림 3-345. IotLED3(Indicator)에 setState 배치

193. 그림 3-346과 같이 속성 창을 열어서 Arguments를 TRUE로 설정하고 [OK]를 클릭한다.

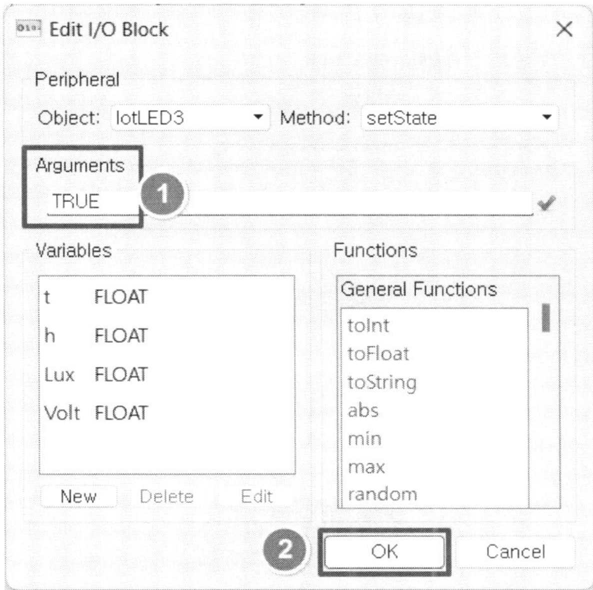

그림 3-346. Arguments를 TRUE로 설정

194. 그림 3-347과 같이 Lux의 Flowchart를 완성한다.

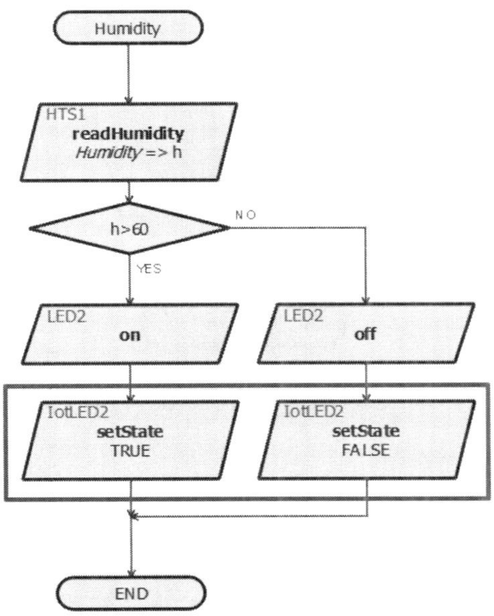

그림 3-347. Lux의 Flowchart 완성

195. 그림 3-348과 같이 UpdatePanel을 선택한다.

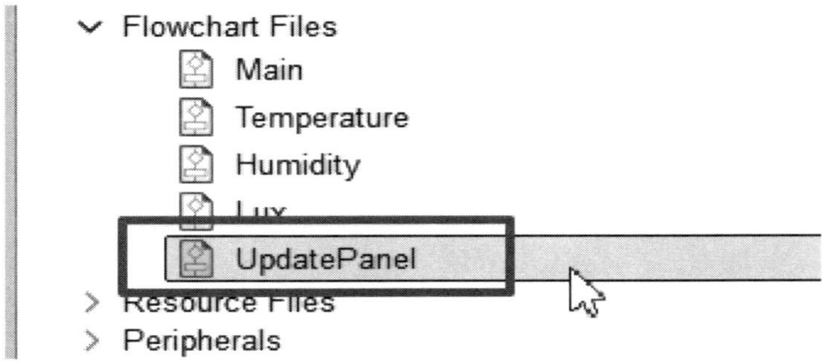

그림 3-348. UpdatePanel 선택

196. 그림 3-349와 같이 IotLamp1(Indicator)를 클릭하여 setState를 선택하고 Flowchart에 배치한다.

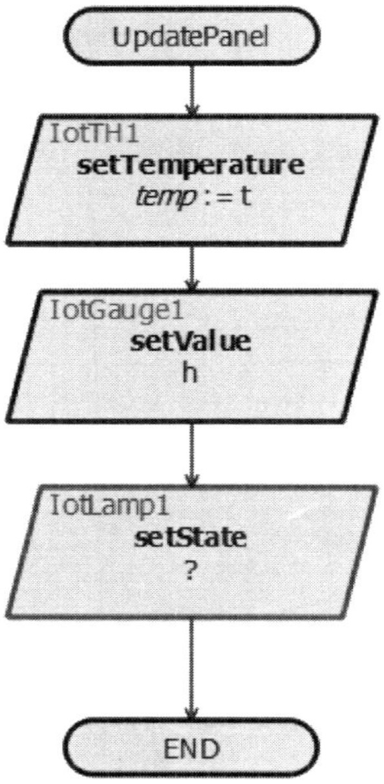

그림 3-349. setState 배치

197. IotLamp1 속성 창을 열어서 그림 3-350과 같이 Arguments 속성을 LED3() 로 설정하고 [OK] 버튼을 클릭한다.

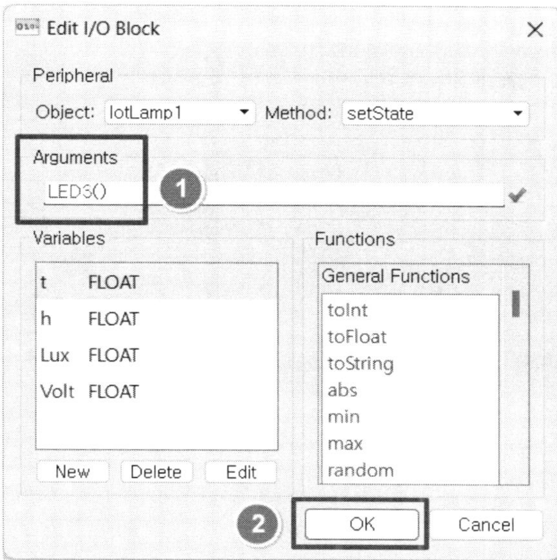

그림 3-350. Arguments 속성을 LED3() 로 설정

198. 그림 3-351과 같이 UpdatePanel의 Flowchart를 완성한다.

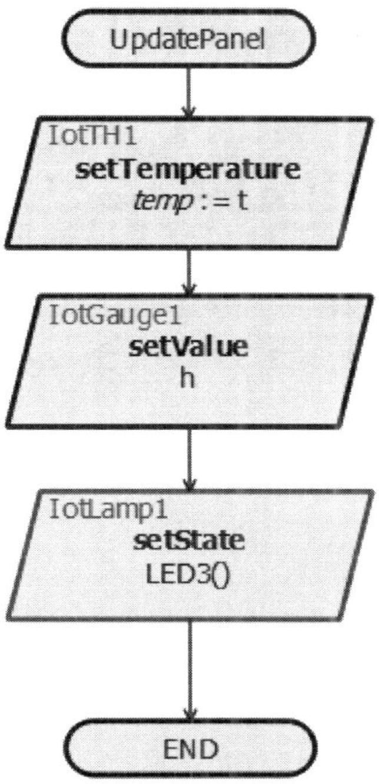

그림 3-351. UpdatePanel의 Flowchart 완성

199. 시뮬레이션을 실행하여 Grove Luminance Sensor 값이 10 이하로 설정하면 그림 3-352와 같이 실내등 LED가 ON 되고 IotLamp가 점등된다.

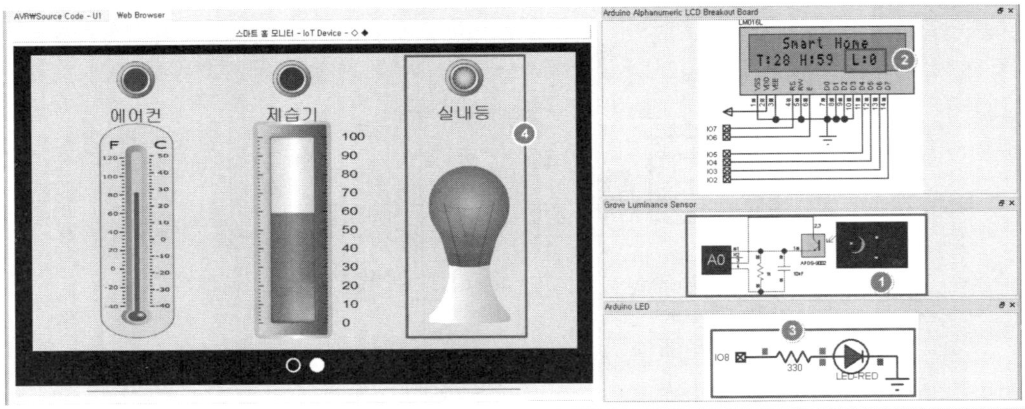

그림 3-352. Lux 동작확인

200. 스마트 홈 모니터 작성 과정을 그림 3-353과 같이 QR CODE로 표시하였다. 시뮬레이션으로 회로와 동작이 검증되었기 때문에 브레드 보드에 회로를 구성하도록 한다.

스마트 홈 모니터

그림 3-353. 스마트 홈 모니터

201. 그림 3-354는 브레드 보드에 온도와 습도를 측정하는 DHT11 모듈 배선도이다. DHT11은 DATA, VCC, GND 3핀으로 구성되었으며 DATA 핀은 IO11과 연결되어야 한다.

VCC와 GND는 전원핀으로 기본적으로 연결되어야 하기 때문에 그림 3-354 배선도에는 별도로 표시하지 않았다.

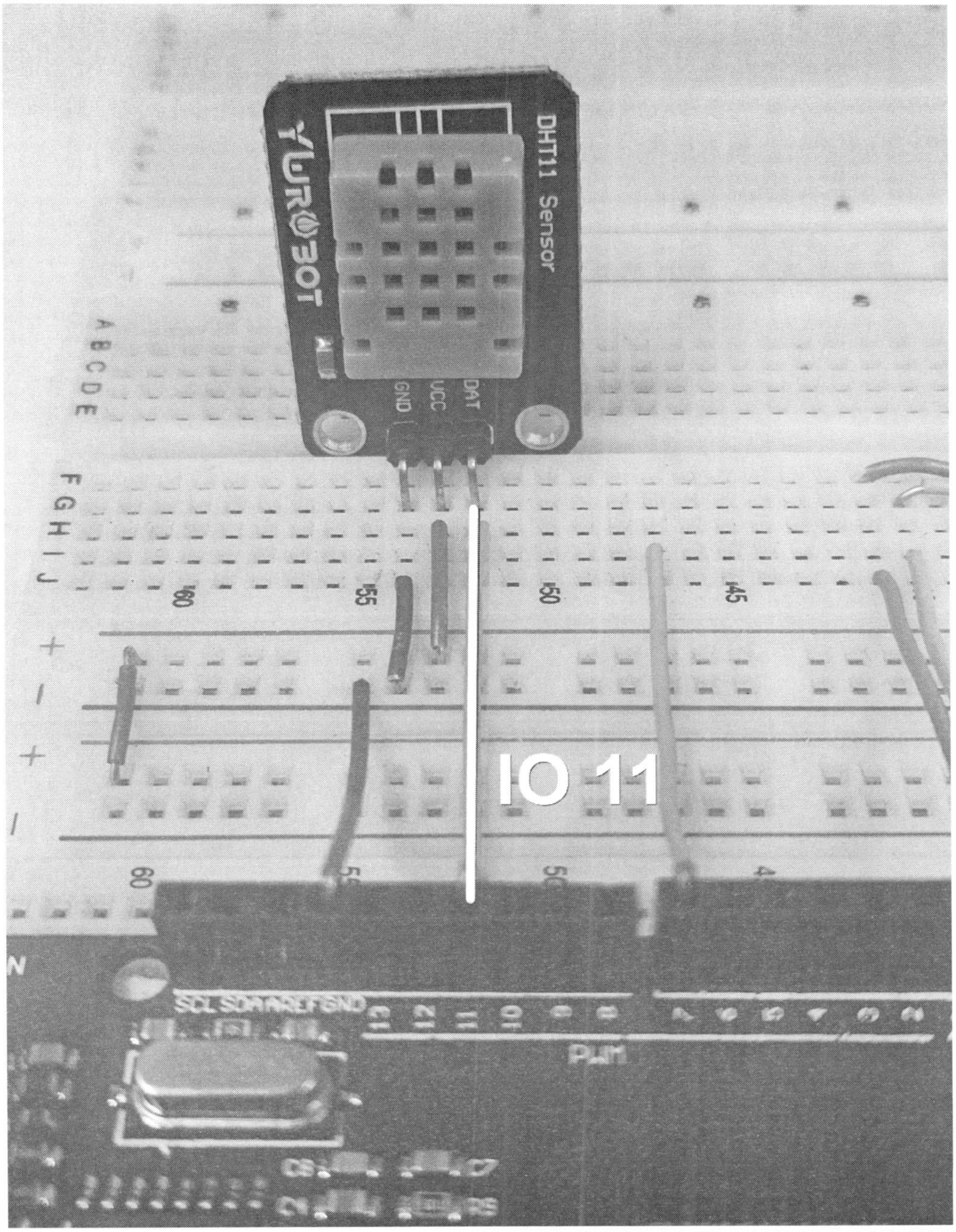

그림 3-354. DHT11 모듈 DATA 핀과 IO11 연결

202. 그림 3-355는 브레드 보드에 배치한 조도 측정용 CdS 모듈 배선도이다. CdS 모듈은 OUT, VCC, GND 3핀으로 구성되었으며 OUT핀은 A0와 연결되어야 한다. VCC와 GND는 전원핀으로 기본적으로 연결되어야 하기 때문에 그림 3-355 배선도에는 별도로 표시하지 않았다.

그림 3-355. CdS 모듈 OUT과 A0 연결

203. 그림 3-356은 CdS (Light Sensor) 모듈이다.

그림 3-356. CdS (Light Sensor)

204. 그림 3-357은 DHT11 모듈에서 측정한 온도에 따른 동작 상태를 표시하는 LED-GREEN을 브레드 보드에 배치하고 IO9와 연결한 배선도이다.

그림 3-357. LED-GREEN과 IO9 연결

205. 그림 3-358은 DHT11 모듈에서 측정한 습도에 따른 동작 상태를 표시하는 LED-Blue를 브레드 보드에 배치하고 IO10과 연결한 배선도이다.

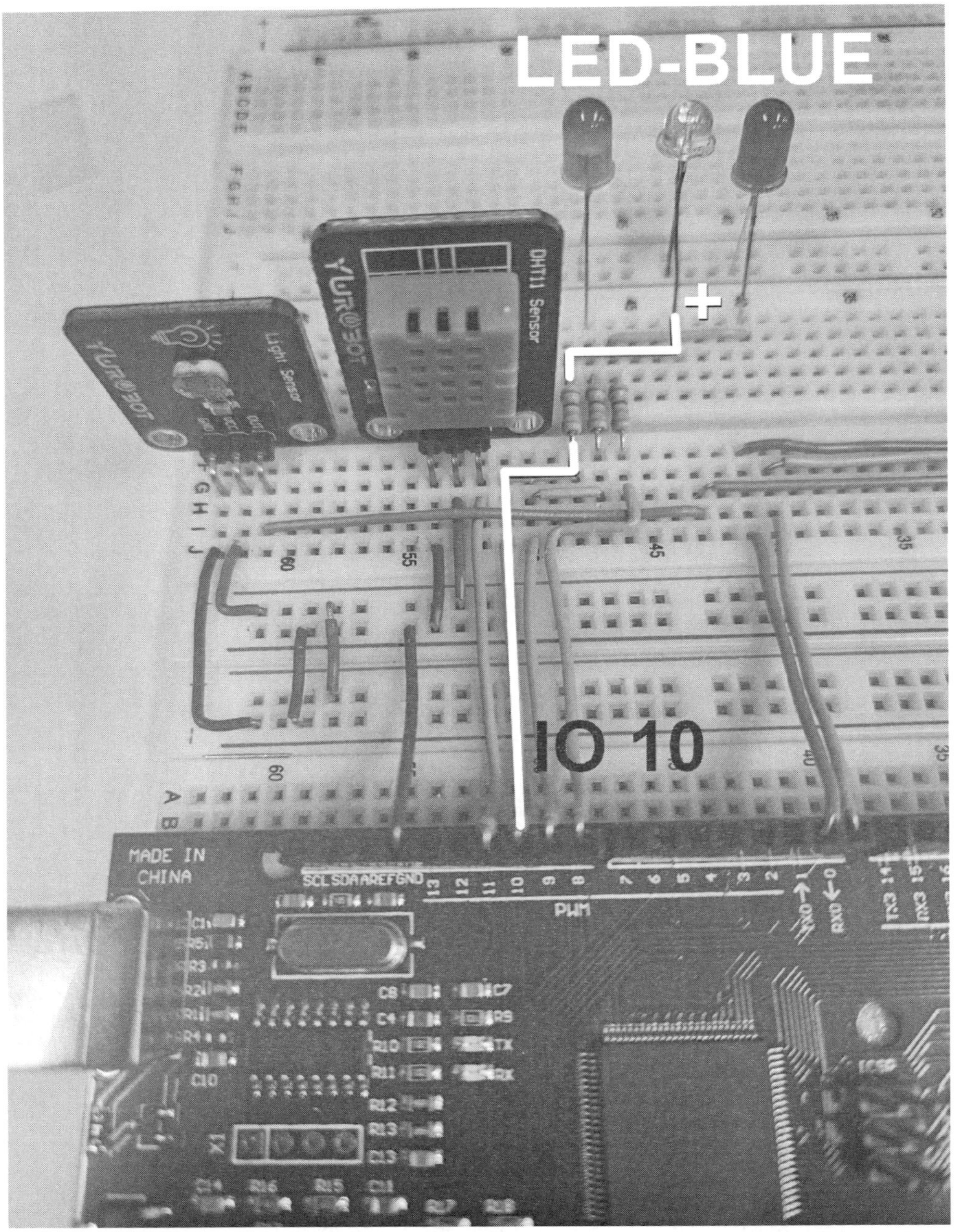

그림 3-358. LED-Blue와 IO10 연결

206. 그림 3-359는 DHT11 모듈에서 측정한 습도에 따른 동작 상태를 표시하는 LED-Red를 브레드 보드에 배치하고 IO8과 연결한 배선도이다.

그림 3-359. LED-Red와 IO8 연결

207. 그림 3-360은 브레드 보드에 배치될 LCD 16X2 외형과 핀 배치표 이다.

(a) LCD 외형

1	2	3	4	5	6	7	8	9	10	11	12	13	14	15	16
VSS	VDD	VO	RS	RW	E	D0	D1	D2	D3	D4	D5	D6	D7	A	K

(b) LCD 핀 배치표

그림 3-360. LCD 외형과 핀 배치표

208. 그림 3-361은 브레드 보드에 구성할 LCD 회로도 이다. Proteus 시뮬레이션에서는 가변저항이 없어도 동작하지만 실제 브레드 보드에 회로를 구성할 때는 그림 3-361과 같이 가변 저항이 추가 되어야 텍스트 진하기를 조절할 수 있으며 A와K로 표시되는 LED Back Light 핀도 배선되어야한다.

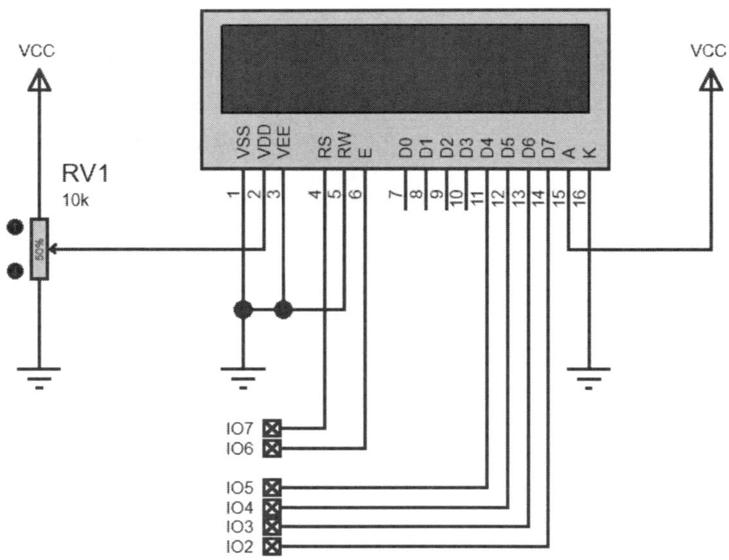

그림 3-361. LCD 밝기 조절과 Back Light 핀 회로

209. 그림 3-362는 LCD 텍스트 진하기 조절을 위해 사용할 가변저항이다.

그림 3-362. 가변저항

210. 가변저항으로 텍스트 진하기를 설정한 예시가 그림 3-363이다.

(a) 텍스트를 연하게

(b) 텍스트를 진하게

그림 3-363. 가변저항으로 텍스트 진하기 조절

211. 그림 3-364는 가변저항과 VCC를 연결한 배선도이다.

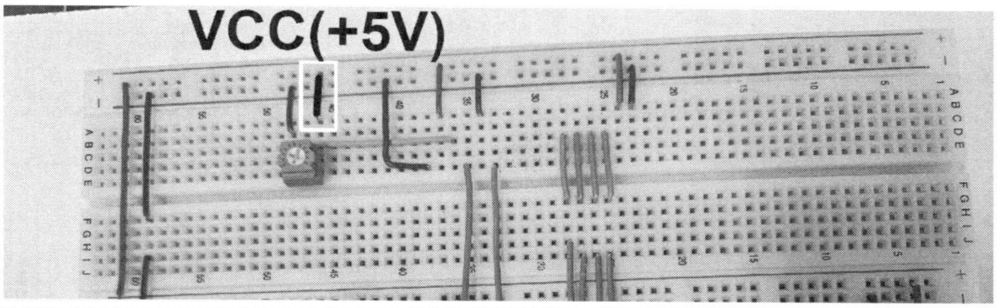

그림 3-364. 가변저항과 VCC 연결

212. 그림 3-365는 가변저항과 GND를 연결한 배선도이다.

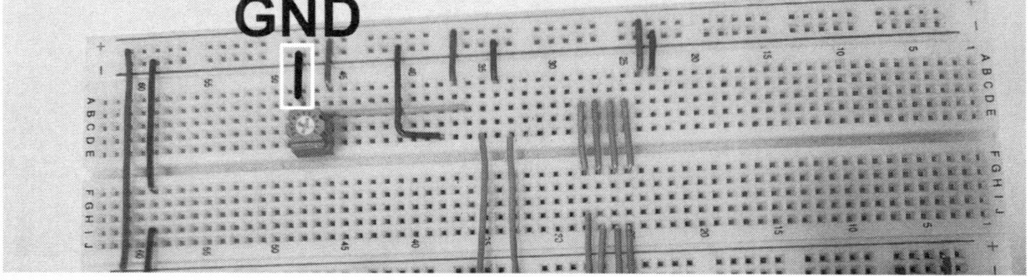

그림 3-365. 가변저항과 GND 연결

213. LCD를 배치한 후에는 배선이 어렵기 때문에 그림 3-366과 같이 브레드 보드에 LCD를 배치하지 않고 배선을 하여야 한다.

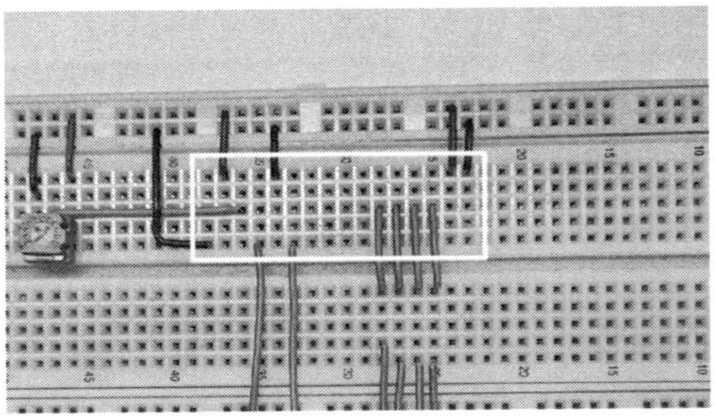

(a) LCD 배치 전 배선

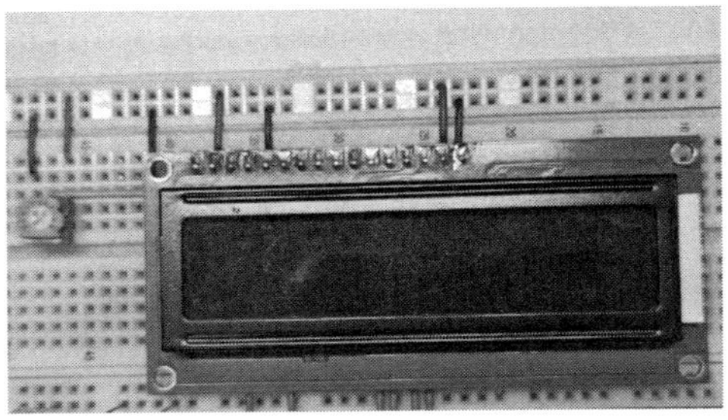

(b) 배선 완료 후 LCD 배치

그림 3-366. LCD 배치 전 배선 실행

214. 그림 3-367은 가변저항 중간 핀과 LCD 3번 핀(VO)과 연결한 배선도이다.

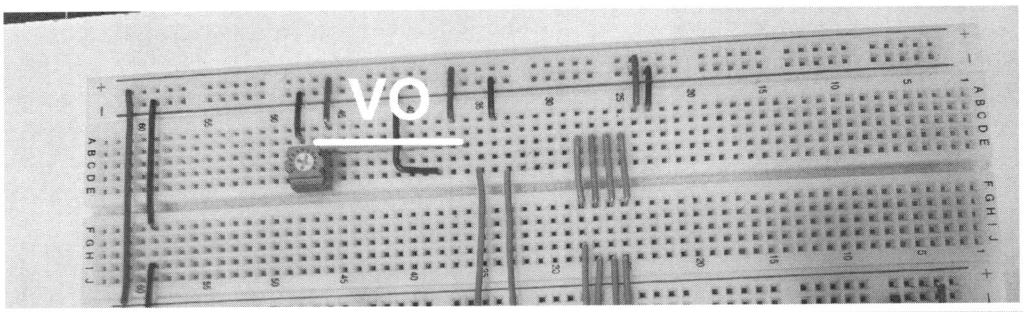

그림 3-367. 가변저항 중간 핀과 LCD 3번 핀(VO) 연결

※ 가변저항은 핀 구성이 삼각형 형태이기 때문에 브레드 보드에 배치할 때 각각의 핀이 서로 다른 홀에 배치되어야 한다. 같은 홀에 배치가 되면 Short 상태가 된다.

215. 그림 3-368은 LCD 1번 핀(VSS)을 GND에 연결한 배선도이다.

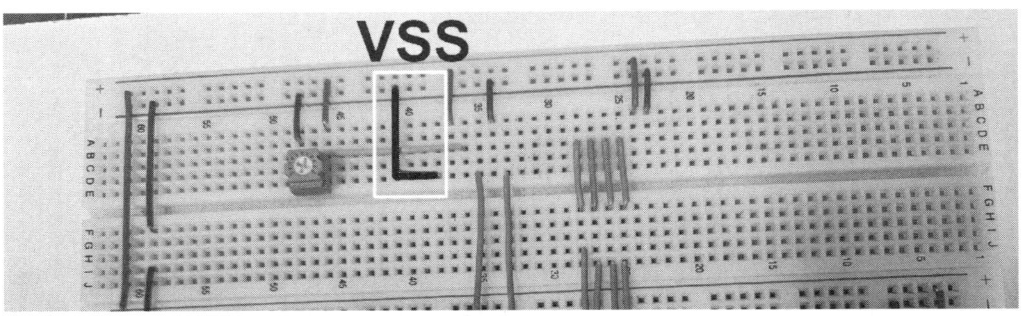

그림 3-368. LCD 1번 핀(VSS)과 GND 연결

216. 그림 3-369는 LCD 2번 핀(VDD)을 VCC에 연결한 배선도이다.

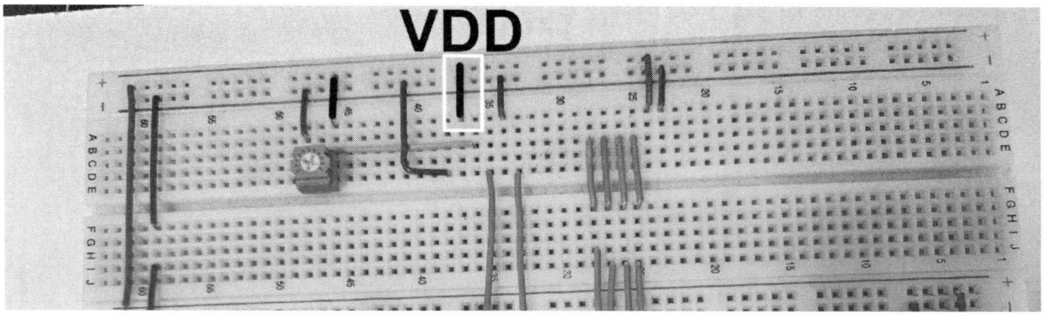

그림 3-369. LCD 2번 핀(VDD)과 VCC 연결

217. 그림 3-370은 LCD 4번 핀(RS)과 IO7을 연결한 배선도이다.

그림 3-370. LCD 4번 핀(RS)과 IO7 연결

218. 그림 3-371은 LCD 5번 핀(RW)과 GND를 연결한 배선도이다.

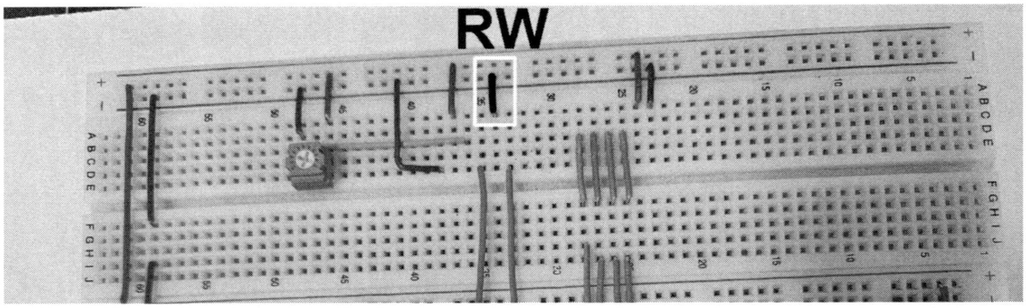

그림 3-371. LCD 5번 핀(RW)과 GND 연결

219. 그림 3-372는 LCD 6번 핀(E)과 IO6을 연결한 배선도이다.

그림 3-372. LCD 6번 핀(E)과 IO6 연결

220. 스마트 홈 모니터 회로에서는 LCD를 4Bit 제어를 하고 있기 때문에 LCD에 7핀~10핀(D0~D3)은 사용하지 않는다.

221. 그림 3-373과 같이 LCD 11번 핀(D4)과 IO5를 연결한 배선도이다.

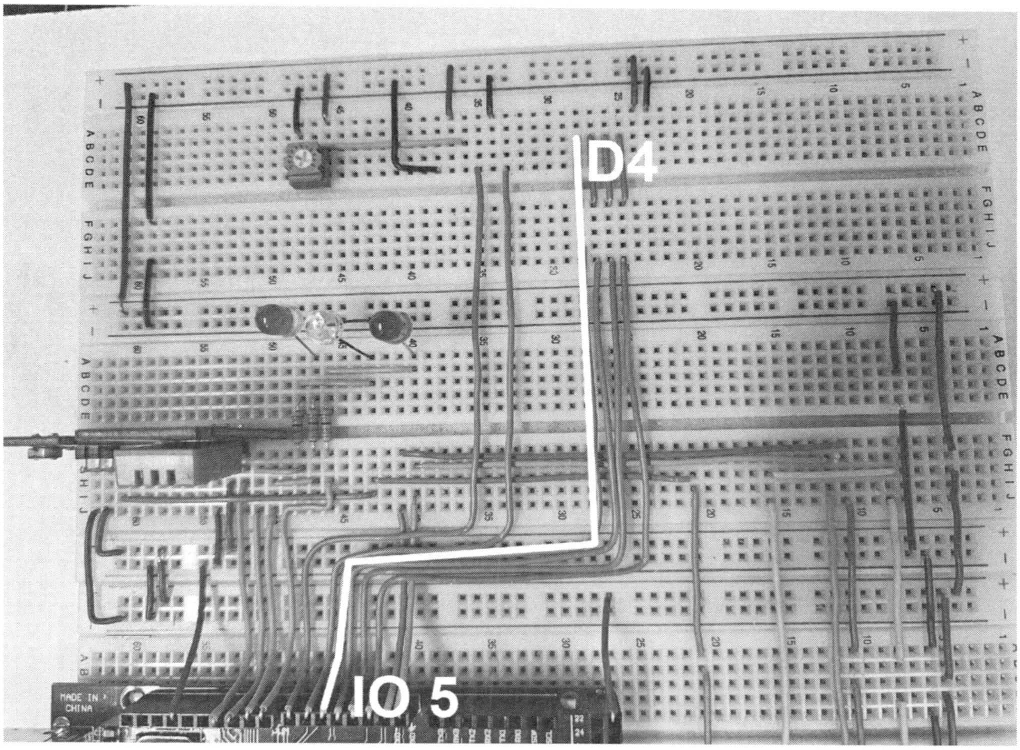

그림 3-373. LCD 11번 핀(D4)과 IO5 연결

222. 그림 3-374는 LCD 12번 핀(D5)과 IO4를 연결한 배선도이다.

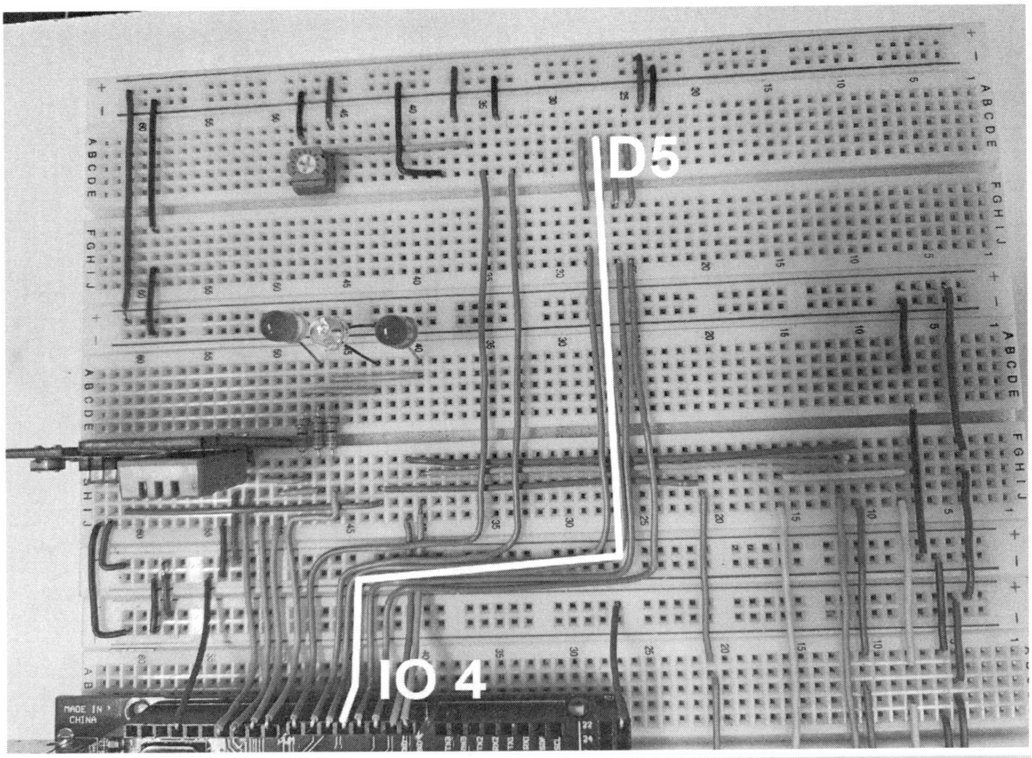

그림 3-374. LCD 12번 핀(D5)과 IO4 연결

223. 그림 3-375는 LCD 13번 핀(D6)과 IO3을 연결한 배선도이다.

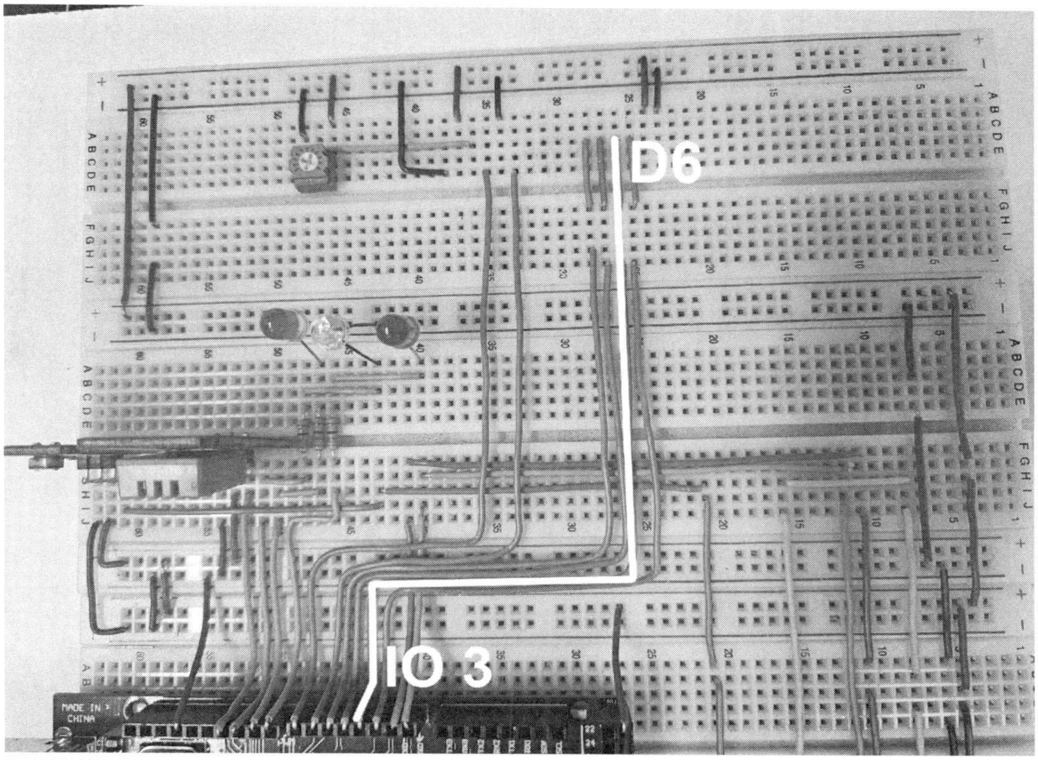

그림 3-375. LCD 13번 핀(D6)과 IO3 연결

224. 그림 3-376은 LCD 14번 핀(D7)과 IO2를 연결한 배선도이다.

그림 3-376. LCD 14번 핀(D7)과 IO2 연결

225. 그림 3-377은 LCD 15번 핀(A)과 VCC를 연결한 배선도이다.

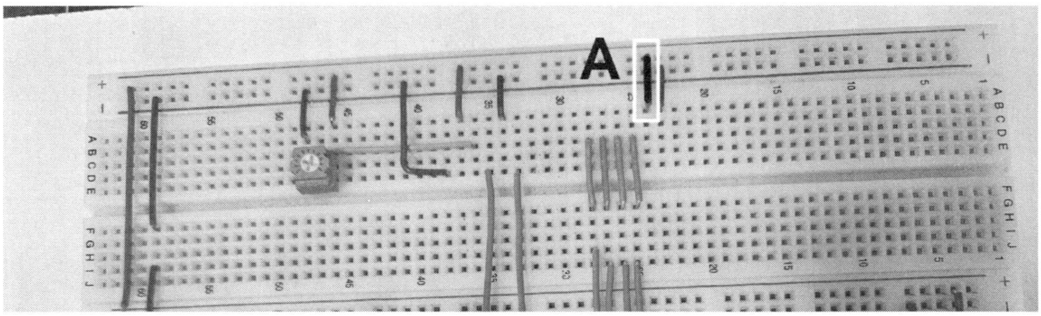

그림 3-377. LCD 15번 핀(A)와 VCC 연결

226. 그림 3-378은 LCD 16번 핀(K)과 GND를 연결한 배선도이다.

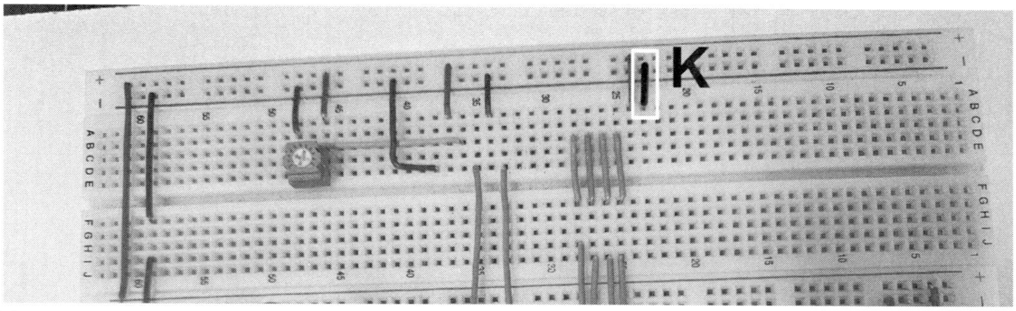

그림 3-378. LCD 16번 핀(K)과 GND 연결

227. 그림 3-379와 같이 배선이 완료된 후 LCD를 배치하면 모든 부품 배치와 배선이 완료된다.

그림 3-379. 부품 배치 및 배선 완료

228. 그림 3-380과 같이 브레드 보드에 배치한 Arduino MEGA2560에 케이블을 연결하여 PC에 USB 포트와 연결한다. PC와 연결하는 케이블은 전원을 공급하기 위한 것이다.

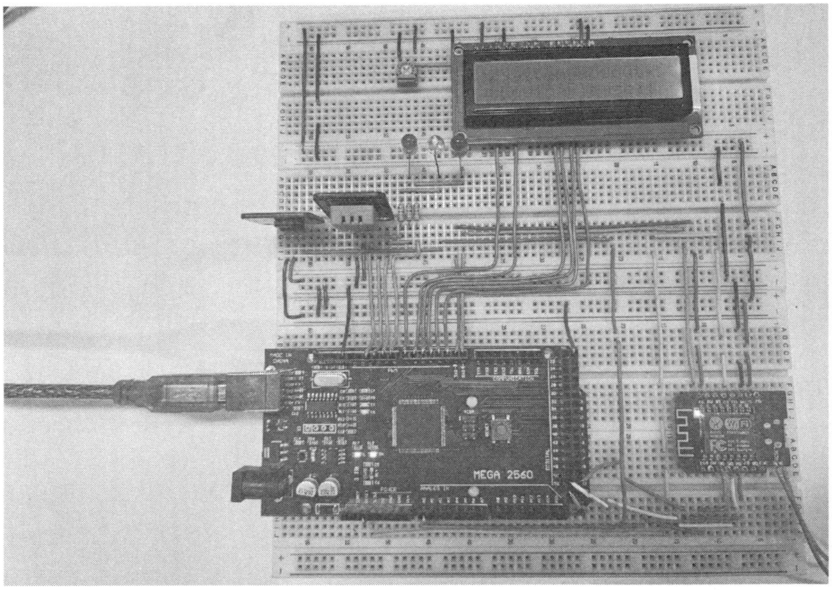

그림 3-380. MEG2560과 PC USB 포트 연결

229. 케이블을 사용하지 않는 경우에는 그림 3-381과 같이 DC 12V 어댑터를 사용하여도 된다.

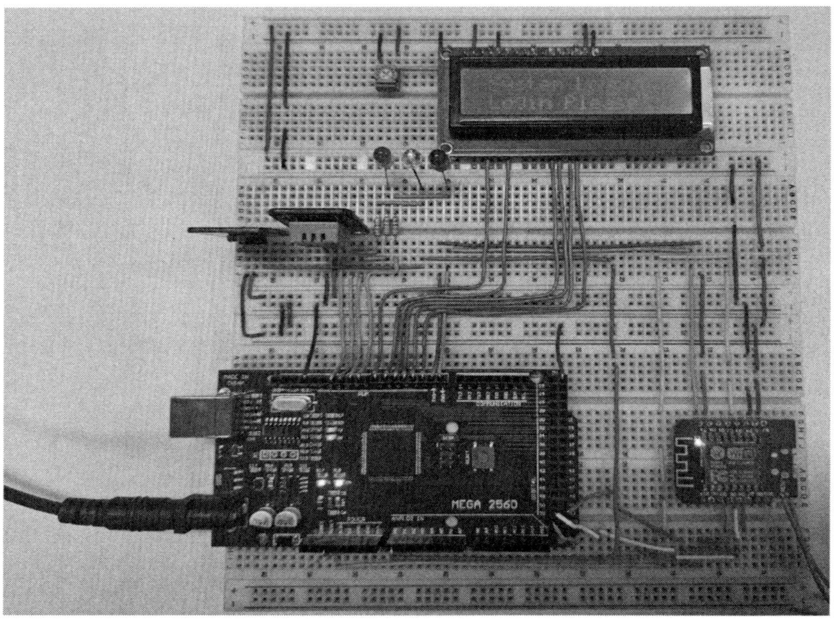

그림 3-381. DC 12V 어댑터 연결

230. 그림 3-382와 같이 Visual Designer을 선택하여 Project-Project Settings 메뉴를 선택한다.

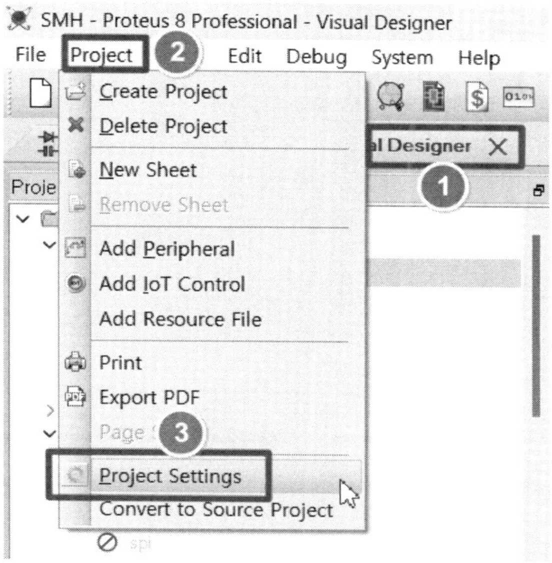

그림 3-382. Project – Project Settings 메뉴 선택

231. 그림 3-383과 같이 Project Options 창이 열린다.

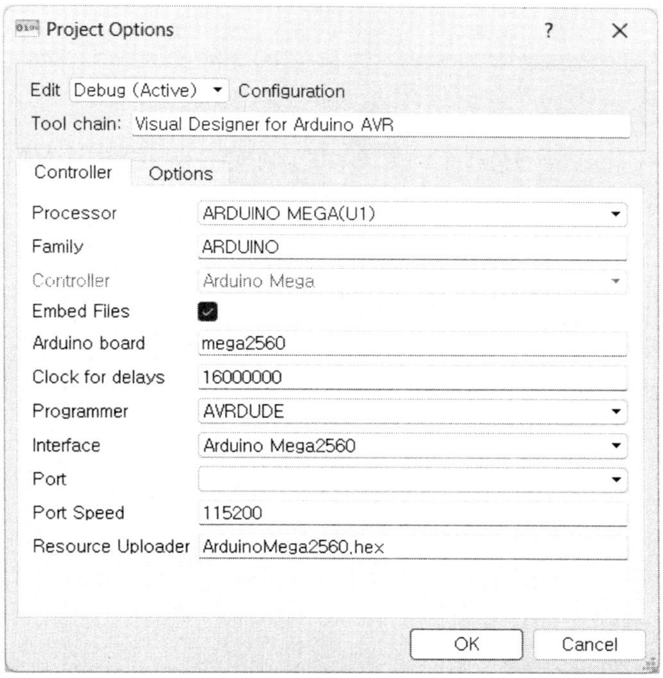

그림 3-383. Project Options 창

232. 그림 3-384와 같이 Programmer를 ESP8266으로 선택한다.

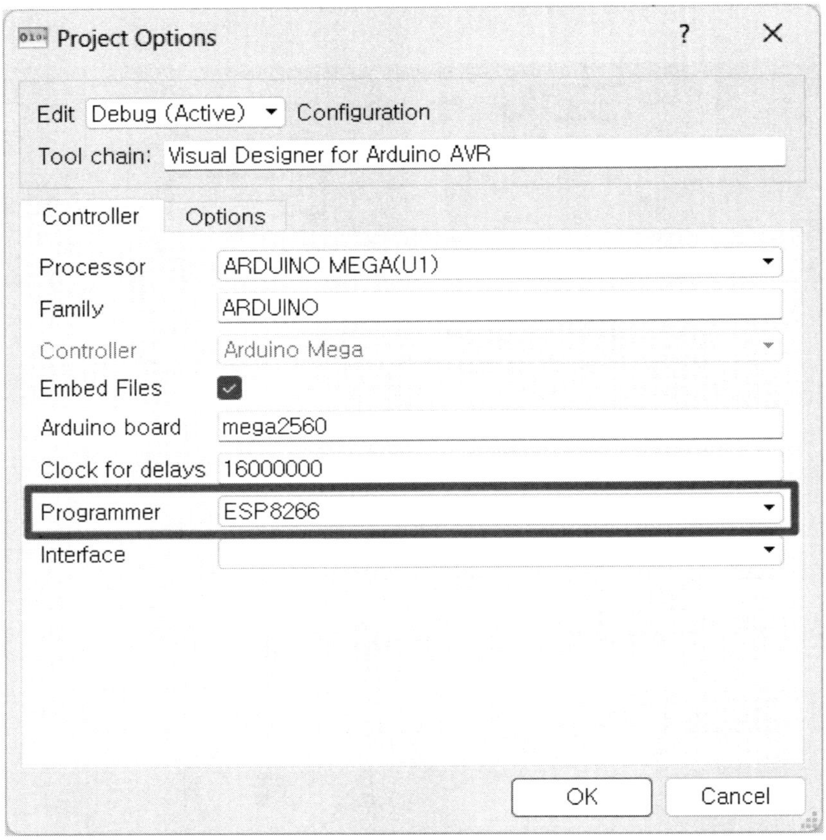

그림 3-384. Programmer를 ESP8266 선택

※ Programmer는 Flowchart로 작성된 소스코드가 컴파일 과정을 거쳐 HEX로 변환되면 ArduinoMEGA256에 Upload 하기 위해 WiFIF를 사용하기 위한 수단이다.

그림 3-380에서 사용한 USB 케이블은 전원을 공급하기 위해 사용한 것이다. Upload는 WeMOS D1 mini를 통해 WiFi로 진행된다. 그러한 이유로 그림 3-381과 같이 DC 12V 어댑터 전원을 사용해도 Upload가 가능한 것이다.

233. 그림 3-385와 같이 Interface를 ESP8266 on Arduino Mega2560을 선택한다.

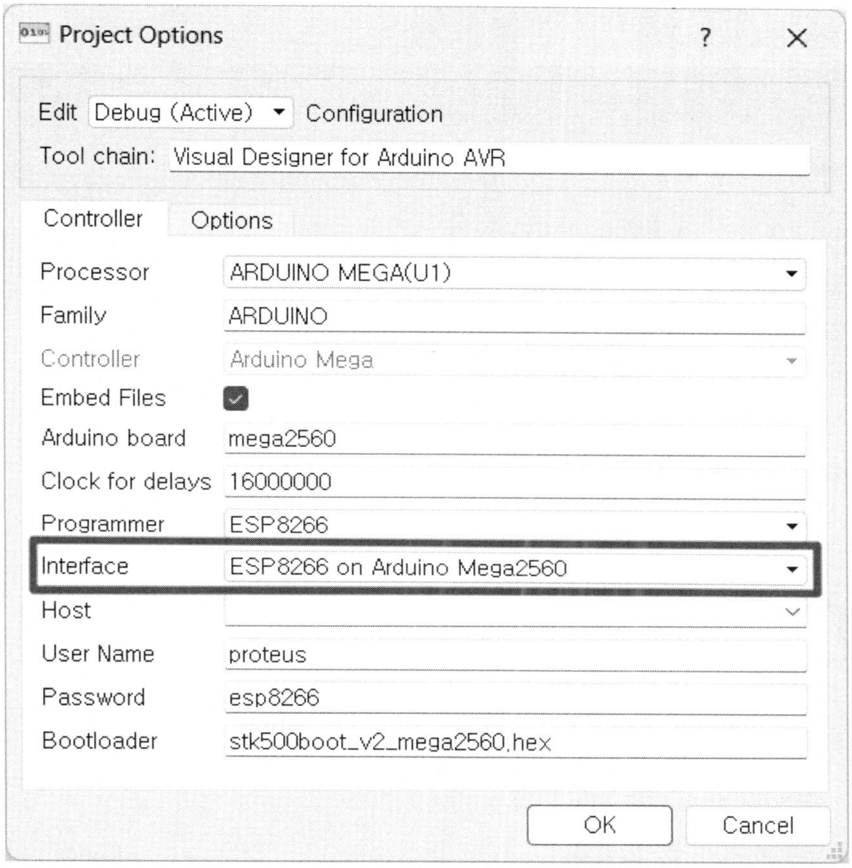

그림 3-385. Interface를 ESP8266 on Arduino Mega2560 선택

※ ESP8266 on Arduino Mega2560은 3장에서 구성한 그림 3-27 Arduino MEGA2560과 Wemos D1 mini가 브레드 보드로 배선된 상태를 의미한다. Wemos D1 mini를 Arduino MEGA2560과 배선하지 않은 경우 Interface에서 ESP8266 on Arduino Mega2560를 선택 할 수 있으나 이 후과정에서 Upload 할 수 없다.

234. 그림 3-386과 같이 Host를 esp8266_0e0a06.local.(192.168.0.116)

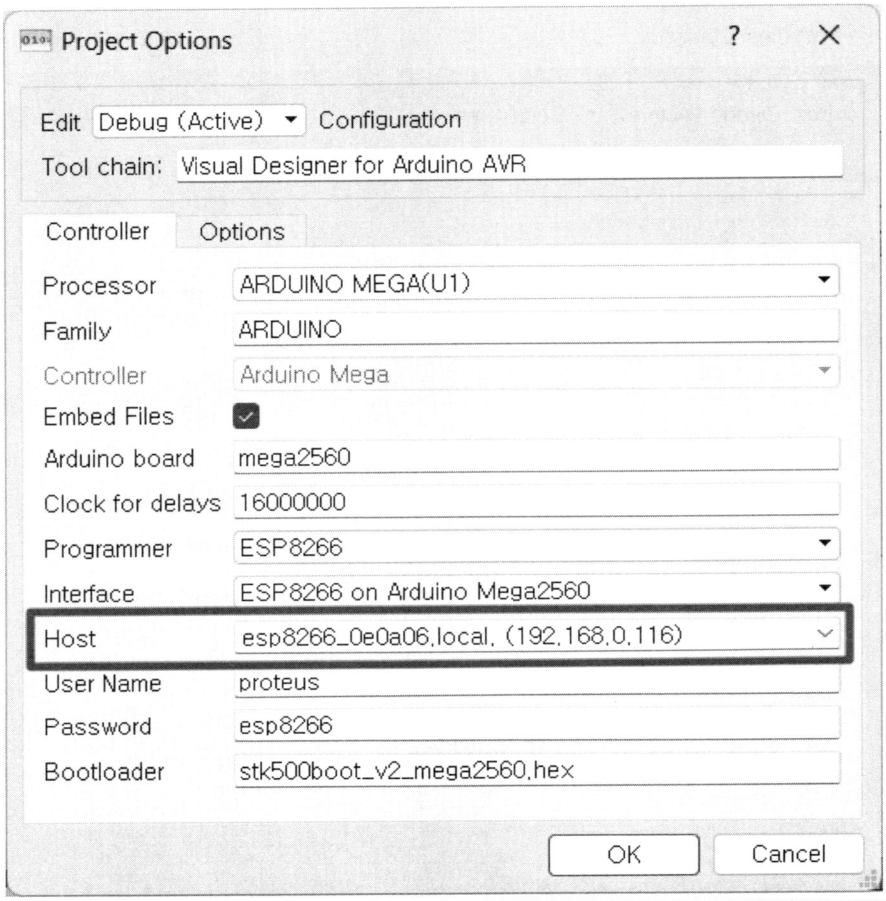

그림 3-386. Host를 esp8266_0e0a06.local.(192.168.0.116) 선택

※ 그림 3-386에 표시된 IP 주소는 192.168.0.116은 교재에서 사용한 Wemos D1 mini가 사용하는 IP 주소이다. 개인별 IP 주소는 그림 3-386과 다르게 표시되어야 하며 그것이 정상이다. Host에 표시된 내용이 모두 필요한 것이 아니라 IP 주소만 일치하면 된다.

235. 그림 3-387과 같이 설정이 완료되면 [OK]를 클릭한다.

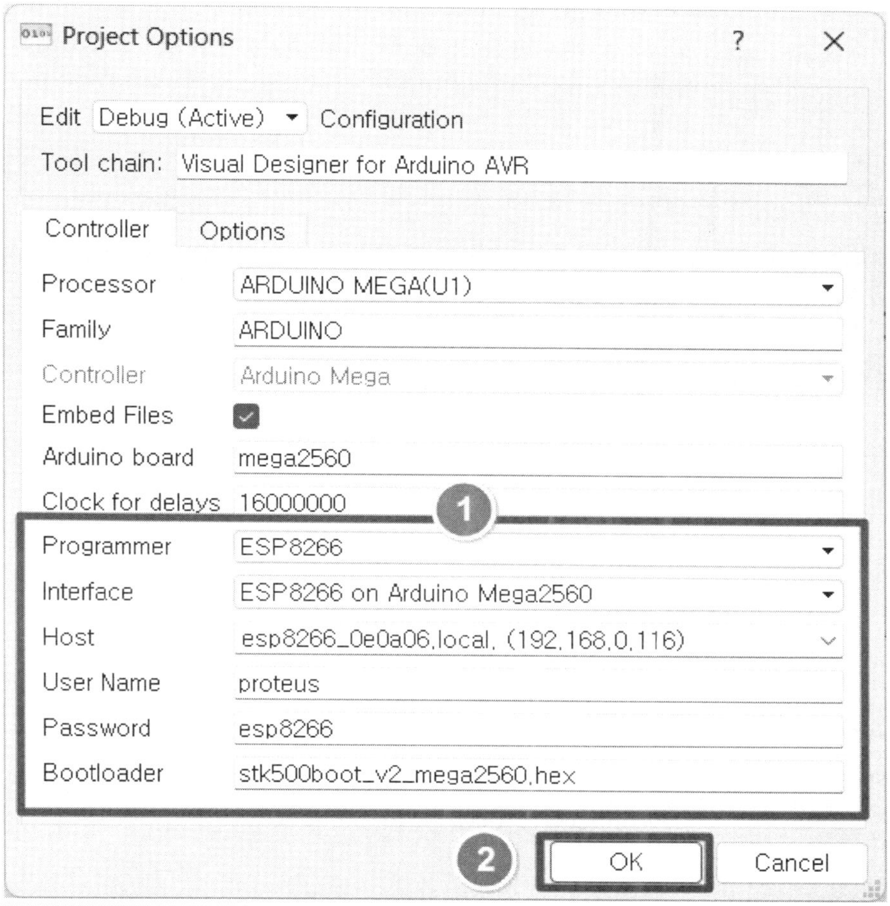

그림 3-387. Project Setting 완료

236. 그림 3-388과 같이 Build -Upload를 선택한다.

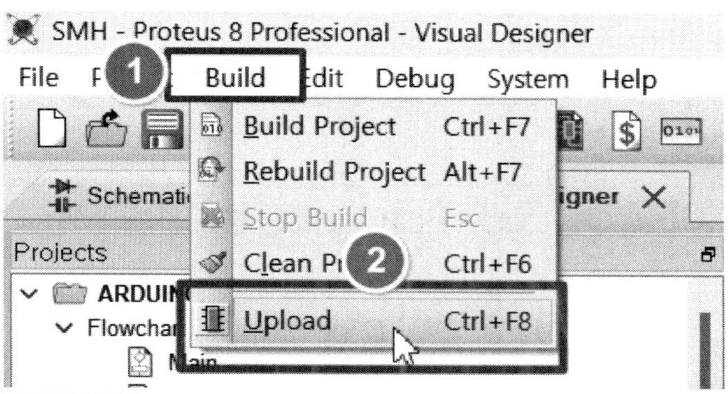

그림 3-388. Build Upload

237. Upload가 시작되면 그림 3-389와 같이 Connecting to 192.168.0.116 접속을 시도하고 로그인이 되면 Upload가 시작된다. 그림 3-389에 표시되는 IP는 Project settings에서 사용자가 선택한 Host에 지정된 IP 주소이다. (그림 3-386 참조)

그림 3-389. Upload 시작

238. 그림 3-390과 같이 Resource upload COMPLETE 메시지가 표시되지만 Upload는 진행 중이다.

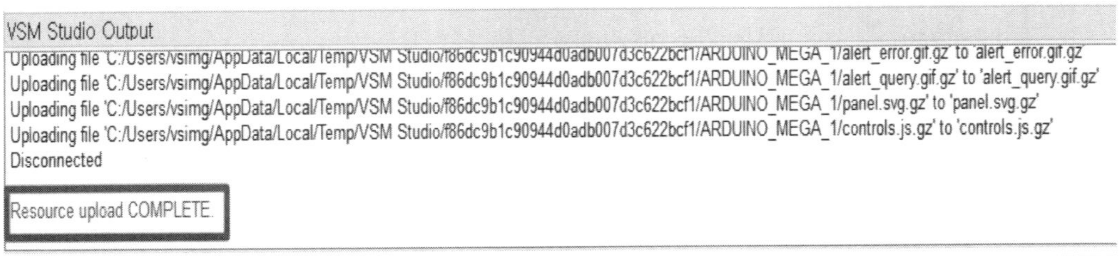

그림 3-390. Upload 진행

239. 그림 3-391과 같이 Firmware upload COMPLETE 메시지가 표시되면 Upload가 완료된 것이다.

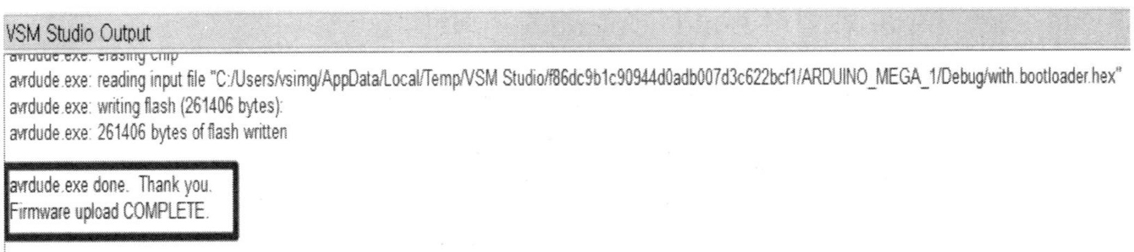

그림 3-391. Upload 완료

240. Upload가 완료되면 그림 3-392와 같이 스마트 홈 모니터링 시스템이 시작된다.

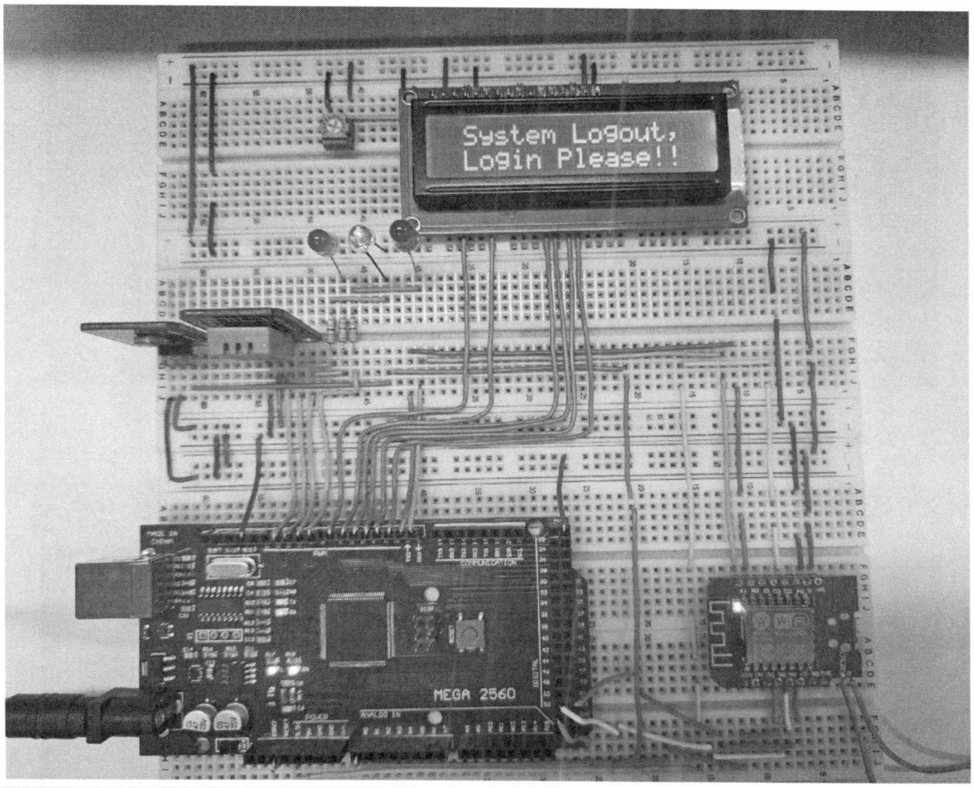

그림 3-392. Upload 완료 후 스마트 홈 모니터링 시스템 시작

241. 그림 3-393과 같이 IoT Controller App을 실행하여 Virtual Front Panel (ESP8266)을 선택 한다.

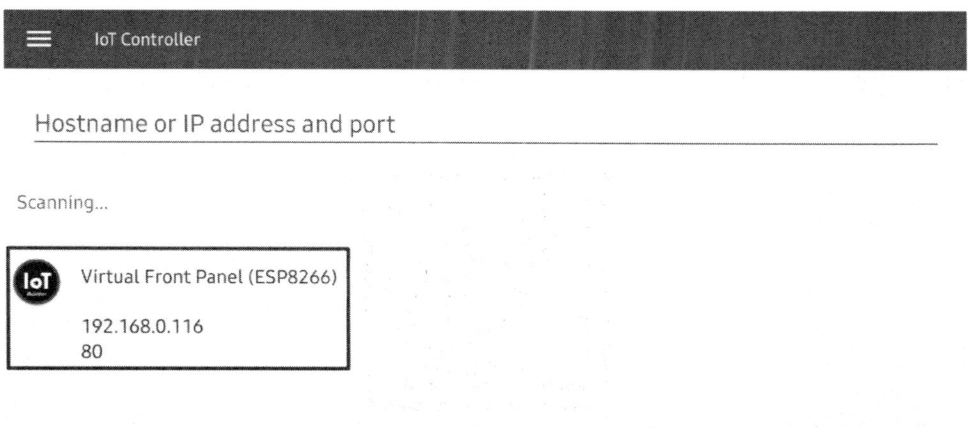

그림 3-393. IoT Controller App 실행

242. 그림 3-394와 같이 로그인 버튼이 표시된다.

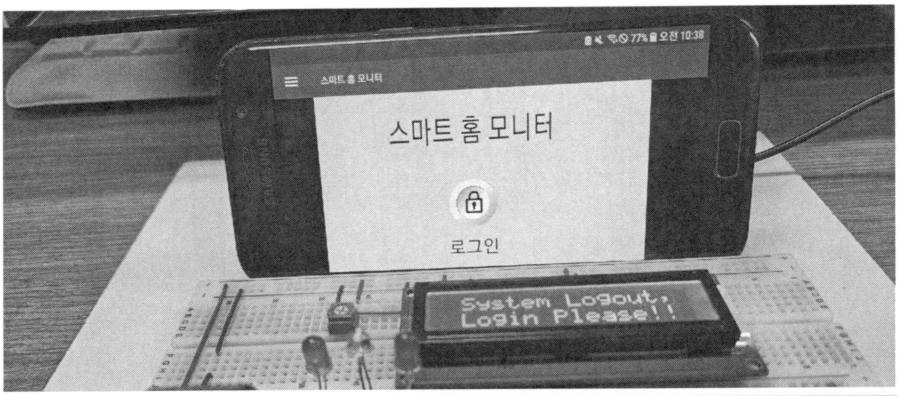

그림 3-394. 스마트 홈 모니터 시스템과 App 연동 시작

243. 그림 3-395와 같이 App과 연동되는 것을 확인할 수 있다.

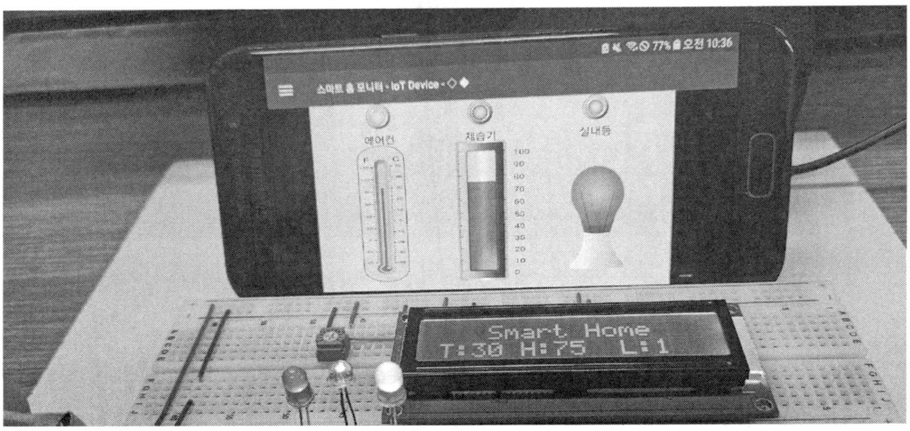

그림 3-395. 스마트 홈 모니터 시스템과 App 연동 실행

244. 그림 3-396은 스마트 홈 모니터 시스템과 App 연동 동영상 QR 코드 이다.

스마트 홈 모니터

그림 3-396. 스마트 홈 모니터 시스템과 App 연동 동영상

참고 자료 출처

1장 2. LED – 삼성반도체 뉴스 룸

1장 3. CdS – 그림1–27 (a) CdS 내부 구조 :
https://learn.adafruit.com/photocells

1장 4. Relay –그림1–33 :
https://components.omron.com/us-en/products/basic-knowledge/relays/basics#Definition

2장 2. Serial to Paralle1 :
https://blog.naver.com/lagrange0115/220729360287

3장 1. WeMOS D1 mini Pin Map :
https://www.fvml.com.br/2022/09/pinagem-pinout-wemos-d1-mini-esp8266.html

스마트 홈 IoT 설계

발　　행 / 2025년 2월 28일

판권 소유

저　　자 / 장진현, 천명기
펴 낸 이 / 정 창 희
펴 낸 곳 / 동일출판사
주　　소 / 서울시 강서구 곰달래로31길7 (2층)
전　　화 / (02) 2608-8250
팩　　스 / (02) 2608-8265
등록번호 / 제109-90-92166호

ISBN 978-89-381-1693-2 13000
값 / 22,000원